新编21世纪高等职业教育精品教材
电子与信息类

Unity实战开发教程

主　编◎王建东　王文新
副主编◎郑光果　邵炜程　黄若琳

中国人民大学出版社
·北京·

图书在版编目（CIP）数据

Unity 实战开发教程/王建东，王文新主编．
北京：中国人民大学出版社，2025. 1. --（新编 21 世纪
高等职业教育精品教材）. -- ISBN 978-7-300-33540-7
Ⅰ. TP317. 6
中国国家版本馆 CIP 数据核字第 2025K84U85 号

新编 21 世纪高等职业教育精品教材 · 电子与信息类
Unity 实战开发教程
主　编　王建东　王文新
副主编　郑光果　邵炜程　黄若琳
Unity Shizhan Kaifa Jiaocheng

出版发行	中国人民大学出版社		
社　　址	北京中关村大街 31 号	邮政编码	100080
电　　话	010－62511242（总编室）		010－62511770（质管部）
	010－82501766（邮购部）		010－62514148（门市部）
	010－62515195（发行公司）		010－62515275（盗版举报）
网　　址	http://www. crup. com. cn		
经　　销	新华书店		
印　　刷	北京七色印务有限公司		
开　　本	787 mm×1092 mm　1/16	版　　次	2025 年 1 月第 1 版
印　　张	14	印　　次	2025 年 1 月第 1 次印刷
字　　数	326 000	定　　价	39. 00 元

前　言

Unity 3D 是一款功能强大的游戏开发工具，可以让开发者轻松创建各种各样的游戏。随着信息技术的发展，近年来游戏和虚拟现实发展迅速，正在逐步走进普通消费群体，在娱乐、文化创意等方面都有长足发展。因此，随着游戏和虚拟现实领域相关企业的大量涌现，国内高校开设数字媒体相关专业也呈快速增长态势。

党的二十大报告指出："必须坚持科技是第一生产力、人才是第一资源、创新是第一动力"，强调要深入实施科教兴国战略、人才强国战略、创新驱动发展战略。这为游戏和虚拟现实领域的发展提供了坚实的政策支持和广阔的市场空间。

本书是一本全面且系统的 Unity 3D 开发教材，旨在帮助读者快速掌握 Unity 3D 游戏开发的基本知识和技能。本书适用于初学者和有一定编程经验的读者，内容涵盖了 Unity 3D 的基本界面、场景编辑、资源管理、碰撞检测、物理引擎、脚本编写等方面。通过本书的学习，读者将能够轻松地创建属于自己的游戏或者应用。

书中以 Unity 2020. 3. 29 版本为例进行案例制作，主要讲述 Unity 2020. 3. 29 版本的使用方法，从实战角度系统地介绍 Unity 3D 的开发实践知识。通过学习本书，读者可以在掌握 Unity 3D 内容开发的基础上，通过实际案例的学习，熟悉并掌握基于 Unity 引擎的游戏和虚拟现实内容开发的相关技能。

本书强调实用性和可操作性，结合了 Unity 3D 应用开发实例，以配套资源形式提供丰富的案例素材文件。本书以介绍 Unity 3D 应用实例开发为主线，涵盖了 Unity 3D 应用开发过程中需要掌握的相应知识点。

教师教学时，建议采用理论实践一体化的教学模式，全部在实训室完成授课，教学的实施可参考下面的学时分配表。

学时分配表

项目	任务	课程内容	学时
项目 1　开发前的准备	任务 1. 1	下载和安装 Unity	2
	任务 1. 2	简易俄罗斯方块	4
项目 2　界面环境	任务 2. 1	预制体搭建砖墙	4
	任务 2. 2	脚本生命周期	4
	任务 2. 3	移动和旋转	4
	任务 2. 4	键盘和鼠标（虚拟轴）	4

续表

项目	任务	课程内容	学时
项目 3　C# 语法	任务 3.1	C# 流程控制	6
	任务 3.2	UI 打字机	4
	任务 3.3	面向对象	4
项目 4　地形系统	任务 4.1	制作山体地形	4
项目 5　制作 VR 项目《郑和下西洋》	任务 5.1	使用准心悬停功能实现交互触发	4
	任务 5.2	UI 填充加载与打字机出字	4
	任务 5.3	郑和指挥动作实现	4
项目 6　制作 VR 项目《悯农》	任务 6.1	音频与诗句同步出现	4
	任务 6.2	农舍炊烟效果实现	4
合计			60

本书配备有微课视频（部分章节）、教案、PPT 课件、习题答案、任务素材及全部案例源代码等教学资源，供读者和选用本书作为教材的教师使用。在跟随本书的任务实施作任务的过程中，会涉及一些项目素材，扫描右侧二维码可获取相应的项目素材，方便读者进行实践操作。

项目素材

本书为临沂科技职业学院“十四五”教材建设经费资助项目，由临沂科技职业学院联合校企合作单位景致三维元宇宙产业研究院共同编写而成。本书的编者经过大量的教学改革与尝试，积累了丰富的教学和实践经验，并把这些经验充分体现到本书的内容中，力求将知识点融入案例中，使本书既内容丰富，又通俗易懂。

本书的编写分工如下：项目 1、项目 2 由王建东编写，项目 3 由郑光果编写，项目 4 由王文新编写，项目 5、项目 6 由邵炜程编写。凤凰数媒（北京）科技有限公司的牛应山及山东世博华创动漫传媒有限公司的王永超为本书的编写提供了大量技术指导，全书由黄若琳统稿和审核。

在本书的编写与出版过程中，出版社编辑付出了大量的心血，体现出高度负责的敬业精神。同时，很多同行专家对本书提出了宝贵的建议和意见。在此向所有提供过帮助的人表示衷心的感谢！

由于编者水平有限，书中难免存在不足之处，恳请广大读者批评指正。反馈邮箱：2006sszgg@163.com。

编者

2024 年 10 月

目　录

项目 1

开发前的准备

项目概述

Unity 是一款流行的三维引擎软件，三维引擎即三维空间的引擎。一提引擎，我们很自然会想到汽车发动引擎——发动机。汽车靠发动机驱动才能运动起来，火箭靠引擎才能飞向太空。引擎是动力的源泉，三维引擎就是驱动三维空间里的三维物体（模型）进行运动的软件。

Unity 翻译成中文是统一的意思，正如其名和愿景，在三维引擎领域中实现开发软件的统一，其开发的三维软件能够实现跨平台，真正实现一端开发、多端共享的统一。三维是借助于计算机和一些三维硬件设备（比如头盔）可以营造出身临其境的三维体验，在 3D 电影、虚拟现实（VR）、虚拟仿真、医疗模拟、教育培训、航空航天、元宇宙等领域得到了广泛应用。可以说，一切与三维空间相关的产品与服务都需要用到三维引擎，掌握了三维引擎的开发就掌握了未来技术的制高点。

Unity 是 2004 年由美国旧金山 Unity Technologies 公司开发的一款三维（3D）引擎软件，目前在游戏领域得到了广泛的应用，全球超过 50%的游戏是用 Unity 创造的，75%的 VR/AR 相关内容是用 Unity 引擎创建的。至今，中国所发行的手游有 76%都是用 Unity 开发。用 Unity 开发的典型游戏有《原神》《王者荣耀》《魔兽世界》等。

开发前的准备包括两个任务：

（1）下载和安装 Unity；

（2）创建第一个 Unity 项目——简易俄罗斯方块。

学习目标

知识目标

- 了解三维引擎开发的基本内容；
- 了解 Unity 开发工具；
- 熟悉 Unity 开发界面。

技能目标

- 拥有下载和安装 Unity 的能力；
- 拥有在 Unity 中完成简单项目创建的能力。

素养目标

- 了解三维引擎发展史，激发爱国之心及学习兴趣；
- 养成冷静、沉稳解决问题的能力。

任务 1.1　下载和安装 Unity

任务描述

下载和安装三维引擎开发工具 Unity Hub（版本 2.5）和 Unity Editor（版本 2020.3.29f1c1）。

下载和安装 Unity

任务实施

步骤 1：打开 Unity 中国区的官网 https://unity.cn，单击页面右上角的“下载 Unity”按钮，进入下载页面，接着单击“切换 Hub 2.5”按钮下载 Unity Hub Setup.exe 安装包，如图 1-1 所示。如果直接单击“下载 Unity Hub”按钮会下载最新版的 Unity Hub，本书统一采用软件版本为 Unity Hub 2.5。

图 1-1　下载 Unity Hub 2.5 版本软件

步骤2：下载并双击安装包 Unity Hub Setup. exe，如图1-2所示，单击“我同意”按钮。

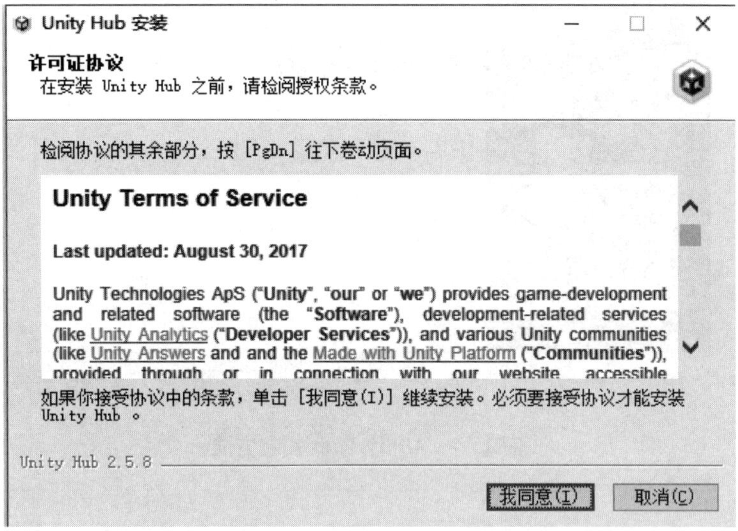

图1-2 安装 Unity Hub

步骤3：设置安装路径后，单击“安装”按钮，如图1-3所示，注意安装路径不能有中文。

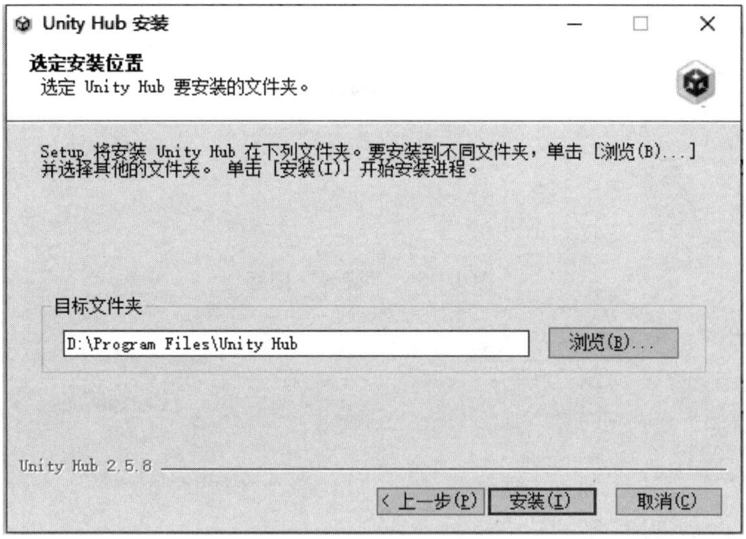

图1-3 选择安装路径

步骤4：如图1-4所示，单击“完成”按钮，完成 Unity Hub 的安装。

步骤5：打开安装好的 Unity Hub 软件，单击右上角小齿轮状的“设置”图标，将外观语言切换为“简体中文”，如图1-5和图1-6所示，修改完的界面如图1-7所示。

步骤6：在安装 Unity Editor 之前，打开 Unity 中国区官网 https://unity. cn 并注册一个个人用户账号，如图1-8所示。

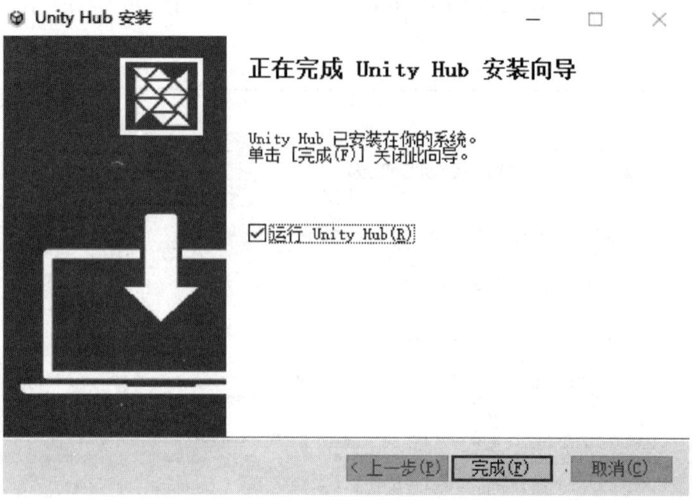

图 1－4　Unity Hub 安装完成

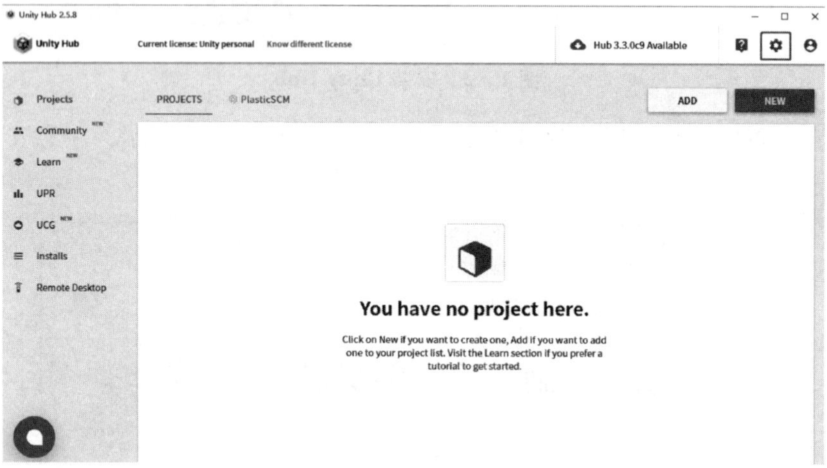

图 1－5　“设置”图标

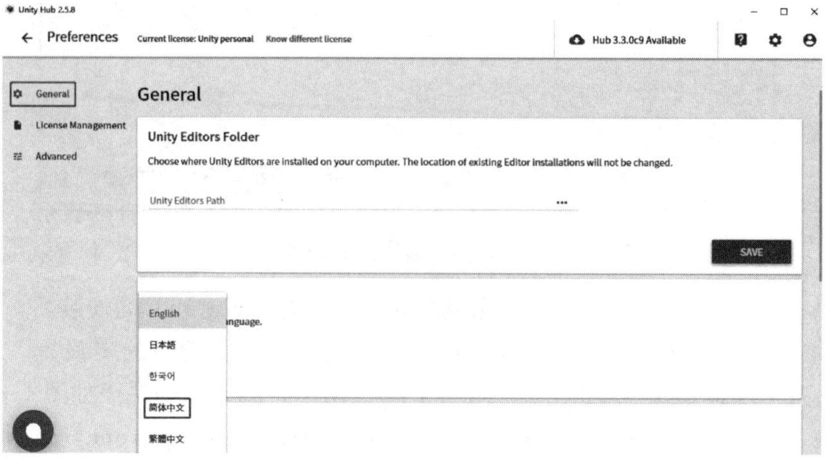

图 1－6　设置外观语言为“简体中文”

图 1－7　语言为“简体中文”的界面

图 1－8　创建 Unity 登录账号

步骤 7：接下来开始 Unity Editor 的安装，打开 Unity 的中国区官网，用上一步注册的账号登录，进入下载页面，如图 1－9 所示，选择 Unity 2020. x 标签。

图 1－9　从 Unity 官网下载并安装 Unity Editor

步骤 8：如图 1－10 所示，选择 2020. 3. 29f1c1 版本的 Unity Editor 进行下载，单击“从 Hub 下载”按钮。

图 1－10　选择版本为 2020. 3. 29f1c1 的 Unity Editor

步骤 9：在弹出的对话框中单击“打开 Unity Hub”按钮，如图 1－11 所示。

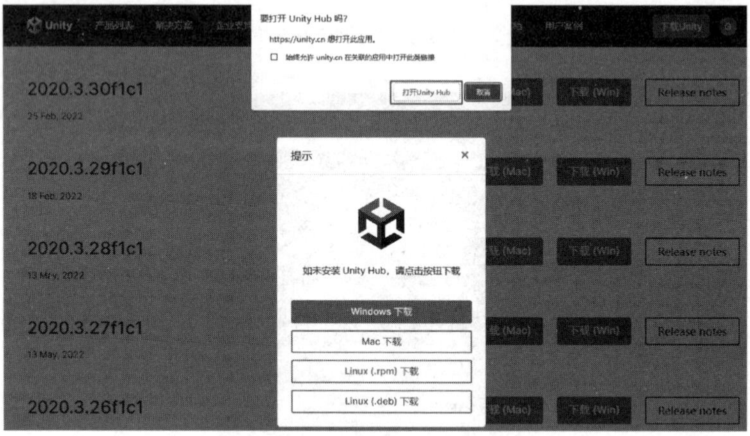

图 1－11　直接打开 Unity Hub

步骤 10：打开 Unity Hub 后用步骤 6 注册的账号登录，如图 1－12 所示。

图 1－12　登录 Unity Hub

步骤 11：如图 1 - 13 和图 1 - 14 所示，出现安装 Unity 2020. 3. 29f1c1 的对话框，依次选择 Microsoft Visual Studio Community 2019、Windows Build Support （IL2CPP）、Documentation 和简体中文 4 个模块。

注意：在安装 Unity 2020. 3. 29f1c1 之前务必确保已经登录 Unity Hub 账号。

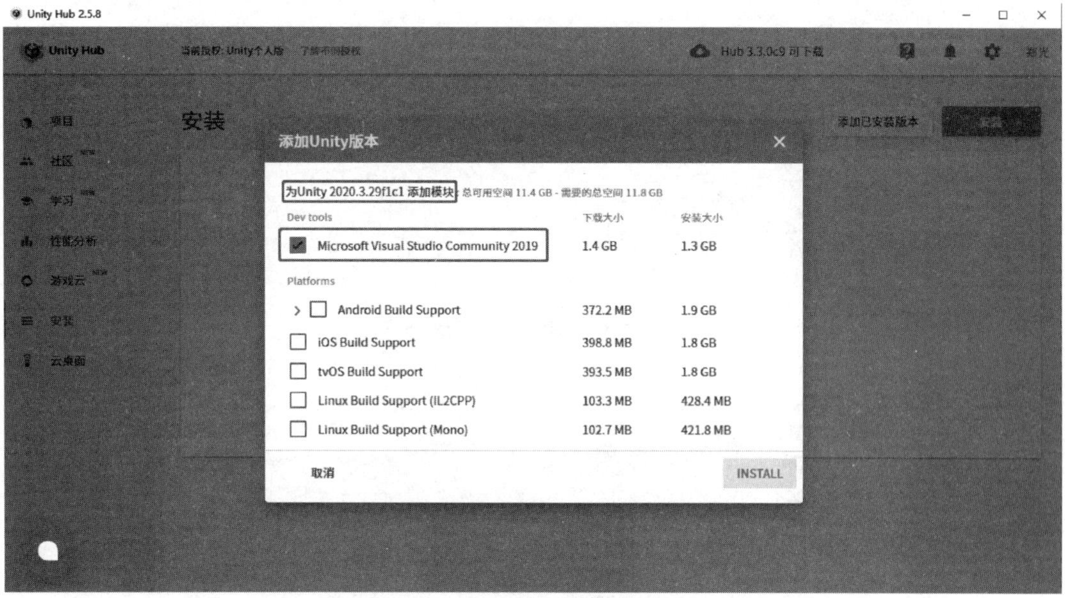

图 1 - 13　选择安装的模块 1

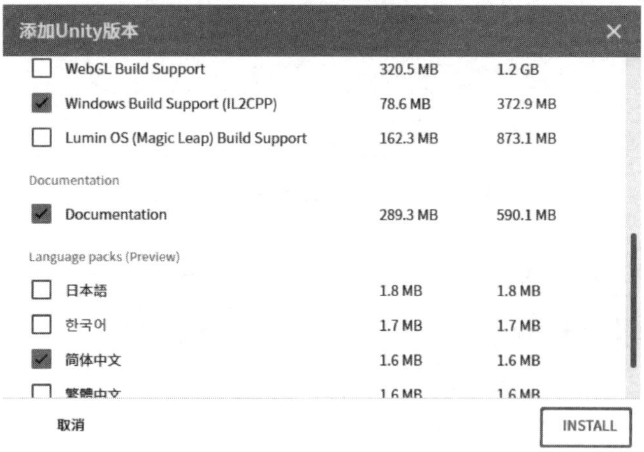

图 1 - 14　选择安装的模块 2

步骤 12：如图 1 - 15 所示，进入模块下载和安装对话框。

步骤 13：如图 1 - 16 所示，Unity Editor 安装完成。

步骤 14：至此，Unity Hub 和 Unity Editor 均已安装完成。安装完成后，创建一个最简单的项目来熟悉 Unity 的界面和基本操作。双击打开 Unity Hub，如图 1 - 17 所示，选择左侧“项目”选项，单击右上角“新建”按钮。

图 1 - 15　模块下载和安装

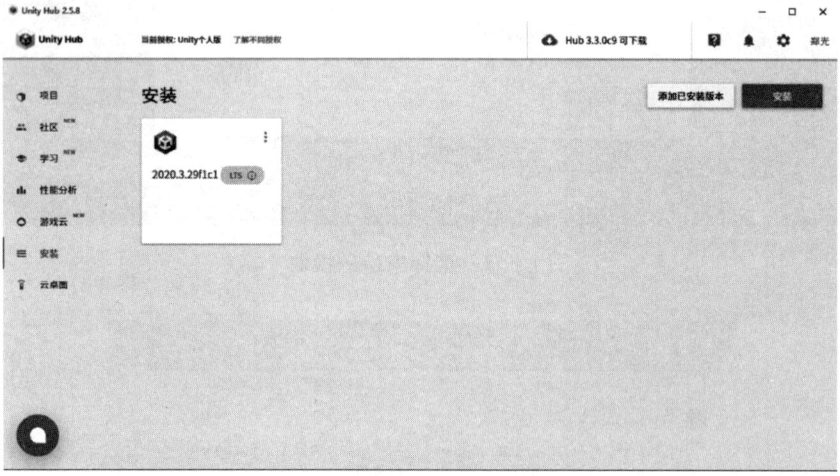

图 1 - 16　Unity Editor 安装完成

图 1 - 17　打开 Unity Hub

单击图 1－17 右上角的“新建”按钮会弹出如图 1－18 所示的新建项目窗口，在窗口中重点确认编辑器的版本为 2020. 3. 29f1c1 LTS，选择默认的 3D 核心模块，指定项目的路径，并给新建的项目命名，如：01M_01Cube。

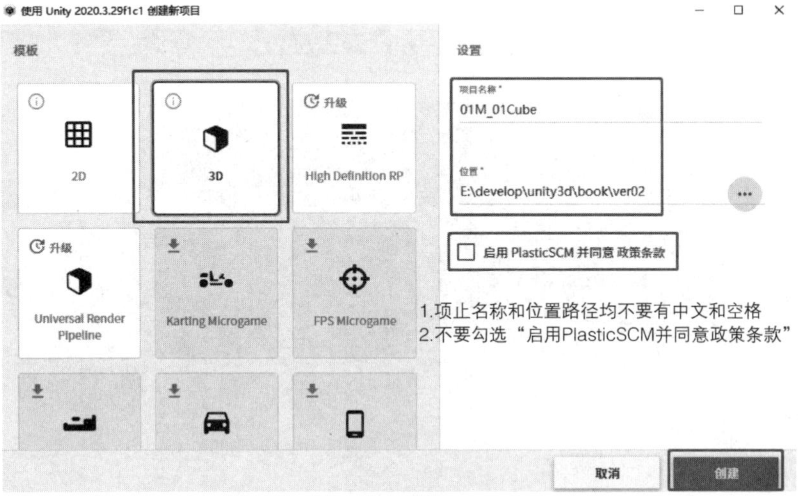

图 1－18　新建项目

确认无误后单击右下角的“创建”按钮，经过几十秒的资源加载后会弹出新项目窗口，默认 Unity Editor 的主题背景色为 Dark，可以通过依次选择菜单栏“Edit”→“Preferences”→“General”→“Editor Theme”命令来调整为 Light 模式，如图 1－19 所示。

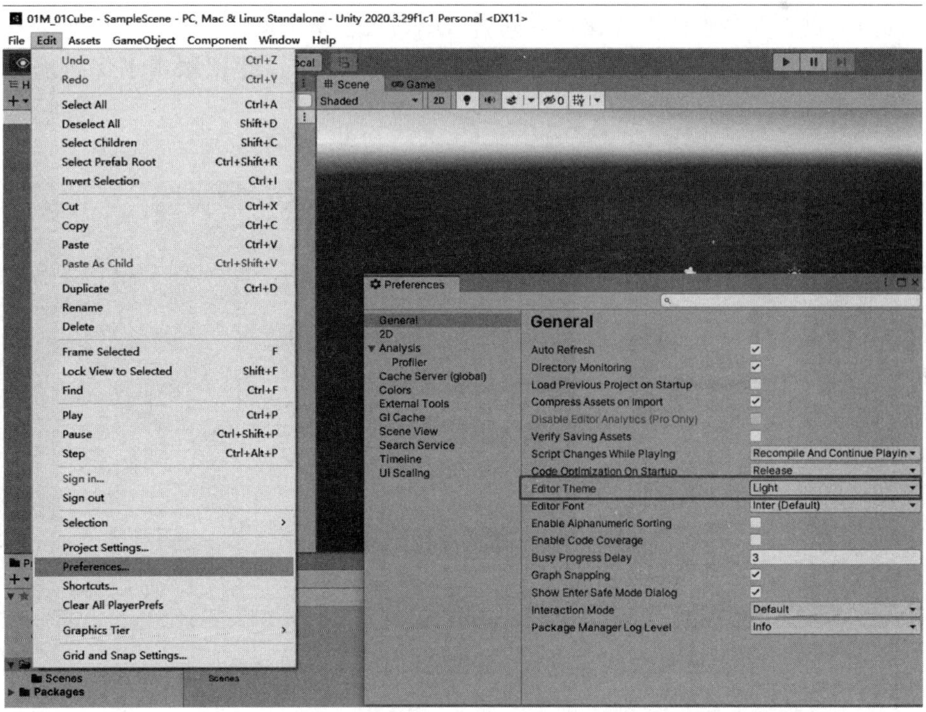

图 1－19　设置 Unity Editor 的主题背景色为 Light

界面分为六个视图窗口：Hierarchy（层级）窗口、Project（项目）窗口、Console（控制台）窗口、Scene（场景）窗口、Game（游戏）窗口和 Inspector（检查器）窗口，如图 1－20 所示。

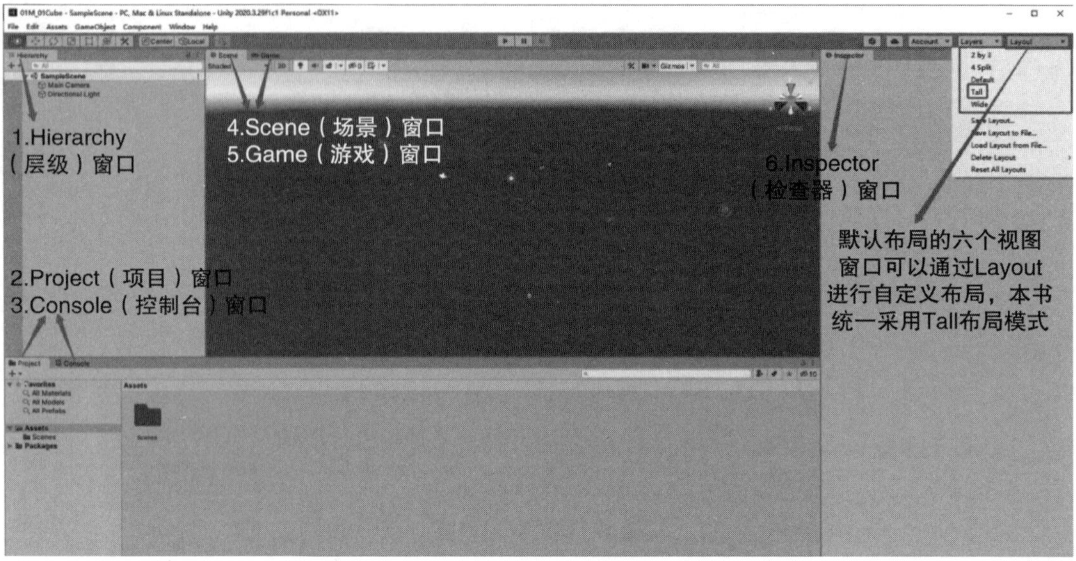

图 1－20　六个视图窗口

六个视图窗口的布局可以根据自己的开发习惯进行调整，如图 1－21 所示，可以通过右上角的 Layout 下拉框进行选择。读者也可以通过单击并拖动视图的选项卡来将它停靠到任意视图的侧面或底部。当我们改变了窗口界面后可以通过“Window”→“Layouts”→“Reset All Layouts”命令恢复默认窗口布局。如果读者无特殊要求，建议跟本书保持一致，采用默认的 Tall 布局。

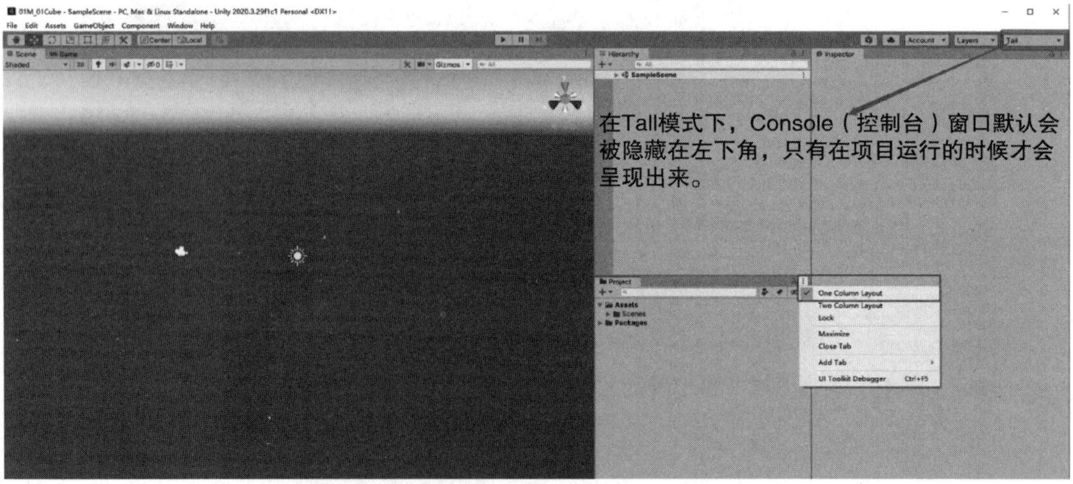

图 1－21　调整六个视图窗口布局为 Tall 模式

在 Hierarchy 窗口空白处右击，依次选择“3D Object”→“Cube”命令，如图 1－22 所示，新建一个立方体。

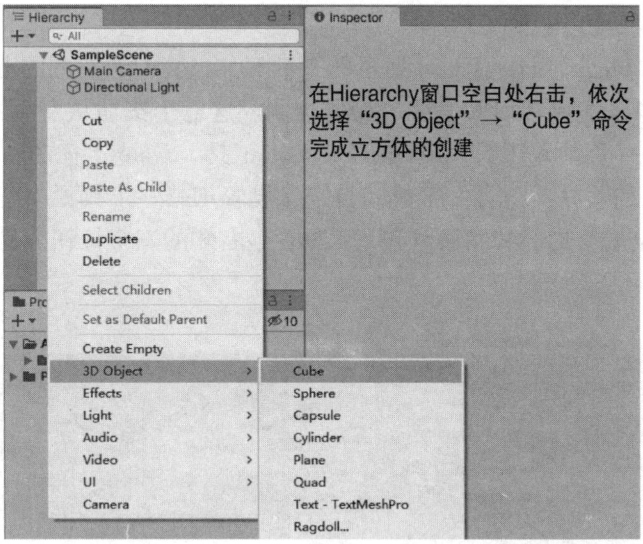

图 1-22　在 Hierarchy 窗口中新建一个立方体

相关知识

上文中，我们安装 Unity 3D 并创建了一个 Unity 项目。通过这个项目，我们可以学习到 Unity 编辑器的界面和坐标系。

1.1.1　Unity 编辑器的界面

Unity 编辑器的界面分为菜单栏、工具栏和五个视图窗口，如图 1-23 所示。菜单栏包括：File（文件）、Edit（编辑）、Assets（资源）、GameObject（游戏对象）、Component（组件）、Window（窗口）和 Help（帮助），本书不再对其逐一讲解，在后续项目用到菜单栏中的某个菜单时再做详细说明。本节将重点介绍常用的工具栏和五个视图窗口。

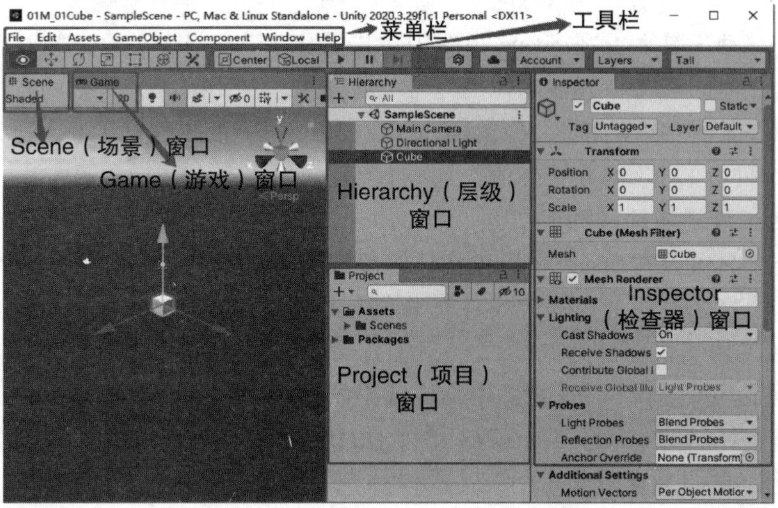

图 1-23　Unity 编辑器的界面布局

1. 工具栏

工具栏按照功能可分为如图 1－24 所示的三个部分，其中最左侧的七个按钮用于对所选择的游戏对象进行移动、旋转以及缩放等操作控制。这七个按钮从左到右依次为 Hand（手形）工具、Translate（移动）工具、Rotate（旋转）工具、Scale（缩放）工具、Rect（矩形）工具、（移动、旋转和缩放）三合一工具和自定义设置工具。工具栏中间部分的三个按钮分别是中心与轴心、全局与局部和网格对齐，工具栏最右侧的三个按钮分别是播放、暂停和逐帧播放。

图 1－24　Unity 工具栏布局

常用工具栏的第一部分（最左侧五个按钮）核心功能介绍：

（1）手形工具（快捷键为 Q）。

单击选中手形工具后，可在 Scene 视图中通过单击来平移整个场景。此时仅仅是视角发生变化，被拖拽的游戏对象坐标不会改变。

（2）移动工具（快捷键为 W）。

单击选中移动工具后，在 Scene 视图中单击选中 Cube 游戏对象，此时在该游戏对象上会出现 3 个方向的箭头（代表物体的三维坐标轴），然后在箭头所指的方向上拖动对象可以改变对象在某一轴上的位置。当然也可以在 Inspector 视图中直接修改所选择的游戏对象 Transform 组件上的 Position 坐标值。

（3）旋转工具（快捷键为 E）。

使用旋转工具可以在 Scene 视图中按任意角度旋转选中的游戏对象。当然也可以在 Inspector 视图中直接修改所选择的游戏对象 Transform 组件上的 Rotation 坐标值。

（4）缩放工具（快捷键为 R）。

使用缩放工具可以在 Scene 视图中缩放选中的游戏对象，当然也可以在 Inspector 视图中直接修改所选择的游戏对象 Transform 组件上的缩放 Scale 坐标值。

（5）矩形工具（快捷键为 T）。

在 Scene 视图中，如果对准矩形的四个角，按住鼠标左键拖动，游戏对象在某一面上的缩放会发生变化，也可按住 Shift 键进行等比例缩放；如果对准矩形内部任意位置，按住鼠标左键拖动，游戏对象在某一面上的位置会发生移动。

常用工具栏的第二部分（中间三个按钮）功能介绍：

（1）中心（Center）与轴心（Pivot），如图 1-25 所示。

● 当按钮展示为 Pivot 时，上述的若干工具会以该对象自身中心点作为中心；

● 当按钮展示为 Center 时，上述的若干工具会以该对象及其所有子对象构成一个整体的中心点作为中心。

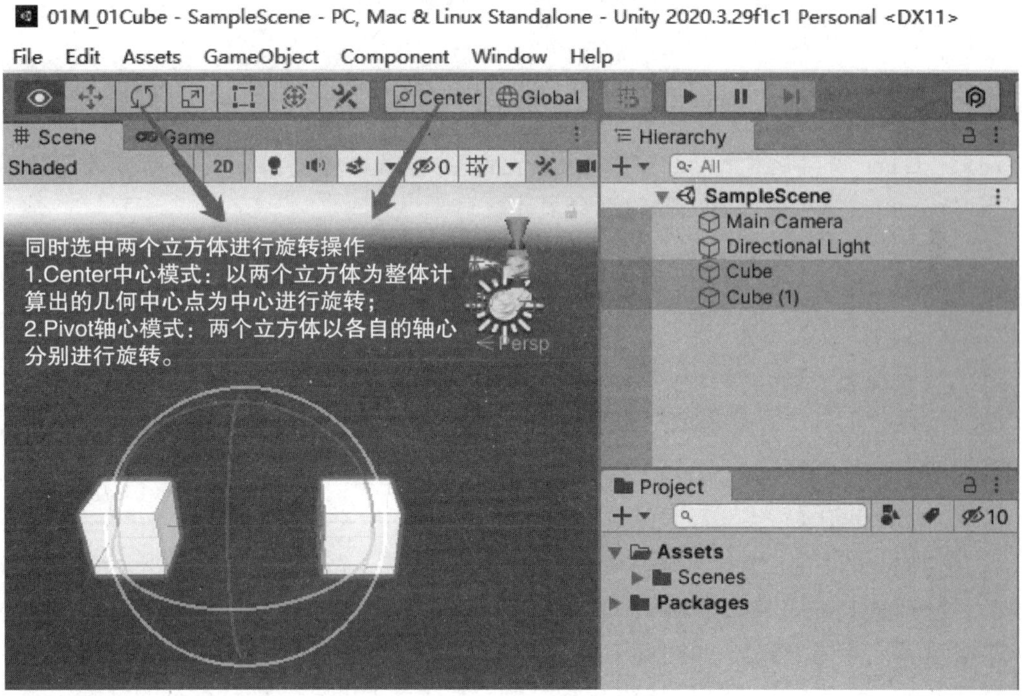

图 1-25 同时选中两个立方体进行旋转操作：切换中心和轴心时查看旋转动画

（2）全局（Global）与局部（Local），如图 1-26 所示。

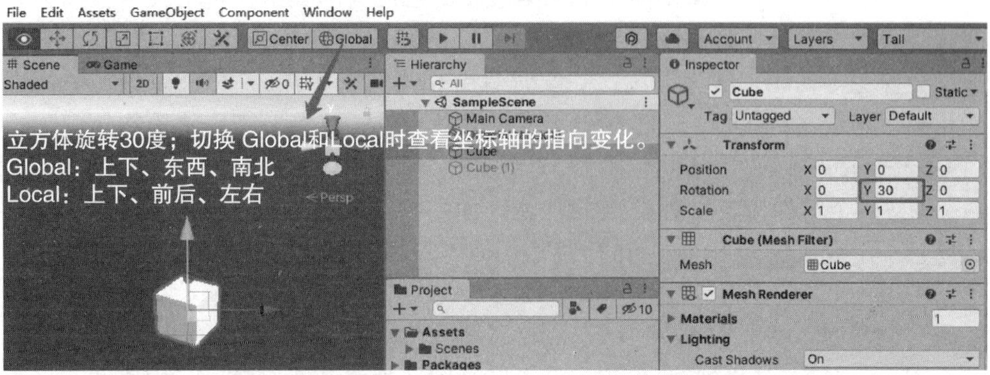

图 1-26 立方体旋转 30 度：切换 Global 和 Local 时查看坐标轴的指向

● 当按钮展示为 Global 时，上述的若干工具会以世界坐标系的三个轴作为参考轴，

X-Y-Z 轴的 6 个方向分别代表东、西、上、下、南、北；

● 当按钮展示为 Local 时，上述的若干工具会以游戏对象本身的三个坐标轴作为参考轴（以物体自身为轴），即游戏对象的旋转状态会影响该坐标轴，X-Y-Z 轴的 6 个方向分别代表前、后、上、下、左、右。

（3）网格对齐。

在 Scene 视图中默认能看到一条条的灰色网格线，当打开网格对齐功能时，游戏对象只会根据网格点进行移动，即每次移动都是网格的倍数。

常用工具栏的第三部分（最右侧三个按钮）功能介绍：

（1）“播放”按钮。

在 Scene 视图下，单击“播放”按钮后会自动切换到 Game 窗口下，再次单击“播放”按钮，游戏结束会切换回 Scene 视图。

注意： Game 窗口是对 Scene 窗口的运行预览，在 Game 窗口下的任何修改都不会生效，当 Game 窗口结束后所有的修改都会复原。

（2）“暂停”按钮。

单击该按钮则暂停游戏，再次单击“暂停”按钮，游戏恢复正常。

（3）“逐帧播放”按钮。

这里需要注意，Unity 是以“帧”为单位来进行游戏开发的，需要理解“帧”的概念。游戏运行时单击“逐帧播放”按钮会自动暂停游戏，此后每次单击该按钮时，都会一帧一帧地向下进行游戏。

2. 五个视图窗口

打开新创建的 Unity 项目，就会看见 Unity 的主界面，起初它是由最基本的五个视图所构成的，分别是 Project 窗口、Hierarchy 窗口、Inspector 窗口、Scene 窗口、Game 窗口。

想必读者或多或少都玩过电脑游戏，特别是闯关类型的游戏。Unity 应用领域最广的就是游戏开发，作为一款流行的游戏开发引擎工具，读者可结合自己玩过的某款游戏来理解和区分：Scene（场景）视图、Game（游戏）视图、Hierarchy（层级）视图、Project（项目）视图和 Inspector（检查器）视图。一款游戏往往会有多个关卡，根据难易程度这些关卡一般由简到难，让玩家由简单的关卡逐步到难度大的关卡，每个关卡里面会有一到多个的游戏人物、道具、障碍物等物体，每一个游戏人物又会具有多个功能，比如会跑、会踢腿、会躲避等功能。作为类比，一款游戏就相当于一个项目（Project），游戏里面的关卡就相当于场景（Scene），每个场景里面的游戏人物、道具、障碍物等物体都称为游戏对象（GameObject），每个物体（游戏对象）所具有的每一种功能都称为组件（Inspector），一个组件代表一种类型的功能，如果一个物体有多个功能则会有多个组件。项目、场景、游戏对象、组件之间的关系如图 1－27 所示。

（1）Project View（项目视图）：一个项目代表一个游戏，用于显示整个项目中所有可用的资源，如模型、脚本等。

（2）Scene View（场景视图）：用于设置场景以及放置游戏对象，是构造游戏场景的地方。在 Unity 中，构成一个场景的所有对象（包括：环境、物体、人物角色、声音、光线、粒子特效等）统称为 GameObject，即游戏对象。在 Unity 中，我们可以用 GameObject 来声

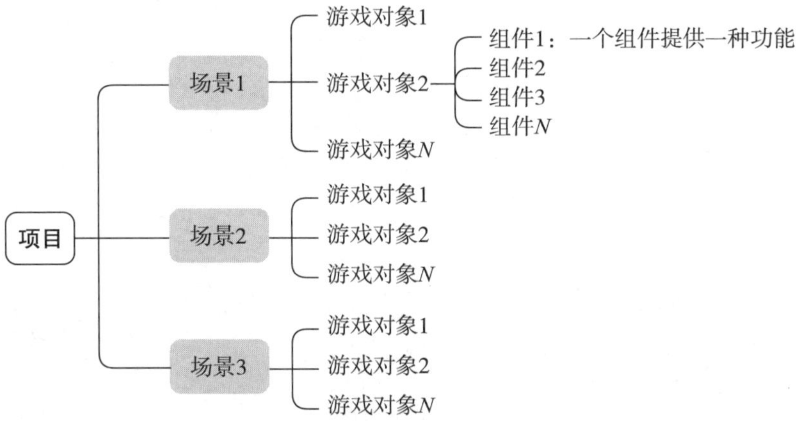

图 1-27 项目、场景、游戏对象、组件之间的关系

明任意物体。当新建一个项目时，Unity 会创建并打开一个名为 SampleScene 的场景，该场景中默认包含 Main Camera（主摄像机）和 Direction Light（平行光）两个游戏对象，读者可以通过 Unity 工作界面中的 Hierarchy 窗口和 Scene 窗口查看游戏对象。其中，Hierarchy 窗口以层级的方式显示场景中所有对象的名称。所谓层级，指的是如果对象之间存在“父子”关系，则子对象的名称会缩进一个级别并显示在父对象的名称下方。而 Scene 场景窗口则以“所见即所得”的方式显示场景中所有游戏对象所处的位置及状态。

（3）Game View（游戏视图）：用于实时显示游戏运行的画面，只有处于播放模式时才会被激活。

（4）Hierarchy View（层级视图）：用于显示当前场景中所有的游戏对象。

（5）Inspector View（检查器视图）：用于显示当前选定的游戏对象的所有附加组件（脚本属于组件）及其属性的相关详细信息。在 Unity 中，每个游戏对象都具备多种功能。能够使游戏对象具备特定功能的模块称为 Component（组件）。多个具有不同功能的组件组成对象，多个对象构成一个场景，每个场景分别作为一个关卡组成一个项目。读者在 Scene 或 Hierarchy 窗口中单击选中一个游戏对象时，会使该对象处于被选中状态，此时在 Inspector 窗口中可以看到该对象的所有组件。

1.1.2 坐标系

在介绍 Unity 的坐标系前，先介绍 3D 坐标系，3D 坐标系表示的是三维空间，它有三个坐标轴，分别是 X 轴、Y 轴、Z 轴。如图 1-28 所示，3D 坐标系分为左手坐标系和右手坐标系。左手坐标系就是 Y 轴指上方，X 轴指向右方，而 Z 轴指向前方；而右手坐标系和左手坐标系的 X 轴和 Y 轴方向相同，Z 轴的方向正好相反。大拇指指向的方向就是 Z 轴的方向，四指弯曲的方向就是从 X 轴到 Y 轴的方向，左右手都可以这样判断。

Unity 采用左手坐标系，也就是 X 轴向右，Y 轴向上，Z 轴向前，对场景中的游戏物体方向来言，Y 轴代表上下，X 轴代表东西（左右），Z 轴代表南北（前后）。

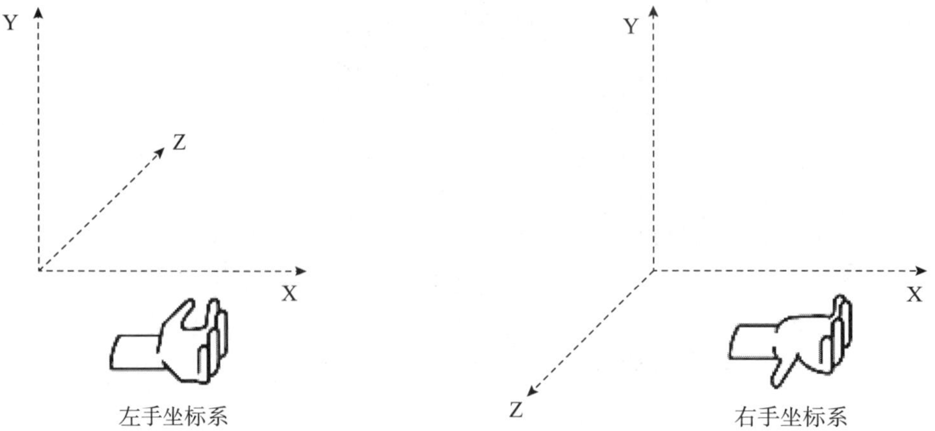

图 1-28　左手/右手 3D 坐标系

任务 1.2　简易俄罗斯方块

任务描述

激活 Unity 后，就可以用 Unity 开发项目了。本任务将创建三个简易的俄罗斯方块，项目的运行效果如图 1-29 所示。

▶ 简易俄罗斯方块

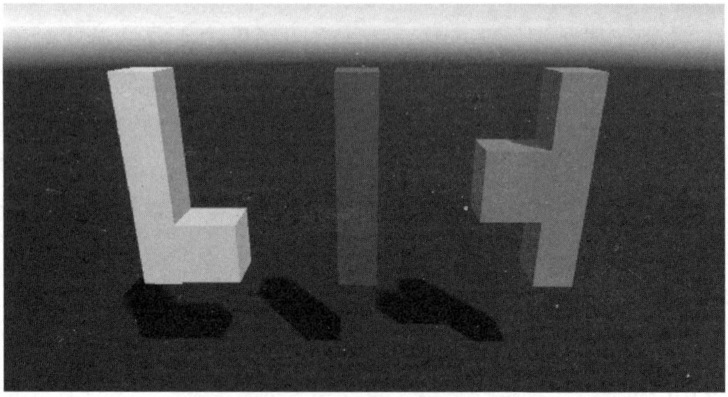

图 1-29　三个简易的俄罗斯方块

任务实施

步骤 1：打开 Unity Hub，新建项目，在弹出新建项目的窗口中选择 3D 模版，设置项目名称为"01M_02ELuoSiFangKuai"，项目名称和保存路径中都不要有中文和空格，不然后续可能会出现问题。不需要勾选"启用 PlasticSCM 并同意政策条款"复选框，最后单击右下角的"创建"按钮，如图 1-30 所示。

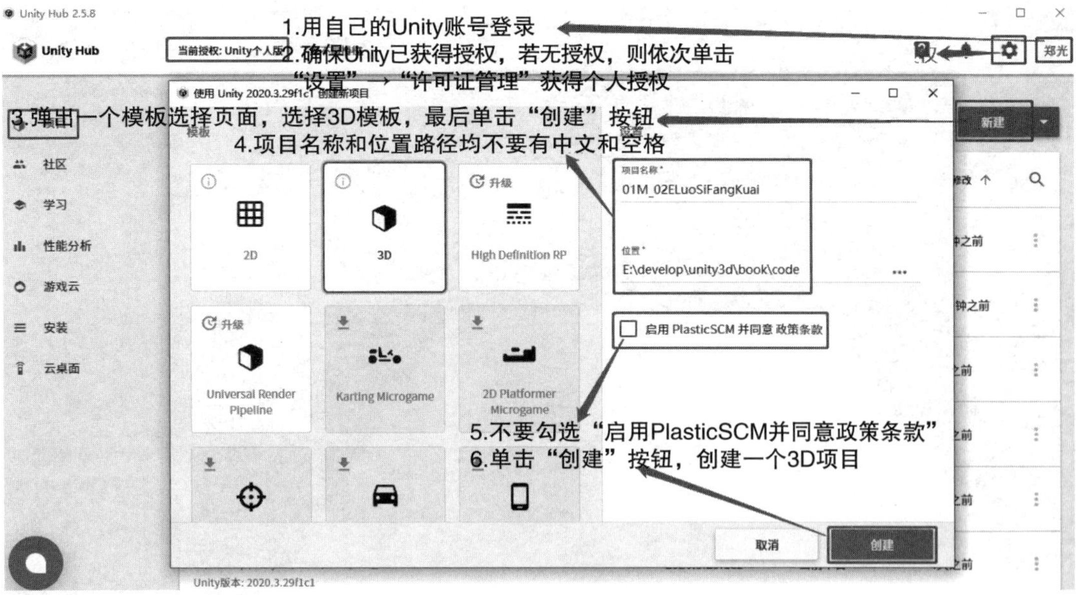

图 1-30　创建项目

步骤 2：调整场景坐标并创建一个平面。如图 1-31 所示，单击则可以调整三维坐标轴，使 X 轴正向朝右，同时在 Hierarchy 窗口空白处右击，依次选择“3D Object”→“Plane”命令来创建一个平面当作地面。创建地面后的效果如图 1-32 所示。

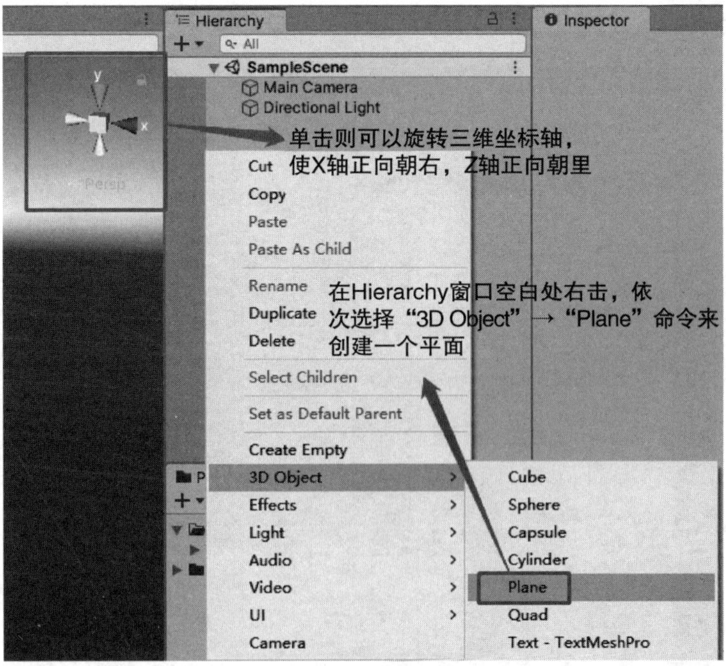

图 1-31　创建游戏对象

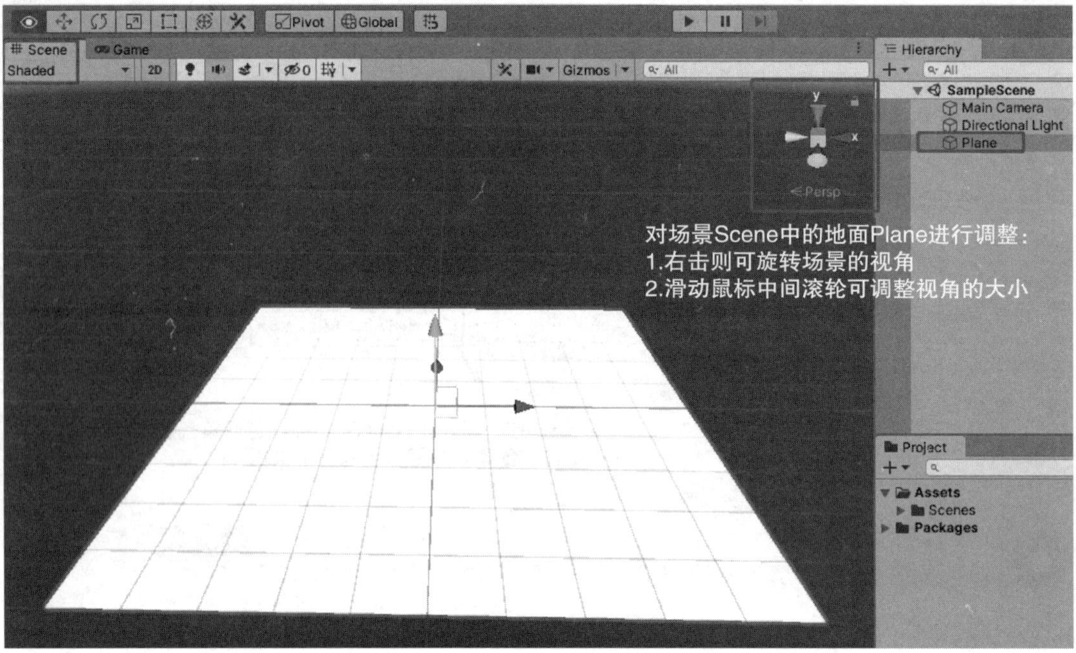

图 1-32　创建地面后的效果图

步骤 3：创建第一个立方体模型。同创建地面的步骤一样，创建一个立方体，如图 1-33 所示，在 Hierarchy 窗口空白处右击，依次选择“3D Object”→“Cube”命令，可在场景中创建一个立方体。

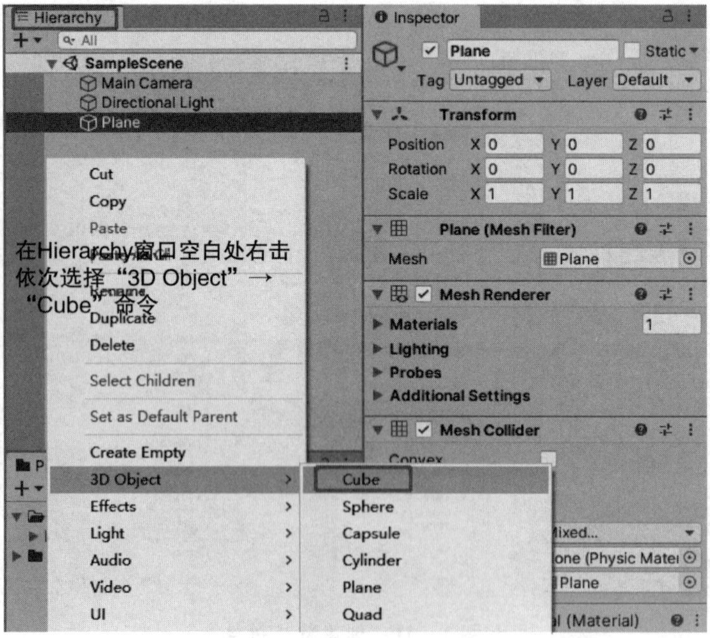

图 1-33　创建立方体

将新创建的立方体的 Transform 组件参数设置如图 1-34 所示，让其变成一个竖形的长方体。

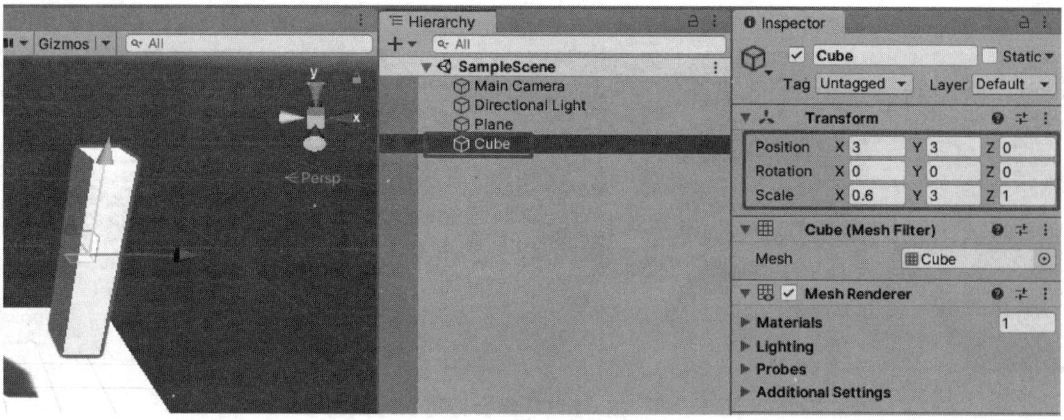

图 1－34　调整立方体为长方体

按照上面的方法再创建一个立方体，并设置其 Transform 组件参数如图 1－35 所示，使其紧挨着上面步骤创建的立方体左侧正中间。

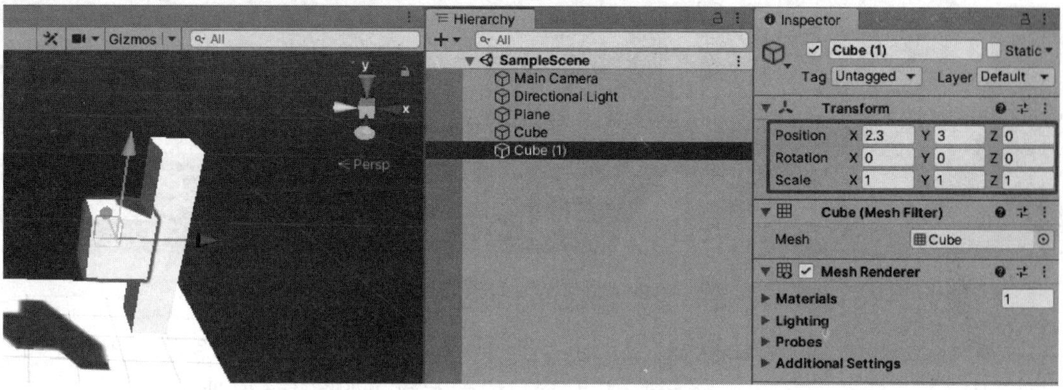

图 1－35　设置立方体的位置参数

在 Hierarchy 窗口中，长按左侧中间立方体 Cube(1)并拖到 Cube 的下面，使其成为 Cube 的子对象，如图 1－36 所示。

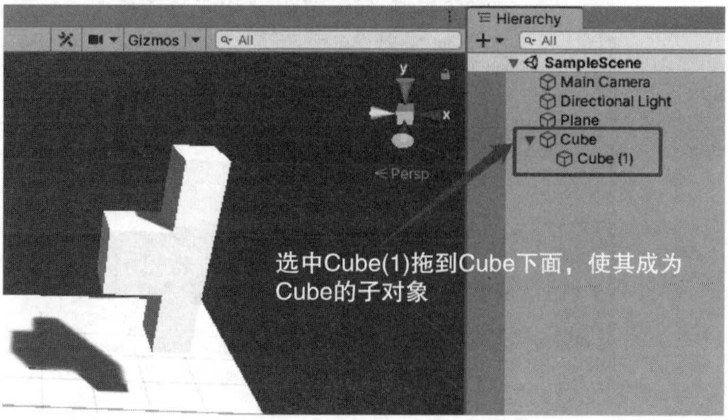

图 1－36　调整父子游戏对象

步骤 4：创建第二个方块模型。如图 1－37 所示，选中 Cube 后，按 Ctrl+D 组合键可快速复制。

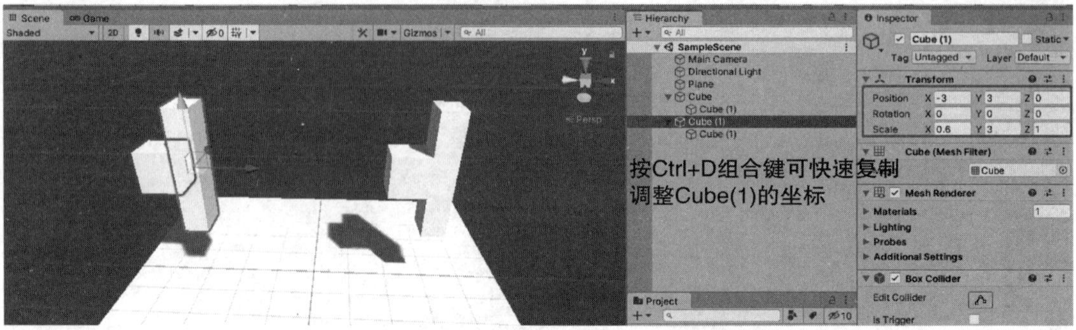

图 1－37　按 Ctrl+D 组合键可快速复制

调整 Cube(1)的位置参数，如图 1－38 所示。

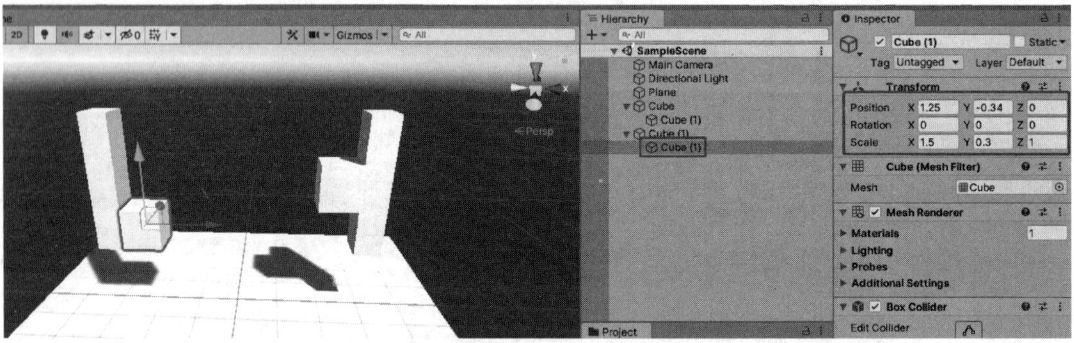

图 1－38　调整游戏对象的位置参数

步骤 5：创建第三个方块模型。如图 1－39 所示，在 Hierarchy 窗口空白处右击，依次选择“3D Object”→“Cube”命令，并设置其位置参数，如图 1－40 所示。

图 1－39　创建第三个立方体游戏对象

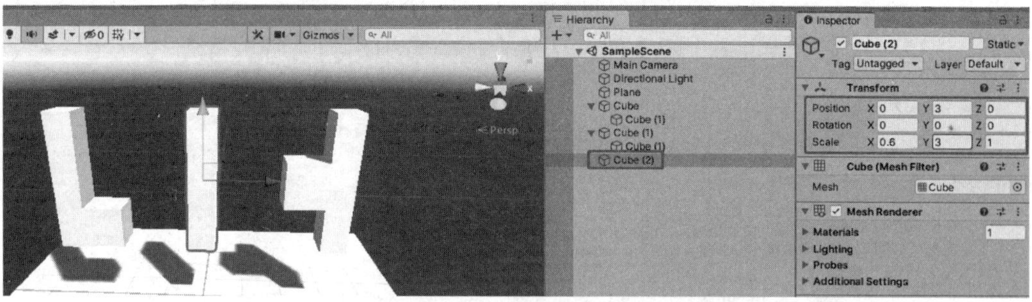

图 1-40 调整游戏对象

步骤 6：对三个方块模型进行重新命名，如图 1-41 所示。

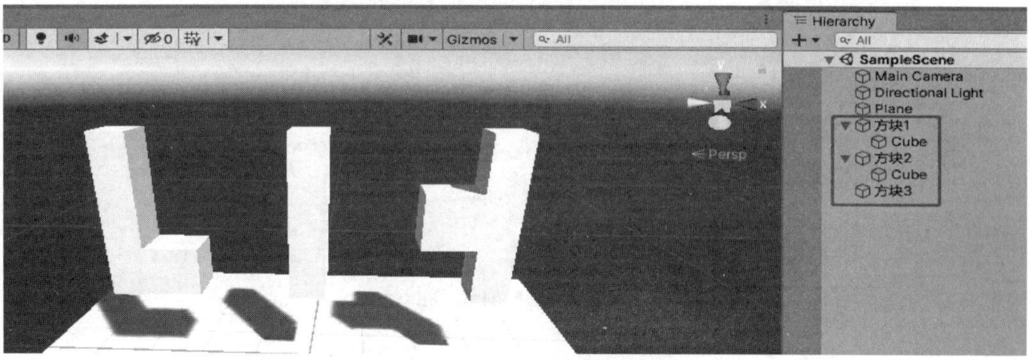

图 1-41 重命名游戏对象

在 Hierarchy 窗口空白处右击创建一个空对象（Creat Empty），并将三个方块模型挂载到空对象上，使三个方块模型成为空对象的三个子物体，如图 1-42 所示。

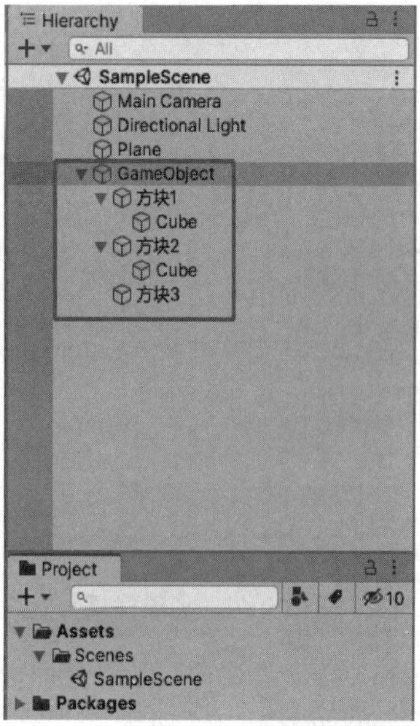

图 1-42 调整游戏对象成为父子结构

步骤 7：创建 4 个材质。如图 1－43 和图 1－44 所示，在 Project 项目窗口中 Assets 文件夹下面创建一个名为 Material 的文件，用来存放项目中用到的所有材质。

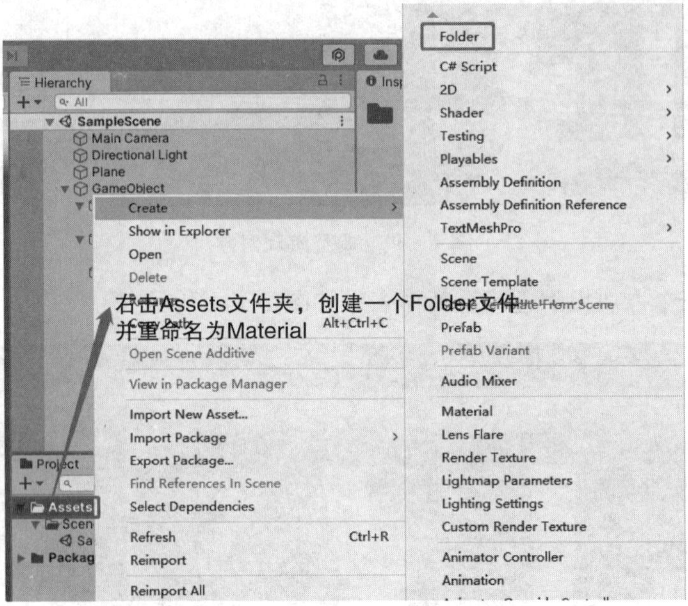

图 1－43　创建 Material 文件

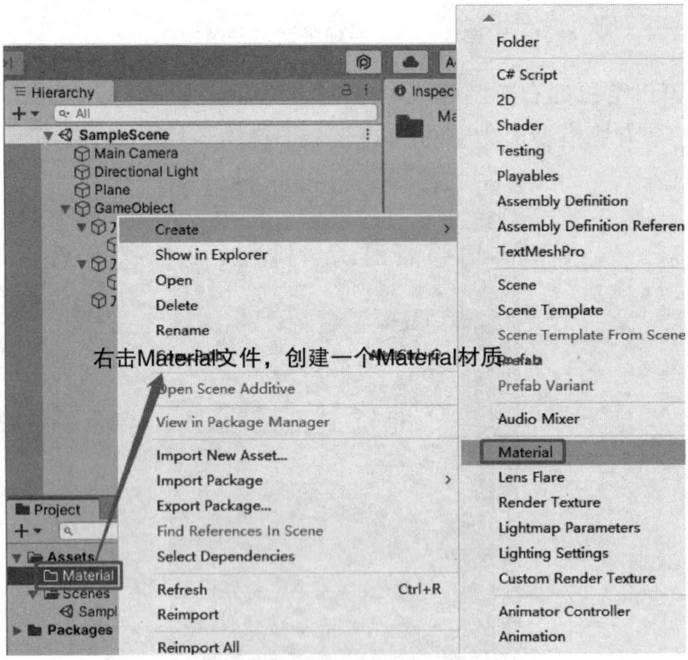

图 1－44　创建材质

选中新创建的材质后按 Ctrl+D 组合键快速复制 3 个，加上原来的 1 个，分别命名为地面、方块 1、方块 2 和方块 3，效果如图 1－45 所示。

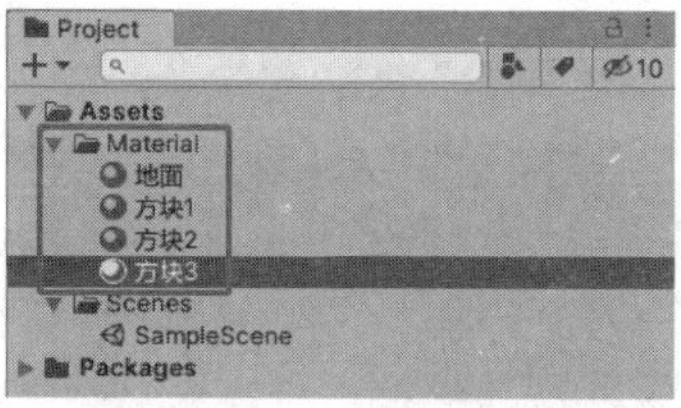

图 1－45　创建 4 个材质

对材质进行颜色的设置，选中地面材质并调整其颜色，如图 1－46 所示。

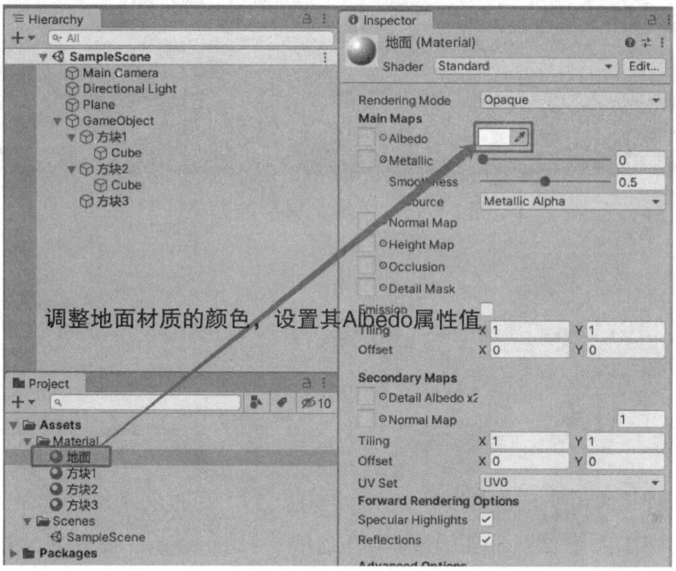

图 1－46　调整材质的颜色

用同样的方式调整另外 3 个材质的颜色，使 4 个材质的颜色各不一样。如图 1－47 所示，将 Material 文件下面 4 个材质选中后拖到场景视图对应的游戏物体上，最后效果如图 1－48 所示。

图 1－47　将材质拖到游戏物体上

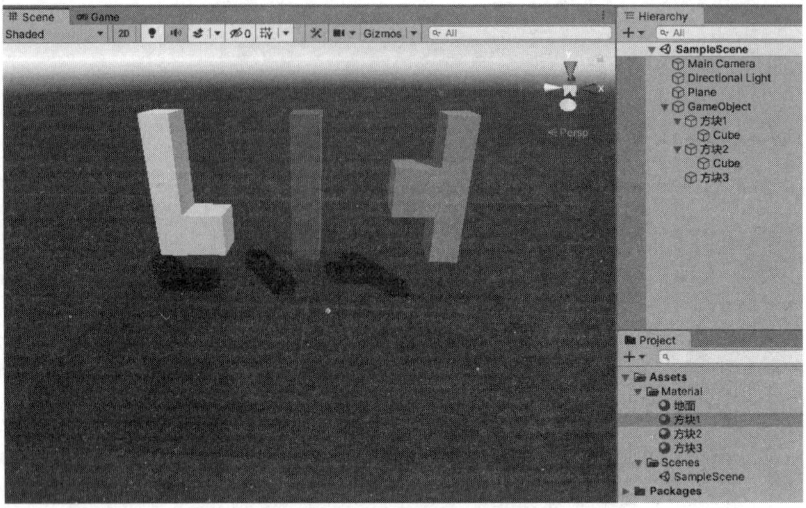

图 1-48　添加上材质的效果

相关知识

上文中，我们利用 Unity 内置的基本游戏对象组合构造了三个简易的俄罗斯方块。

1.2.1 父子对象

在本任务中，利用 Unity 内置的 3D 物体可以组合出更加复杂的游戏物体，把一个游戏物体拖到另一个游戏物体的下面，这两个物体就组成了父子物体，如图 1-49 所示。

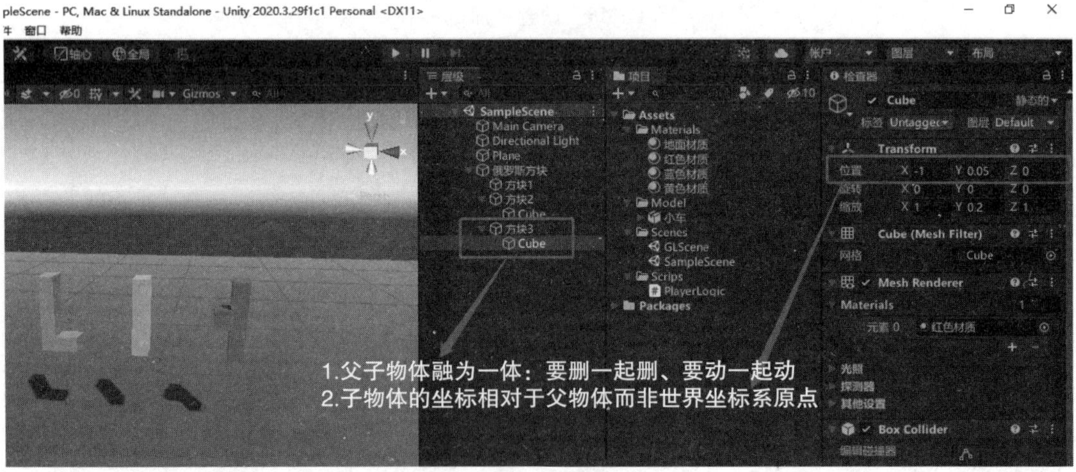

图 1-49　父子游戏对象

父子物体的特点：

（1）一个游戏对象只能有一个父物体，而一个游戏对象可以有无数个子物体；

（2）当对一个子物体进行位移、旋转和缩放的时候，不会对父物体产生影响。子物体的位移、旋转和缩放都是相对于父物体的，无论父物体怎么移动，相对父物体的位置是不变的；

（3）当对一个父物体进行位移、旋转和缩放的时候，会对所有的子物体产生影响。

1.2.2 游戏对象的组件

组件是 Unity 3D 中的重要概念，从广义上来讲，组件是构成某个物体的基本构件，比如：电脑里面的显示器、内存条、硬盘、鼠标、键盘都是电脑的组件，其共同特点是模块化，具有可替换性。Unity 3D 场景由游戏对象组成，而游戏对象又是由一到多个组件组成，一个组件代表一个功能，一个游戏对象拥有某个组件就表示拥有了该功能。一个组件又有若干个不同的属性，通过修改组件的属性来影响组件的功能，进而使得不同的游戏对象有不同的效果。

在 Unity 中，组件包括内置组件和脚本组件（又称自定义扩展组件），其中常用的内置组件共有 48 个。

1. 内置组件

默认情况下，每个新场景都有一个 Main Camera 游戏对象，此游戏对象被配置为充当游戏中的主摄像机。摄像机包含 Transform 组件、Camera 组件以及用于在应用程序中获取音频的 Audio Listener 组件，如图 1－50 所示。一个立方体对象通常包含的组件有 Transform、Cube（Mesh Filter）、Mesh Renderer 和 Box Collider，如图 1－51 所示。

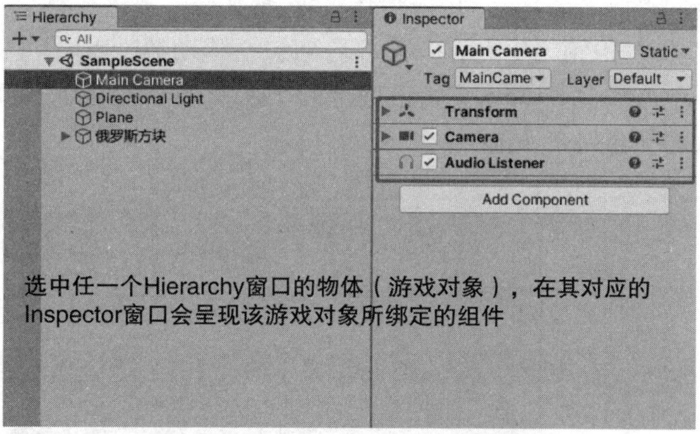

图 1－50 摄像机默认自带的组件

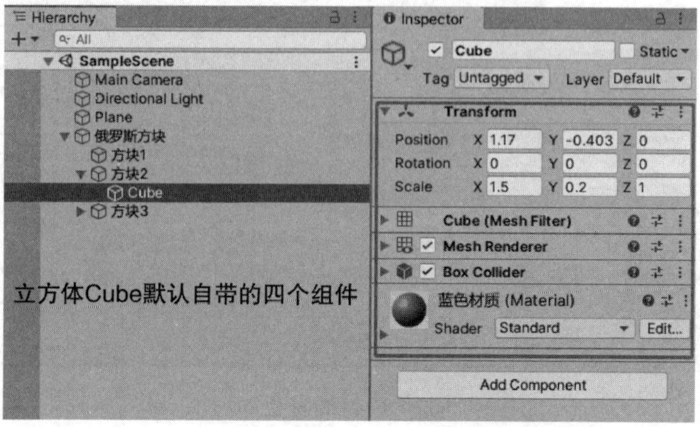

图 1－51 立方体默认自带的组件

2. 脚本组件

脚本组件（又称自定义扩展组件）是对 Unity 内置组件的一个补充，如果希望某个游戏对象具有什么功能，只需要给游戏对象添加上对应的组件即可，但有些时候我们需要的功能 Unity 内置组件无法满足，此时就可以通过 C# 编程语言进行自定义编写脚本组件。同时，Unity 中提供的内置组件都只具有单一功能，本身并没有复杂的业务逻辑，比如 Transform 组件确实可以位移游戏对象，但是什么时候位移要由我们来决定。一般情况下，我们写的组件大多与游戏逻辑有关，这就需要借助 Unity 脚本开发语言 C# 来编写代码，通过代码实现业务逻辑。

Unity 的设计思想是基于组件，所以代码本质上也是一个组件，比如我们写一个功能让角色可以移动，那这个 C# 文件就是一个组件，可以挂载到游戏物体上，挂载后就可以生效。创建脚本并将脚本附加到游戏对象时，脚本将显示在游戏对象的 Inspector 窗口中，就像内置组件一样。这是因为将脚本保存到项目后，脚本也变成了组件。

脚本组件的创建及使用将在下一个项目进行详细的介绍。

1.2.3 项目的打包和导出

Unity 是世界领先的实时 3D 互动内容创作和运营平台，提供一整套全面的解决方案来创建和运营交互式实时 2D 和 3D 内容，可部署到包括移动端、PC、主机、增强现实和虚拟现实设备等多个主流平台。Unity 支持市面上几乎所有的主流游戏平台，Unity 打包、编译、导出时所支持的平台列表如图 1－52 所示。

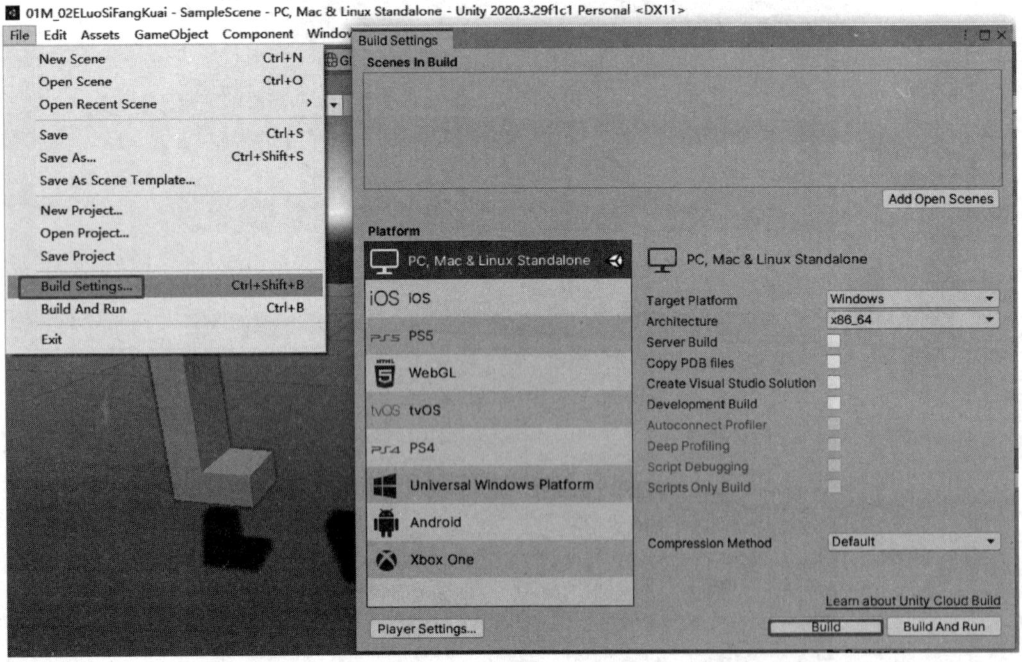

图 1－52 项目的打包和导出

项目小结

本项目，我们学习了 Unity Hub 和 Unity Editor 的安装，为后面的项目开发打好了基础。通过实践，我们创建了一个最基础的项目，学习了 Unity 编辑器的基本操作，理解了五个视图窗口各自的含义，最后讲解了三维坐标系，在后面脚本编程时，需要经常操作三维坐标系。

此外，我们还通过 Unity 内置的游戏对象搭建了三个简易的俄罗斯方块，进一步学习了 Unity 编辑器的基本操作，学习了常用内置游戏对象的创建、多个游戏对象搭建父子物体等；简单地学习了游戏对象上的组件，包括内置组件和脚本组件；最后演示了如何将开发的项目打包、导出。

课后习题

一、选择题

1. 工具栏上用于移动游戏对象的快捷键是（　　）。

A. Q　　B. W　　C. E　　D. R

2. 用于管理当前工程的各种资源文件的窗口是（　　）。

A. Project　　B. Hierarchy　　C. Scene　　D. Inspector

3. 用于显示和管理场景中的游戏对象的窗口是（　　）。

A. Project　　B. Hierarchy　　C. Scene　　D. Inspector

4. 用于显示当前选择的游戏物体的属性的窗口是（　　）。

A. Project　　B. Hierarchy　　C. Scene　　D. Inspector

5. 在（　　）窗口下，可以在场景中创建一个立方体。

A. Project　　B. Hierarchy　　C. Scene　　D. Inspector

6. 在左手坐标系中，X 轴表示的是（　　）。

A. 上下　　B. 南北　　C. 东西　　D. 前后

7. 下面不属于父子对象特点的是（　　）。

A. 一个游戏对象只能有一个父物体

B. 一个游戏对象可以有无数个子物体

C. 对一个父物体进行位移、旋转、缩放的时候，会对所有的子物体产生影响

D. 子物体的坐标相对于世界坐标系原点

8. 所有游戏对象都具有的组件是（　　）。

A. Transform　　B. Box Collider

C. Rigidbody　　D. Cube(Mesh Filter)

9. 决定游戏对象形状的组件是（　　）。

A. Transform　　B. Box Collider

C. Rigidbody　　D. Cube(Mesh Filter)

10. 用于模拟真实的物理行为，如重力、摩擦力、弹力、动力等的组件是（　　）。

A. Transform
B. Box Collider
C. Rigidbody
D. Cube(Mesh Filter)

二、简答题

1. 如何通过空对象添加组件的方式构造立方体游戏对象？
2. 查阅资料了解主流的三维引擎软件都有哪些，以及不同的软件擅长的领域是什么。

项目 2

界面环境

项目概述

Unity 是实时 3D 互动内容创作和运营平台。游戏开发、美术、建筑、汽车设计、影视等创作者都可借助 Unity 将创意变成现实。Unity 平台提供一整套完善的软件解决方案，可用于创作、运营和变现任何实时互动的 2D 和 3D 内容，支持的平台包括手机、平板电脑、PC、游戏主机、增强现实和虚拟现实设备，主要包含以下系统：渲染引擎、物理引擎、碰撞检测、音效引擎、动画、AI 导航、网络引擎、场景管理等。Unity 提供了丰富且强大的各类功能，使开发者可以将精力集中在游戏逻辑和设计上，从而简单快速地创建游戏。

本项目共包含 4 个任务。任务 2.1 是学习和应用预制体，搭建砖块墙体。任务 2.2 重点学习脚本的生命周期函数。任务 2.3 在前一个任务的基础上，进一步利用生命周期函数进行脚本编程，开发一个能移动和旋转的立方体。任务 2.4 是对前三个任务的综合应用。这 4 个任务不仅能逐步提升读者的编程技能，还能使读者通过实践强化对理论知识的理解和运用。这一过程不仅仅是对预制体和脚本函数的简单学习，更是对编程逻辑和应用能力的全面提升。

学习目标

知识目标

- 熟悉预制体；
- 理解组件的生命周期函数；
- 掌握常用的函数；
- 了解键盘和鼠标的操作。

技能目标

- 掌握利用预制体构建复杂物体的能力；

- 掌握在 Unity 中进行简单组件开发的能力。

素养目标

- 了解中国海上丝绸之路的发展史，激发爱国之心及学习兴趣；
- 严格遵守代码开发规范，提高代码书写质量。

任务 2.1　预制体搭建砖墙

任务描述

在绿色的草地上利用若干个预制体砖块搭建一面墙，如图 2-1 所示。

▶ 预制体搭建砖墙

图 2-1　项目运行最终效果

任务实施

步骤 1：打开 Unity Hub，新建项目，并命名为“02M_01PrefabBrick”，如图 2-2 所示。

步骤 2：导入项目所需要的外部图片。在 Project 窗口，选中 Assets 文件夹并右击，依次选择“Create”→“Folder”命令，将新创建的 Folder 文件夹命名为 Texure，用于存放外部导入的图片，如图 2-3 所示。将项目所需用到的两张图片（草地 .jpg 和砖块 .jpg）拖到 Texure 文件夹下，如图 2-4 所示。

步骤 3：在场景中创建草地。在 Hierarchy 窗口空白处右击，依次选择“3D Object”→“Plane”命令创建一个 Plane 平面，如图 2-5 所示。将上一步导入的草地图片拖到新创建的平面上，同时按住 Alt 键和鼠标左键来调整场景的视角，效果如图 2-6 所示。

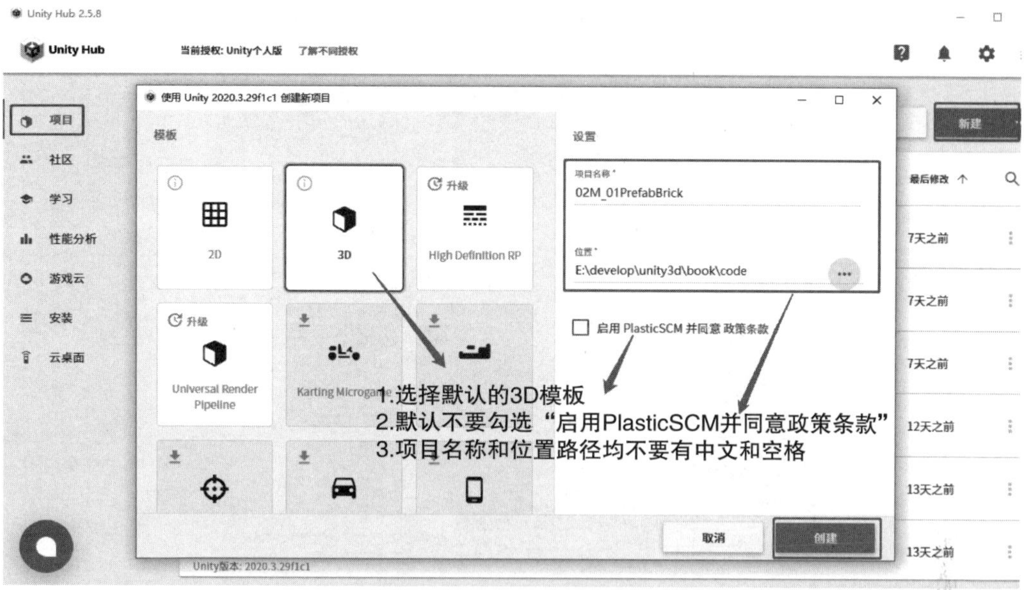

图 2－2　新建项目

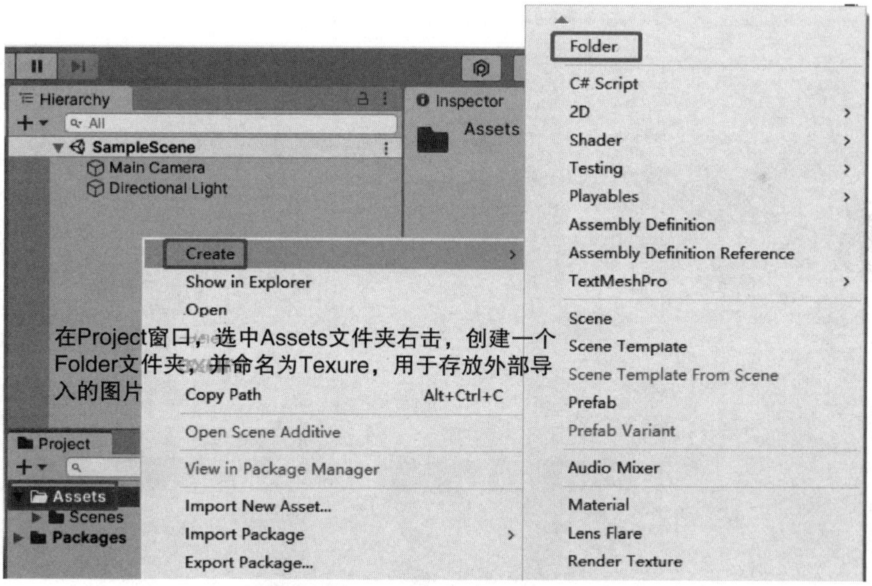

图 2－3　创建文件夹 Texure

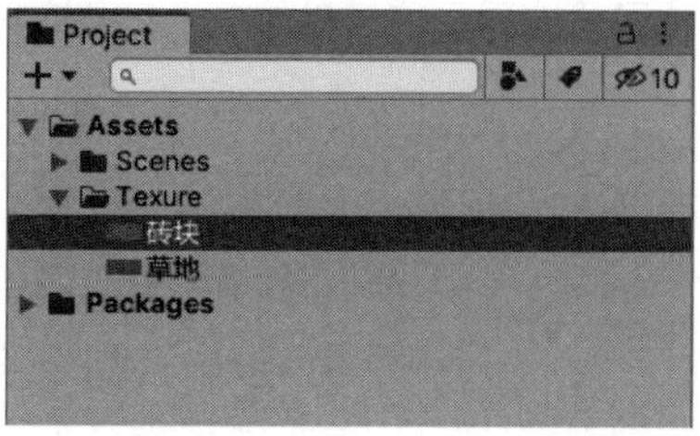

图 2－4　导入草地和砖块图片

图 2-5　在 **Hierarchy** 窗口创建一个 **Plane** 平面

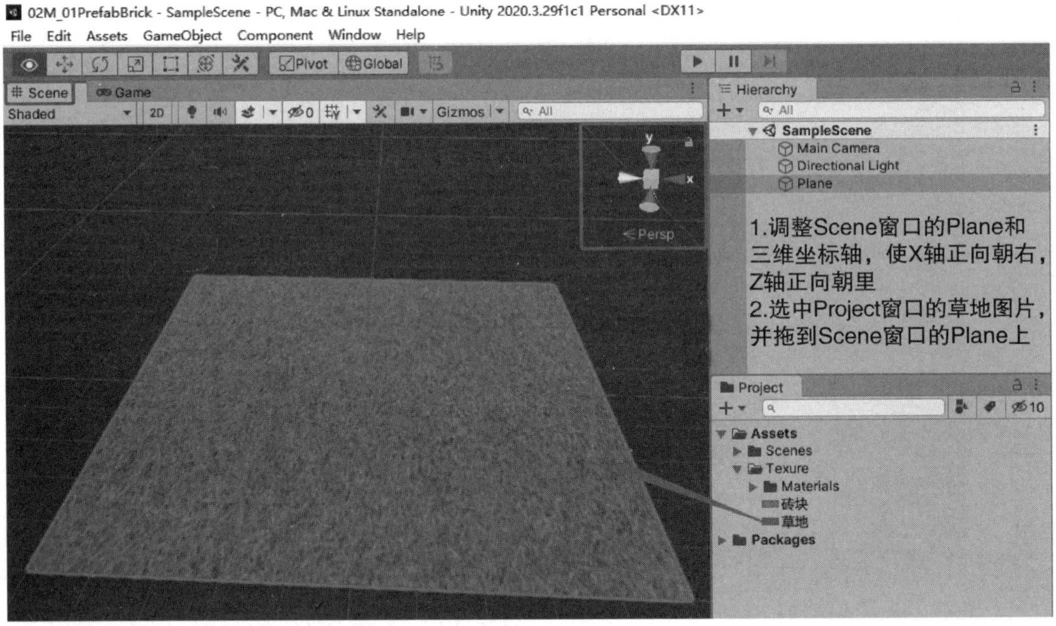

图 2-6　将草地图片拖到当前场景的 **Scene** 窗口的 **Plane** 平面上

步骤 4： 创建砖块预制体。在 Hierarchy 窗口空白处右击，创建一个 Cube，如图 2-7 所示。调整 Cube 在 Inspector 窗口的 Position 为(0，0.5，0)，并将砖块图片拖到 Scene 窗口的 Cube 上，如图 2-8 所示。在 Project 窗口创建一个 Folder 文件夹，并命名为 Prefab，将 Hierarchy 窗口的 Cube 重命名为 Brick 并拖到 Prefab 文件夹下，此时在 Project 窗口 Prefab 文件夹下的 Brick 即为预制体，同时 Hierarchy 窗口的 Brick 颜色由黑色变为蓝色，如图 2-9 所示。

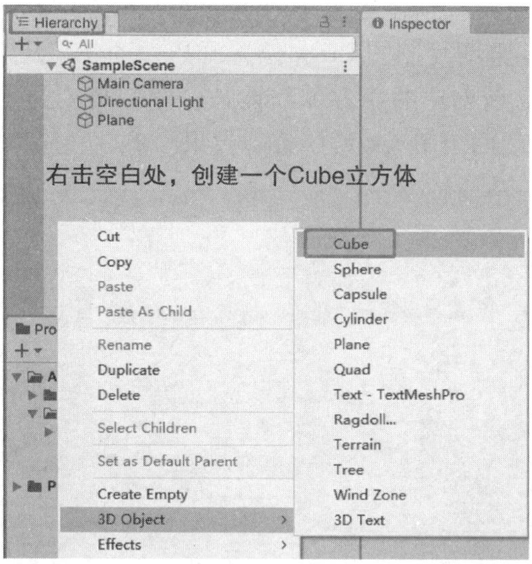

图 2-7 在 Hierarchy 窗口创建一个 Cube

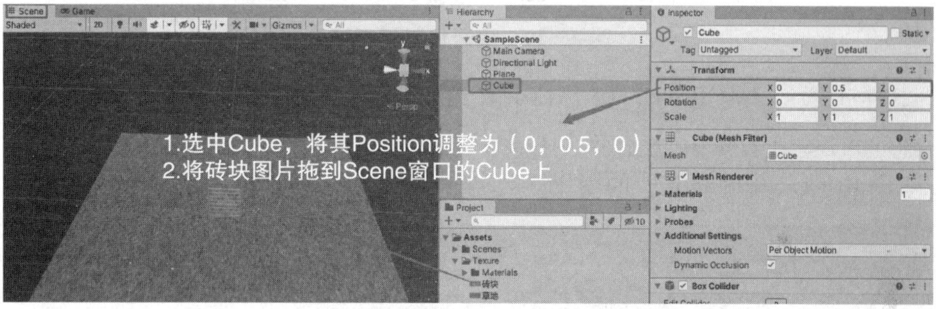

图 2-8 将砖墙图片拖到 Scene 窗口的 Cube 上

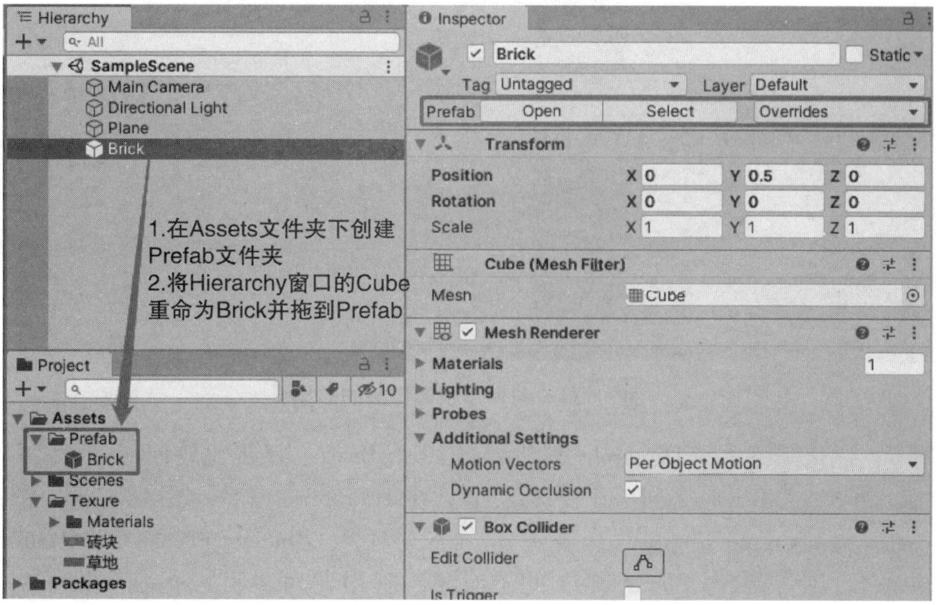

图 2-9 创建 Brick 预制体

步骤5：利用砖块预制体搭建墙体。在Hierarchy窗口中选中Brick后，按下Ctrl+D组合键可快速复制一个Brick，调整新复制的Brick位置（Position），设置坐标X为1、Y为0.5、Z为0，如图2－10所示。新创建的立方体默认长、宽、高均为1，因此将新复制的Brick的X坐标设置为1，可实现两个Brick紧挨着的效果。

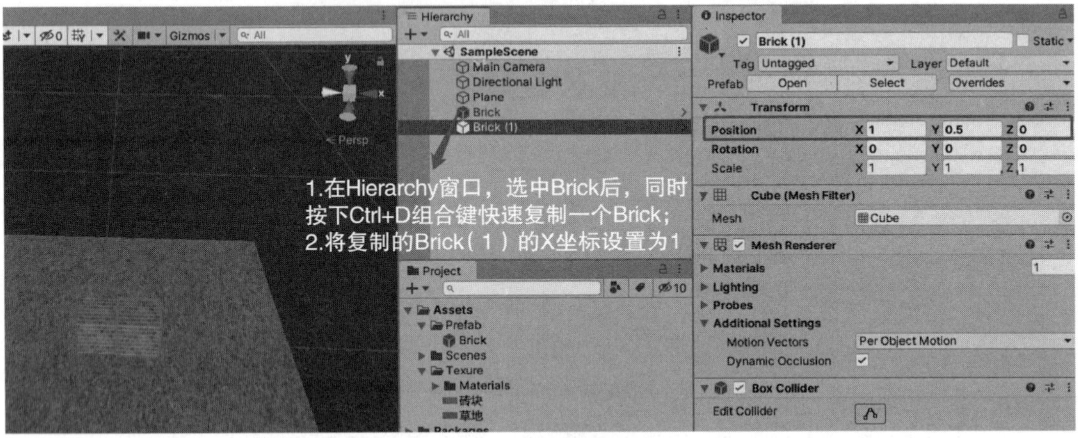

图2－10　快速复制预制体

同时选中上面的2个Brick，按下Ctrl+D组合键可复制出2个Brick，调整位置使其紧挨着，然后同时选中4个Brick后按下Ctrl+D组合键可复制出4个Brick，依次类推，直到复制出32个Brick，并排列成一面墙出来，效果如图2－11所示。

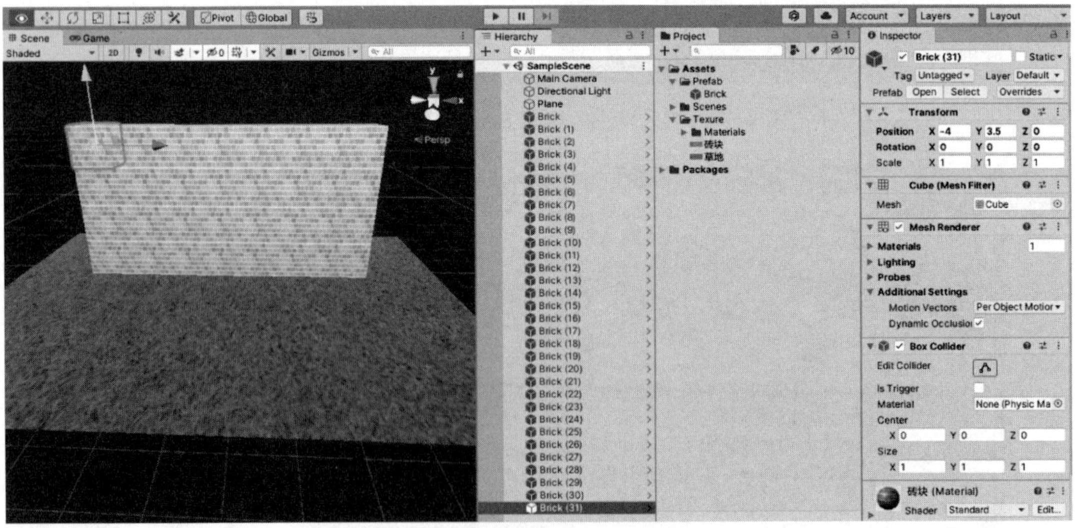

图2－11　利用预制体搭建的砖墙

步骤6：优化调整。在Hierarchy窗口中有32个Brick，显得比较拥堵，可以利用父子对象方法，将32个Brick挂到一个父对象上。在Hierarchy窗口空白处右击，依次选择“3D Object”→“Create Empty”命令新建一个空对象GameObject。将32个Brick拖到GameObject下，使其成为GameObject的子对象，利用父对象可以折叠收纳子对象，如图2－12所示。

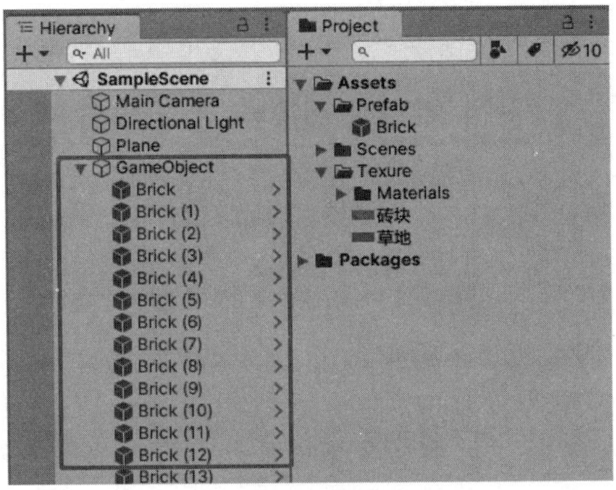

图 2-12　调整优化砖块

项目的最终效果如图 2-13 所示，将 Plane 重命名为“草地”，GameObject 重命名为“砖墙”。

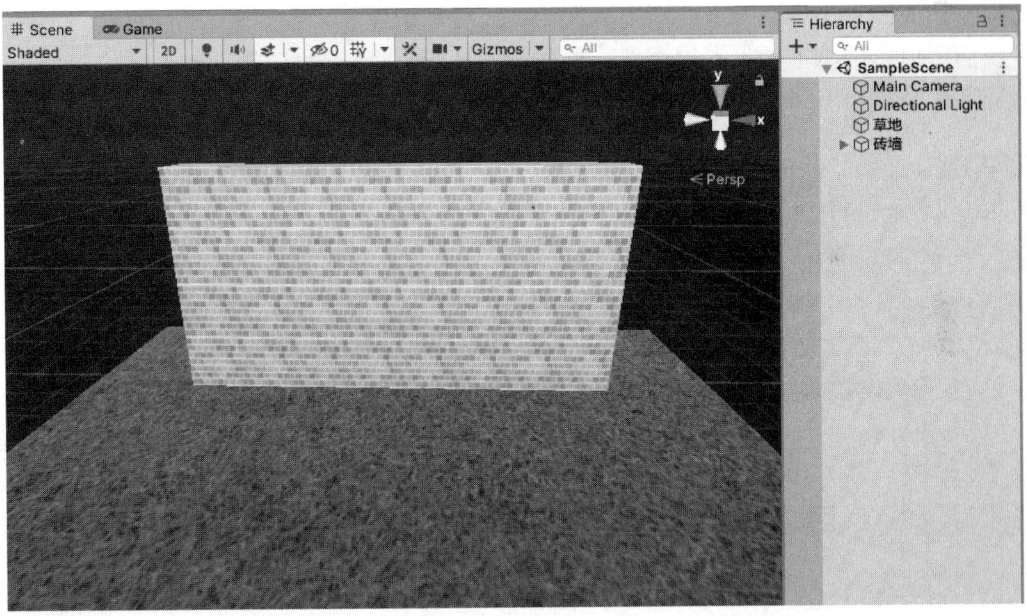

图 2-13　最终效果图

相关知识

预制体（Prefab）是指预先制作好的物体。将物体转成预制体之后，就以此为模板创建非常多个和预制体一模一样的物体，其实就是复制。预制体的作用：

（1）批量管理由预制体构造的游戏对象；

（2）修改预制体的参数，对所有预制体构造的游戏对象产生影响；

（3）给预制体添加组件，所有预制体构造的游戏对象都会被加上组件。

任务 2.2　脚本生命周期

任务描述

什么是脚本的生命周期？在回答这个问题之前，我们先需要了解什么是脚本。在 Unity 中，脚本就是指脚本组件。在项目 1 任务 1.2 简易俄罗斯方块中，Unity 的游戏对象都是由若干个组件组成的，一个组件就代表一个功能，如果希望某个游戏对象具有某种功能，只需要给游戏对象添加上对应的组件即可。Unity 内置的通用组件共有 48 个，如果在某些场景下这 48 个组件无法满足需求，我们就需要用 C# 编程语言来开发脚本组件，脚本组件又称自定义组件，是对 Unity 内置组件的一个扩展。

脚本生命周期

脚本的生命周期是指脚本组件从出生到销毁所经历的阶段，比如一个人的生命周期包括出生、幼儿园、小学、初中、高中、大学、工作、成年、老年、死亡等阶段。通过本任务，我们可以了解脚本的生命周期都有哪些阶段，每一个阶段都对应一个函数，而且这些生命周期函数是由 Unity 自动调用的。

任务实施

步骤 1：打开 Unity Hub，新建项目，并命名为“02M_02ScriptFuns”，如图 2－14 所示。

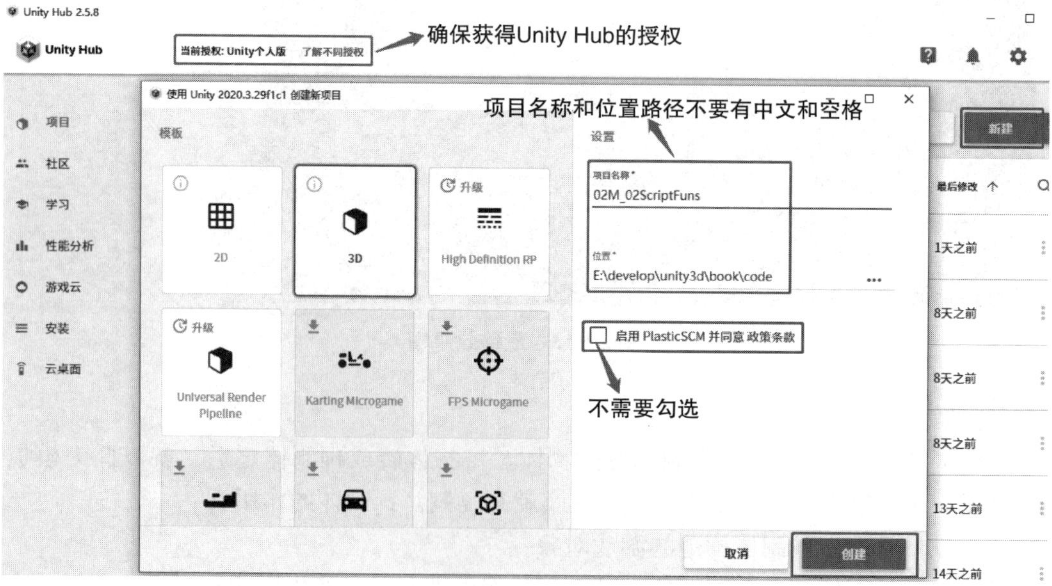

图 2－14　创建项目

步骤 2：在场景中分别创建一个 Cube（立方体）和一个 Sphere（球体），如图 2－15 所示。

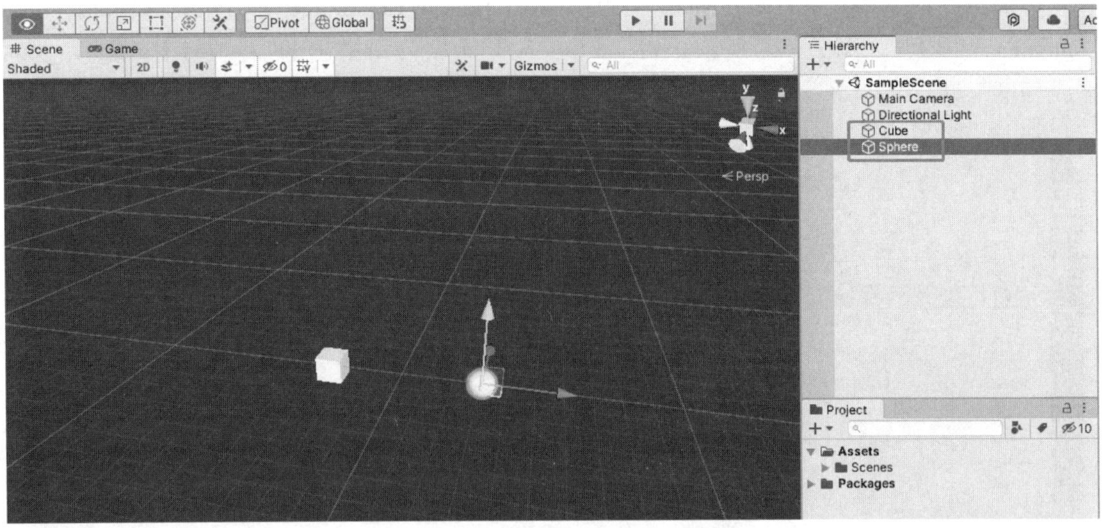

图 2-15　创建一个立方体和一个球体

步骤 3：创建一个脚本组件。如图 2-16 所示，在 Project 窗口空白处右击，依次选择“Create”→“C# Script”命令创建一个 C# 脚本，并重命名为 CubeScript（默认创建的 C# Script 名字为 NewBehaviourScript），效果如图 2-17 所示。

图 2-16　创建 C# 脚本

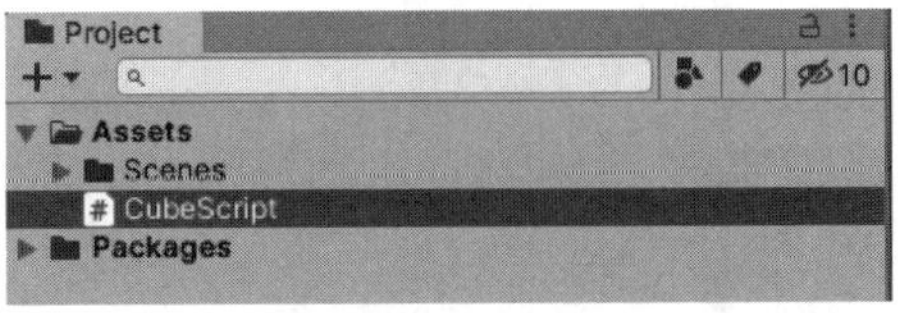

图 2-17　将默认创建的 C# 脚本名字 NewBehaviourScript 重命名为 CubeScript

步骤 4：设置外部工具，使其关联 Visual Studio Community 2017 或 Visual Studio Community 2019，如图 2－18 所示。Visual Studio 是微软公司推出的一款适用于 C# 开发的集成环境工具。

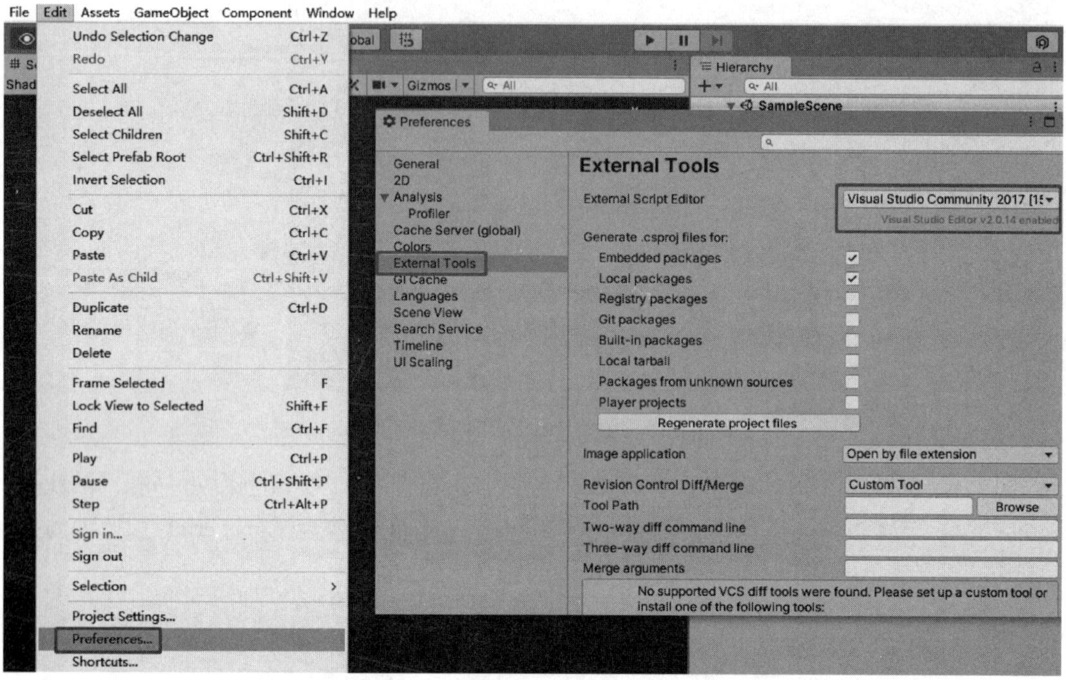

图 2－18　关联 Unity 编辑器和 C# 开发工具 Visual Studio

步骤 5：编写生命周期函数。双击上面创建的脚本组件 CubeScript 会调用 Visual Studio Community 2017 工具打开文件 CubeScript，脚本组件文件 CubeScript 默认会带两个函数：Start 和 Update，如图 2－19 所示。

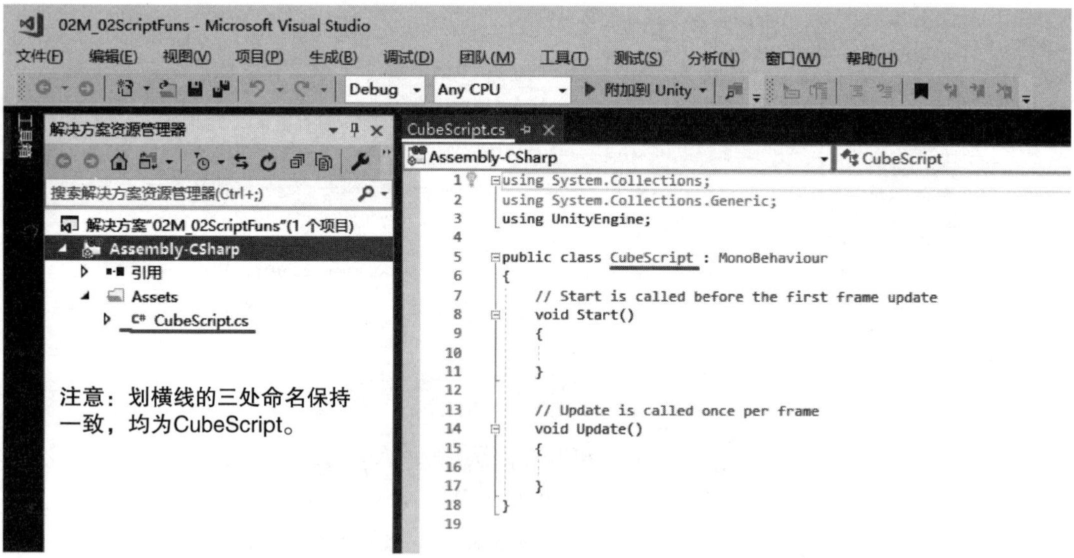

图 2－19　脚本组件默认自带生命周期函数：**Start** 和 **Update**

Start 函数和 Update 函数是 Unity 自带的使用最广泛的两个生命周期函数。生命周期函数全部都是由系统定义好的，系统会自动调用且调用顺序与其在代码里面的书写顺序无关。

按照执行的先后顺序，常用的生命周期函数有：

● Awake()：唤醒事件，游戏一开始运行就执行，只执行一次。

● OnEnable()：启用事件，只执行一次。当脚本组件被启用的时候执行一次。

● Start()：开始事件，执行一次。

● FixedUpdate()：每隔固定时间执行一次，与帧频无关，执行 *N* 次，默认 0.02 秒执行一次，可以通过“Edit”→“Project Settings”→“Time”来设置。所有物理组件相关的更新都在这个事件中处理。

● Update()：更新事件，执行 *N* 次，每帧执行一次。

● LateUpdate()：稍后更新事件，执行 *N* 次，在 Update()事件执行完毕后再执行。

● OnGUI()：GUI 渲染事件，执行 *N* 次，执行的次数是 Update()事件的两倍。

● OnDisable()：禁用事件，执行一次。在 OnDestroy()事件前执行。或者当该脚本组件被“禁用”后，也会触发该事件。

● OnDestroy()：销毁事件，执行一次。当脚本所挂载的游戏物体被销毁时执行。

在 CubeScript 脚本文件里补充其他几个生命周期函数，如【代码 2-1】所示。

代码【2-1】：

```
using System. Collections;
using System. Collections. Generic; <=>
using UnityEngine;
//生命周期函数
public class CubeScript: MonoBehaviour
{
    private void Awake() {
        Debug. Log( "Cube Awake");
    }
    private void OnEnable() {
        Debug. Log( "Cube OnEnable");
    }
    // Start is called before the first frame update
    void Start()
    {
        Debug. Log( "Cube Start");
    }
    // Update is called once per frame
    void Update()
    {
        //每帧执行一次，每帧之间的时间是随机不固定的
        Debug. Log( "Cube Update");
    }
```

```
    private void LateUpdate() {
        Debug. Log("Cube LateUpdate");
    }
    private void FixedUpdate() {
        //固定时间间隔执行一次,默认时间间隔为 0.02 秒,可设置:编辑→项目设置→时间
        Debug. Log("Cube FixedUpdate");
    }
    private void OnDisable() {
        Debug. Log("Cube OnDisable");
    }
    private void OnDestroy() {
        Debug. Log("Cube OnDestroy");
    }
}
```

步骤 6：将脚本加载到游戏对象上。从 Project 窗口中，将脚本文件 CubeScript 拖拽到 Hierarchy 窗口的 Cube 对象上，单击 Cube 对象后到 Inspector 窗口查看，可以发现脚本文件 CubeScript 已经出现在 Inspector 窗口的组件列表中（默认排序在所有组件的最下面），如图 2－20 所示。注意：C#脚本文件只有挂载到一个游戏对象上才会执行生效。

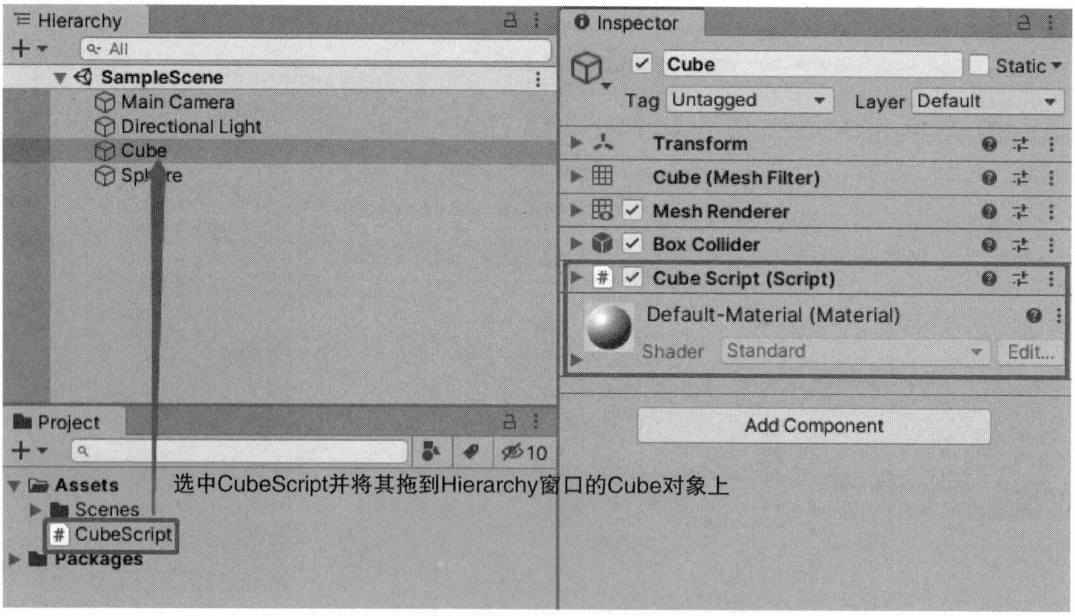

图 2－20　将脚本挂载到游戏对象上

步骤 7：运行场景并查看结果。按下 Ctrl+S 组合键保存当前场景，如图 2－21 所示，单击工具栏中“运行”按钮后 Game 窗口会被激活，同时在 Console 窗口查看结果。如果上述操作都正确，则能够看到如图 2－22 所示的内容。脚本中的 Debug. Log 语句的含义是往 Console 窗口中输出一句话，从输出的控制台窗口可以发现生命周期函数的执行顺序。

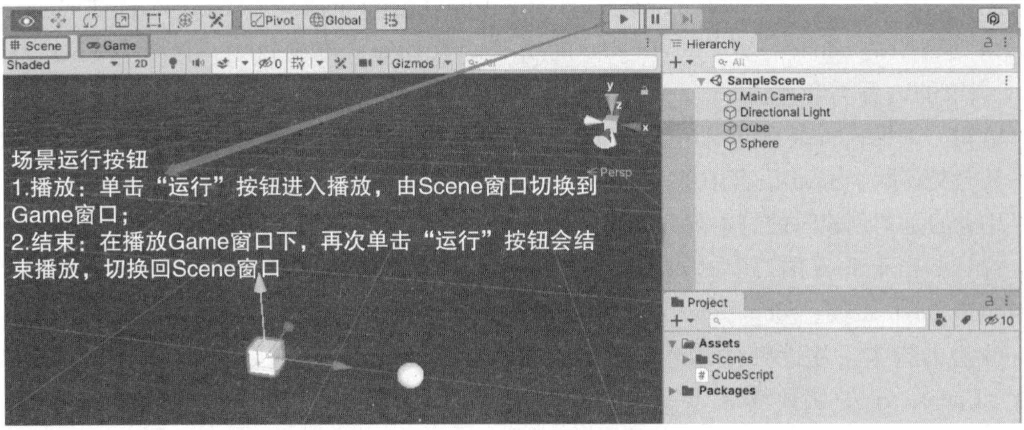

图 2－21　播放运行项目

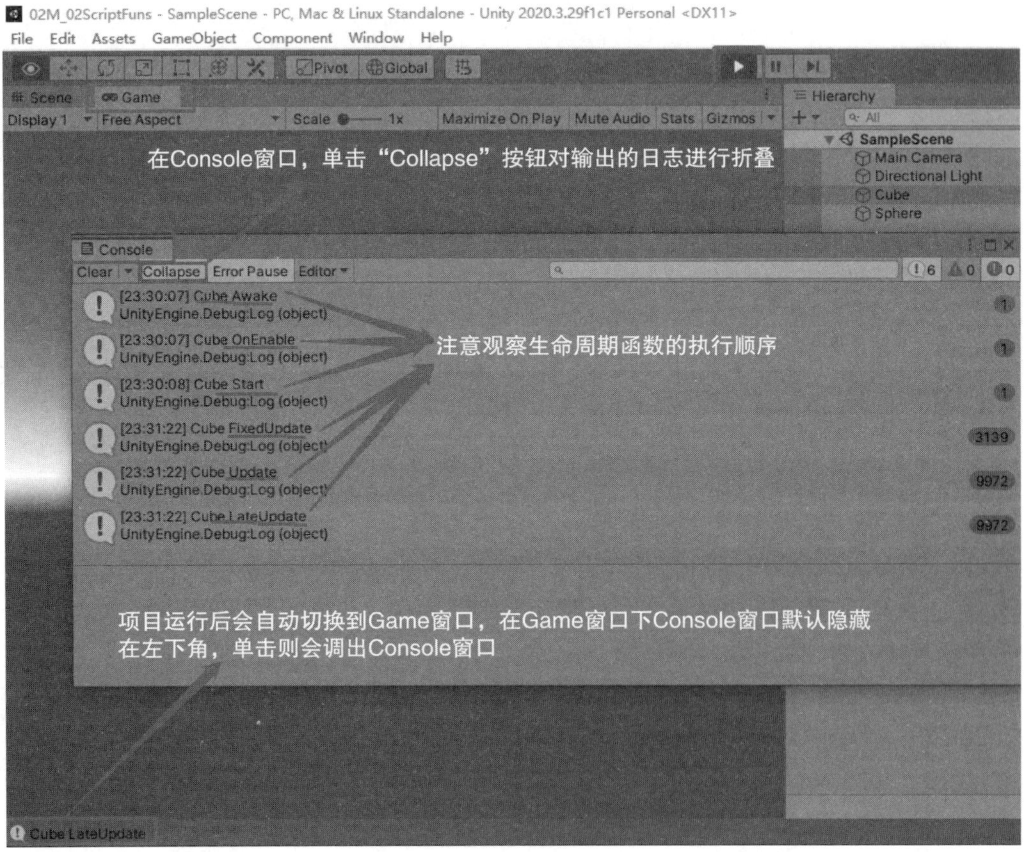

图 2－22　项目运行效果

在 Game 窗口（场景运行状态）下，单击工具栏上“Play”运行按钮即可结束播放回到 Scene 窗口。注意：Game 窗口只能查看运行结果而无法编辑，做的任何修改都不会生效。

相关知识

在 Project 窗口中，双击打开 CubeScript 脚本，如代码【2－1】（第一个 Unity 脚本程序）所示。语句“using UnityEngine;”引用了 UnityEngine 的命名空间，关键词 using 相当于 Java 语言中的 import，将 UnityEngine 的所有函数都导入本项目中，这样我们可以使用 Unity 引擎的内置类和方法。

语句“public class CubeScript: MonoBehaviour”中，public 和 class 都是 C# 语言的关键词，其含义等同于 Java 语言中的 public 和 class，CubeScript 是由用户自定义的一个类名字。需要注意的是，创建时的脚本名和类名必须一致，否则无法将脚本挂载到游戏对象上。

冒号相当于 Java 语言中的 extend 继承的含义，表示用户自定义的 CubeScript 脚本继承自 MonoBehaviour 类，MonoBehaviour 类是每个 Unity 脚本的派生基类，只有继承 MonoBehaviour 类的脚本，才能使用 Unity 提供的 API，才能成为 Unity 的脚本组件，脚本中的 Start、Update 方法/函数都是 Unity 脚本生命周期的一部分，其中 Start 函数只在脚本初始化时调用一次，Update 函数会在每一帧都调用一次，在 Unity 中默认每秒会执行 60 帧，即每秒会调用 60 次 Update 函数。

2.2.1 OnGUI 界面

OnGUI()是每帧都会被调用一次的生命周期函数，系统调用 OnGUI 来渲染和处理 GUI 事件。GUI(Graphical User Interface，用户接口)是指图形用户界面。受性能影响，OnGUI 不适合作为项目的 UI，可以使用 NGUI 或 UGUI 替代，一般在项目开发调试时使用。如同创建 CubeScript 脚本一样，在 Project 窗口创建一个名为 GuiScript 的 C# 脚本，利用 GUI 函数在 Scene 场景中创建一个按钮，完整代码如图 2－23 所示。将脚本 GuiScript 挂载到 Hierarchy 窗口的 Cube 对象上，单击“播放”按钮，在 Game 窗口下会产生一个带有“I am a Button”字样的按钮，效果如图 2－24 所示。

```
GuiScript.cs    SphereScript.cs    LearnUpdate.cs    CubeScript.cs
Assembly-CSharp                    GuiScript

using System.Collections;
using System.Collections.Generic;
using UnityEngine;

public class GuiScript : MonoBehaviour
{
    void OnGUI() {
        //创建一个按钮，在屏幕坐标(10,10)位置处创建一个长宽为150、100的按钮。
        if (GUI.Button(new Rect(10, 10, 150, 100), "I am a button")) {
            print("You clicked the button!");
        }
    }
    // Start is called before the first frame update
    void Start()
    {

    }

    // Update is called once per frame
    void Update()
    {

    }
}
```

图 2－23　利用 OnGUI 函数创建一个按钮

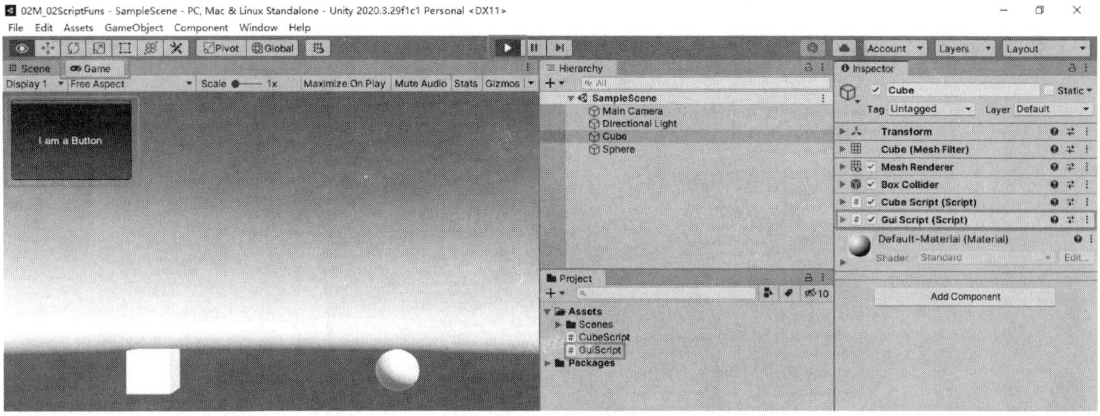

图 2－24　脚本 GuiScript 执行效果图

2.2.2 脚本的执行顺序

如果在一个项目中存有多个脚本，而且每个脚本里面已经有 Start 函数，那么如何指定特定脚本的 Start 函数先执行呢？例如，Cube 游戏对象上已经绑定了 CubeScript 和 GuiScript 两个 C# 脚本，在这两个脚本中都有 Start 和 Update 函数，在某些场景下需要人为控制不同脚本的生命周期函数的执行顺序。在图 2－25 中，依次选择菜单栏“Edit”→“Project Settings”→“Script Execution Order”命令，可以设置项目中脚本的执行顺序。

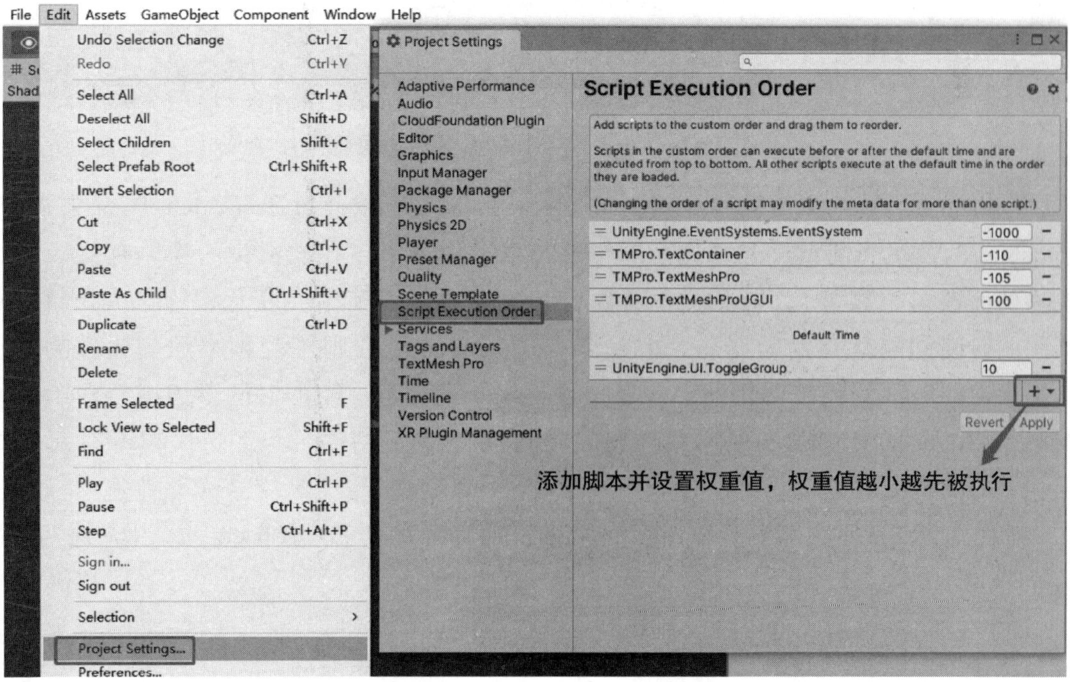

图 2－25　设置脚本的执行顺序

2.2.3 Update()和 FixedUpdate()

Update()：每帧被调用一次；FixedUpdate()：每隔固定时间（默认 0.02 秒）被调用一次。如图 2－26 所示，固定的间隔时间可以通过菜单栏“Edit”→“Project Settings”→“Time”命令来设置。

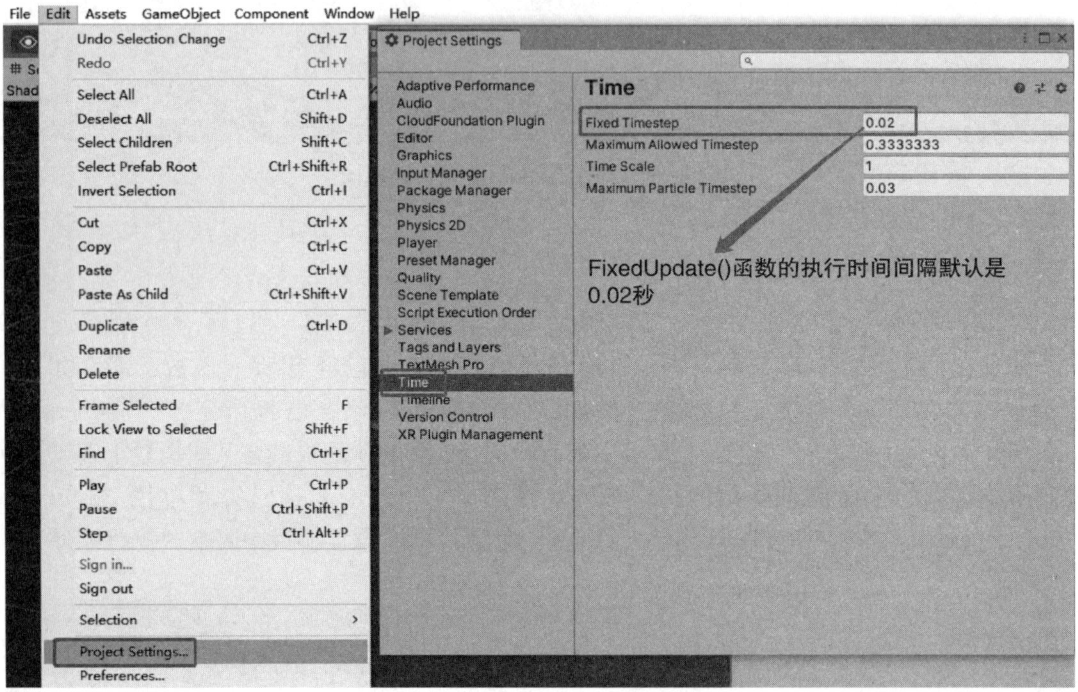

图 2－26 设置 FixedUpdate 执行时间间隔

Update()函数每帧被调用一次，每帧执行的时间可以通过 Time.deltaTime 来查看。Update()函数受当前渲染的物体影响，这与当前场景中正在被渲染的物体有关（比如人物的面数、个数等），Update()函数有时快有时慢，帧率会变化，Update()函数被调用的时间间隔就会发生变化。但是 FixedUpdate()函数则不受帧率的变化影响，它是以固定的时间间隔被调用的。也就是说，Update()每一帧的时间不固定，即第一帧与第二帧的时间 t1 和第三帧与第四帧的时间 t2 不一定相同，但 FixedUpdate()每帧之间相差的时间是固定的。

如图 2－27 所示，脚本 LearnUpdate 用来演示 Update 和 FixedUpdate 两个生命周期函数的异同。

注意： LearnUpdate 也可挂载到 Cube 对象上。

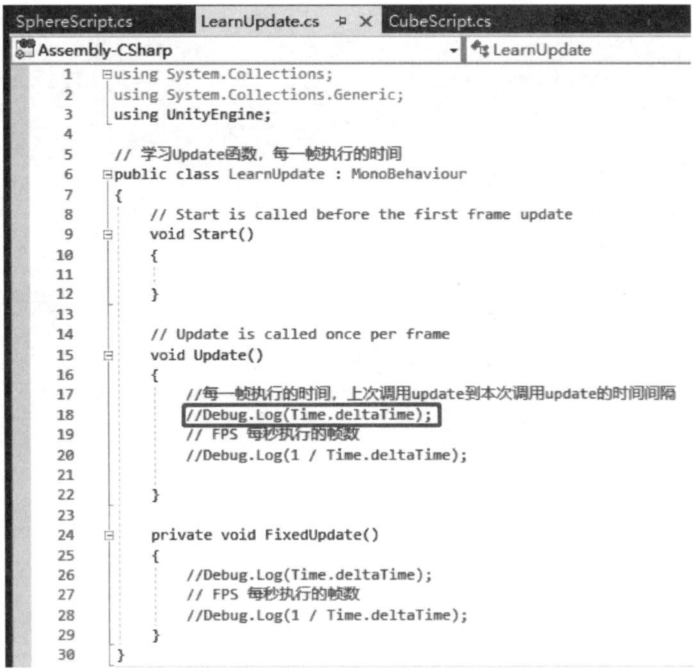


```
using System.Collections;
using System.Collections.Generic;
using UnityEngine;

// 学习Update函数，每一帧执行的时间
public class LearnUpdate : MonoBehaviour
{
    // Start is called before the first frame update
    void Start()
    {

    }

    // Update is called once per frame
    void Update()
    {
        //每一帧执行的时间，上次调用update到本次调用update的时间间隔
        //Debug.Log(Time.deltaTime);
        // FPS 每秒执行的帧数
        //Debug.Log(1 / Time.deltaTime);

    }

    private void FixedUpdate()
    {
        //Debug.Log(Time.deltaTime);
        // FPS 每秒执行的帧数
        //Debug.Log(1 / Time.deltaTime);
    }
}
```

图 2－27　**Update** 和 **FixedUpdate** 函数每帧执行时间的异同

任务 2.3　移动和旋转

任务描述

本任务共包括两个场景，如图 2－28 和图 2－29 所示，其中，场景 SampleScene 演示了 Transform 组件和常用的函数，场景 TransformScene 利用常用的函数实现了物体的移动和旋转。

移动和旋转

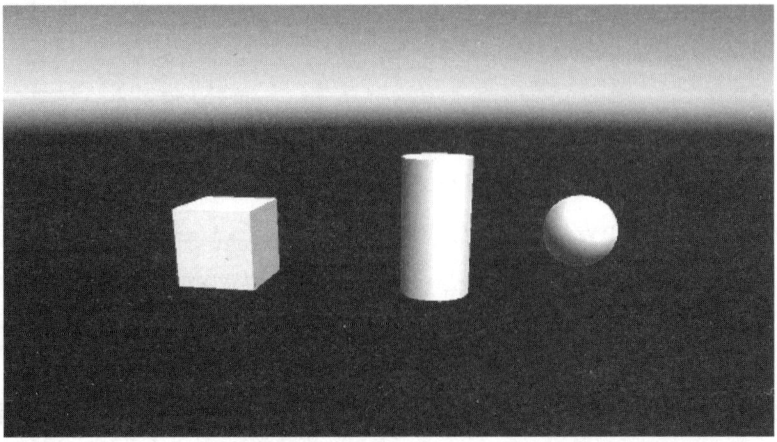

图 2－28　**SampleScene** 场景运行效果

图 2－29 TransformScene 场景运行效果

任务实施

步骤 1：打开 Unity Hub，新建项目，并命名为“02M＿03CubeMoveRotation”，如图 2－30 所示。

图 2－30 创建项目

步骤 2：双击打开默认场景 SampleScene，在 Hierarchy 窗口中依次创建 Cube（立方体）、Cylinder（圆柱体）、Sphere（球体），在 Scene 窗口调整三者的位置并将三者构建为如图 2－31 所示的父子关系。同时在 Project 窗口创建 Script 文件夹，在 Script 文件夹里创建一个名为 TransformTest 的 C# 脚本。

步骤 3：编写如【代码 2－2】所示的 TransformTest 脚本，并将其挂载到 Cylinder（圆柱体）上。运行效果如图 2－32 所示。

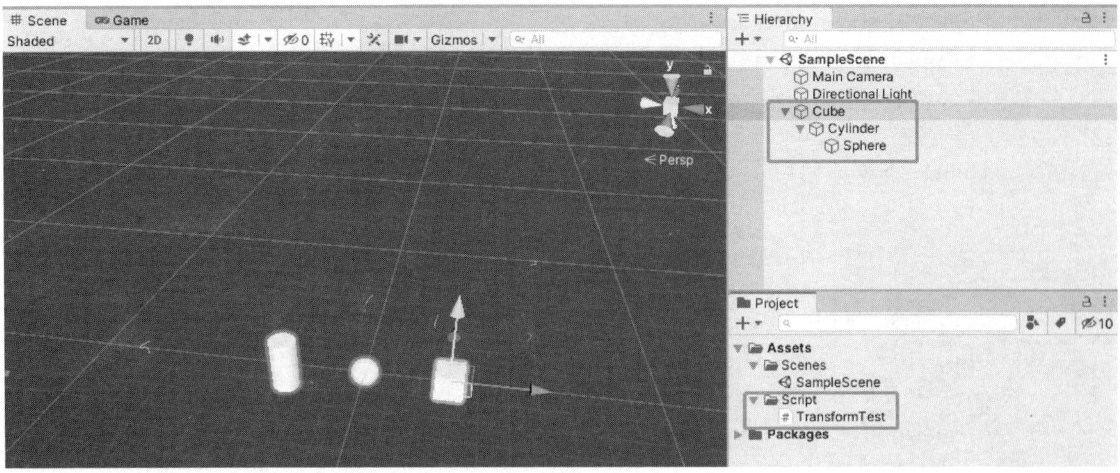

图 2-31 场景搭建

代码【2-2】:

```
using System. Collections;
using System. Collections. Generic;
using UnityEngine;
//transform 基本操作
public class TransformTest: MonoBehaviour {
    // Start is called before the first frame update
    void Start() {
        //位置
        Debug. Log(transform. position);//相当于世界坐标系
        Debug. Log(transform. localPosition);//相当于父物体的坐标系

        //旋转:四元数和欧拉角
        Debug. Log(transform. rotation);//四元数:绕世界坐标系旋转度数
        Debug. Log(transform. localRotation);//四元数:绕本地坐标系旋转度数
        Debug. Log(transform. eulerAngles);//欧拉角:绕世界坐标系旋转度数
        Debug. Log(transform. localEulerAngles);//欧拉角:绕本地坐标系旋转度数

        //缩放
        Debug. Log(transform. localScale);

        //常用向量
        Debug. Log(transform. forward);//前方:Z 轴正向
        Debug. Log(transform. right);//右方:X 轴正向
        Debug. Log(transform. up);//上方:Y 轴正向

        //获取父物体
        GameObject parent = transform. parent. gameObject;
```

```
        Debug. Log( parent. name) ;
        //获取子物体的个数
        Debug. Log( transform. childCount) ;
        //获取子物体
        Transform son = transform. Find( "Sphere") ;//根据名字查找子物体
        son = transform. GetChild( 0) ;//根据索引查找子物体
    }

    // Update is called once per frame
    void Update( ) {
        //看向某个方向
        //transform. LookAt( new Vector3( 0, 0, 0) ) ; //始终看向原点

        //移动:调整 Transform 组件的 position 属性实现移动
        //transform. Translate( transform. forward * 0. 1f) ;//每帧朝前方移动 0. 1 个单位

        //旋转
        //transform. Rotate( 0, 1, 0) ;//绕 Y 轴每帧旋转 1 度
        //transform. Rotate( transform. up, 1) ;//等同于上面,绕 Y 轴每帧旋转 1 度
        //transform. RotateAround( Vector3. zero, transform. up, 1) ;


    }
}
```

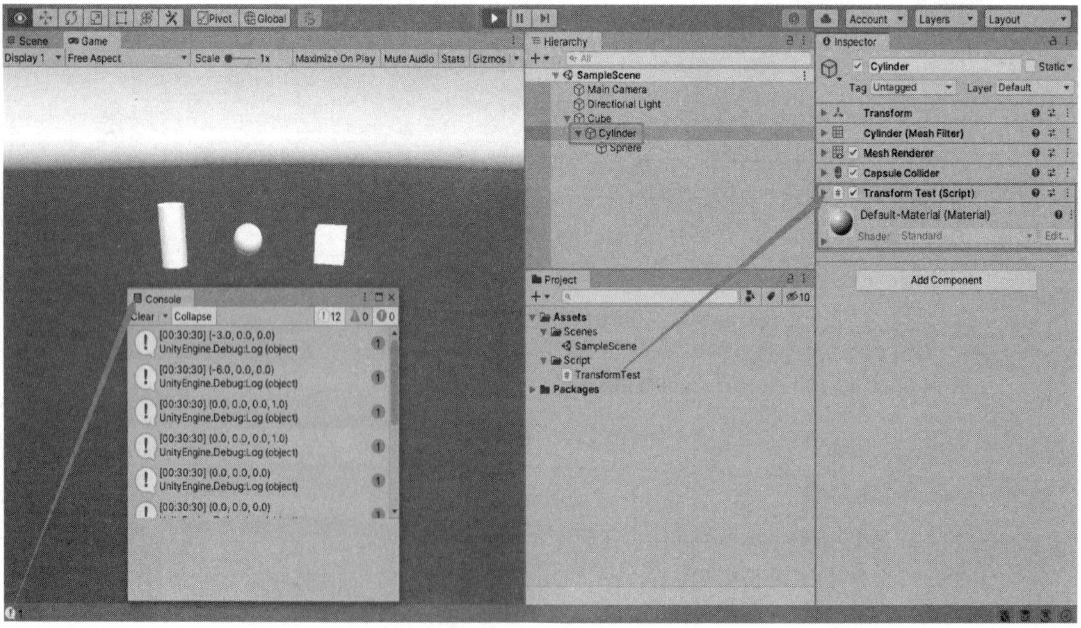

图 2－32　运行效果

步骤4：创建一个新场景 Scene，并命名为"TransformScene"。在 Project 窗口，右击 Scenes 文件夹，依次选择"Create"→"Scene"命令，将新创建的场景命名为 TransformScene，如图2-33所示。后续步骤的操作均在 TransformScene 场景下完成。

图2-33 创建新场景 Scene

步骤5：双击切换到场景 TransformScene，依次新建 Plane（0，0，0）、Cube（-1.5，1，-3.5）和 Sphere（2.5，2.5，-0.5），构造如图2-34所示的效果。

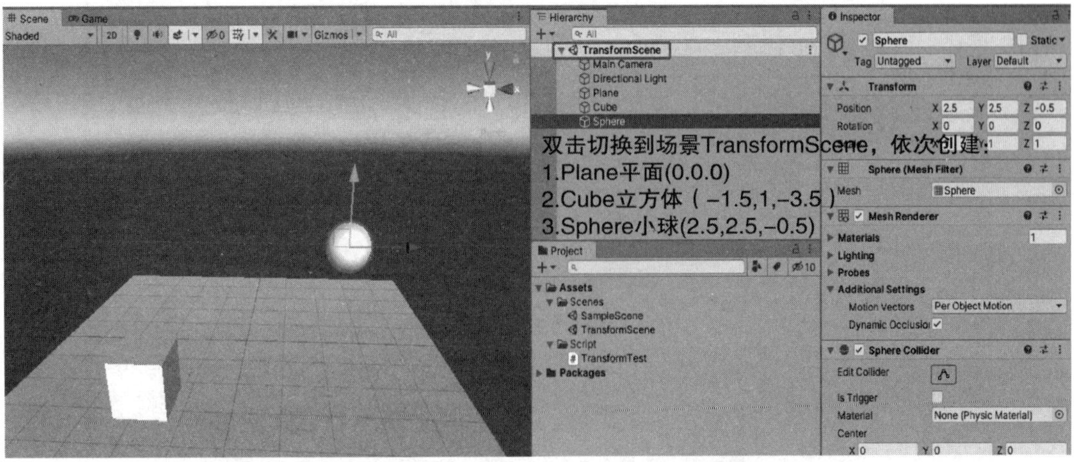

图2-34 场景 TransformScene 的搭建

步骤 6：在 Project 窗口的 Assets 文件夹下新建 Folder 文件夹，并命名为 Material，用于存放材质（右击 Asserts 文件夹，依次选择 "Create" → "Folder" 命令）。如图 2－35 所示，右击 Material 文件夹，依次创建三个颜色不一样的材质，分别命名为 Plane、Cube 和 Sphere。给不同材质分别设置颜色，如图 2－36 所示。最终搭建的场景环境效果如图 2－37 所示。

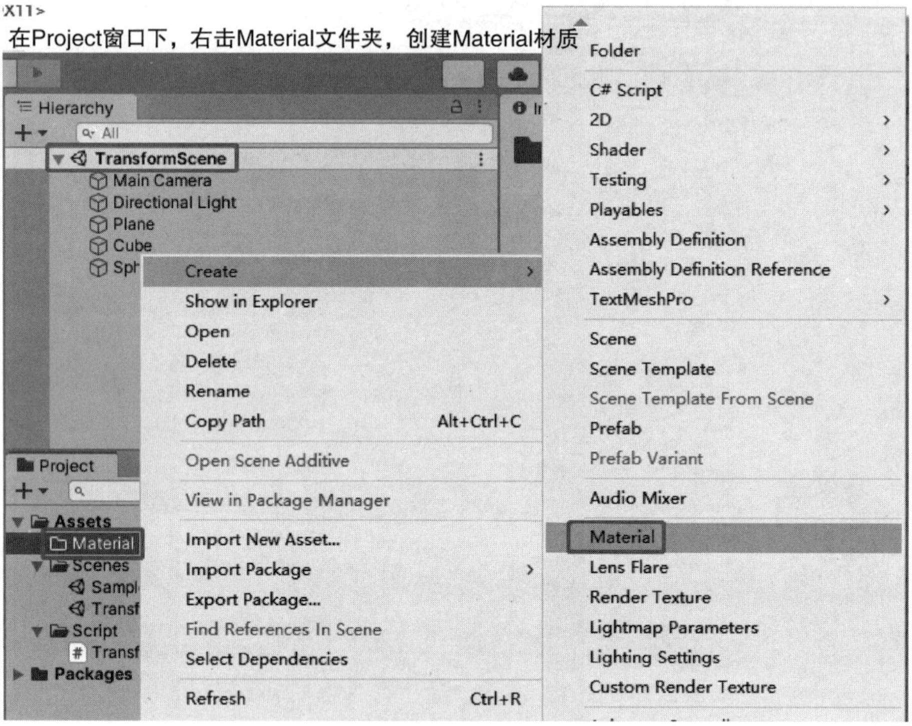

图 2－35　创建材质

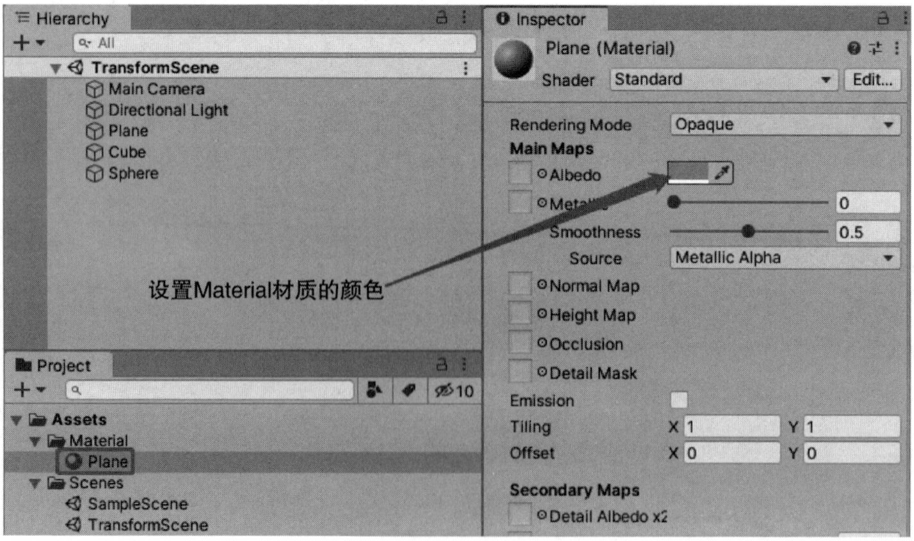

图 2－36　设置材质颜色

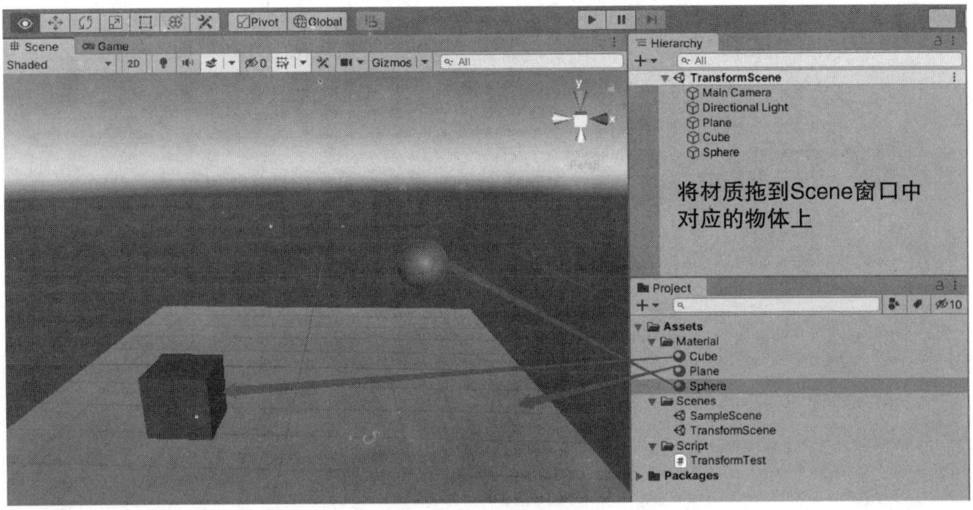

图 2-37 给物体设置材质后的效果图

步骤7： 在 Project 窗口的 Script 文件夹里创建 MoveSphere 和 RotateCube 两个 C# 脚本，脚本内容如图 2-38 和图 2-39 所示。

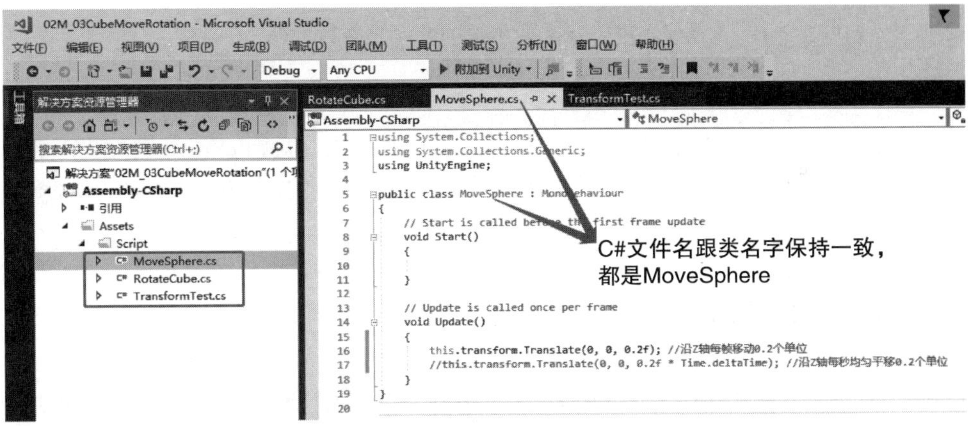

图 2-38 MoveSphere 脚本的内容

图 2-39 RotateCube 脚本的内容

步骤8：将 MoveSphere 脚本挂载到 Sphere（球体）上，将 RotateCube 脚本挂载到 Cube（立方体）上，如图 2-40 所示。单击“运行”按钮，Sphere（球体）会沿着 Z 轴正向飞去，而 Cube（立方体）不停地绕着 X 轴旋转。

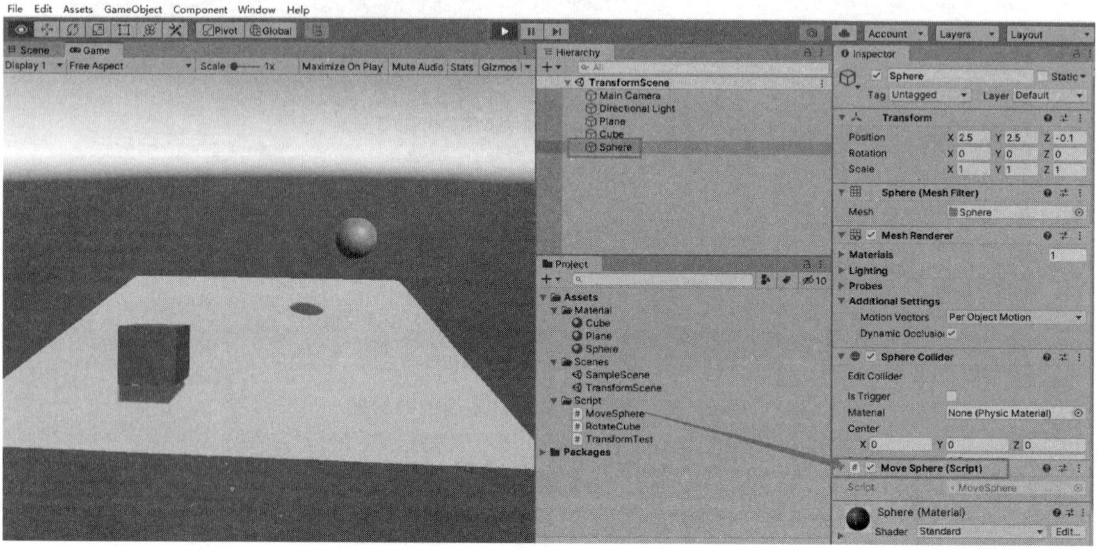

图 2-40　场景 TransformScene 运行效果

相关知识

在上面的任务中，我们创建了两个场景，其中场景 SampleScene 演示了 Transform 组件对应的类 Transform 及其常用的函数；场景 TransformScene 演示了移动和旋转两个函数的应用。

2.3.1 脚本基础类

在脚本编程中，通过利用 Unity 内置的常用类来实现对物体的控制，常用的基础类包括：GameObject、Transform 和 Component。

GameObject 类用于表示任何可以存在于场景中的物体（游戏对象），其主要功能包括：通过名字或 Tag 查找物体、克隆物体、创建物体、激活/禁用物体、给物体添加组件。

为了演示 GameObject 类的使用，在上述项目 02M_03CubeMoveRotation 中新建场景 BaseScene，在场景中创建一个 Cube（立方体），并在 Project 窗口 Script 文件夹下新建 BaseClass 脚本，脚本内容如【代码 2-3】所示，将脚本挂载到 Cube 上运行项目。

【代码 2-3】：

```
public class BaseClass: MonoBehaviour
{
    Time timer;
    float f = 3;
```

```
GameObject cloneGameObject;

// Start is called before the first frame update
void Start()
{
    //通过名字查找对象
    GameObject obj1 = GameObject. Find("Player1");
    GameObject obj2 = GameObject. Find("Player2");
    print(obj1. name);
    print(obj2. name);
    //通过标签查找对象
    GameObject cubeObj = GameObject. FindGameObjectWithTag("cube1");
    print(cubeObj. name);

    //克隆一个物体
    cloneGameObject = GameObject. Instantiate(cubeObj);
    //给克隆的物体添加一个名字
    cloneGameObject. name ="mySphere";
    //给克隆的物体添加位置
    cloneGameObject. transform. position =new Vector3(0, 0, 1);
    //给克隆的物体材质球跟换一个颜色
    cloneGameObject. GetComponent<Renderer>() . material. color = new Color(120,
    146, 234);
    //是否激活一个物体  激活的状态是显示出来的
    //可以通过设置 true 或者 false 以隐藏或者显示一个物体
    //cloneGameObject. SetActive(true);

    //通过代码创建一个物体
    GameObject sphere = GameObject. CreatePrimitive(PrimitiveType. Sphere);
    sphere. transform. position =new Vector3(2, 2, 2);
    //给物体添加组件
    sphere. AddComponent<Rigidbody>();

    //Component 类的常用方法
    //1. 返回游戏对象上 type 类型的组件,若没有,返回无
    this. GetComponent<MeshRenderer>() . material. color = Color. red;
    //2. 查找自身所有父类是 Component 的组件,即可查找出所有挂在物体上的组件
    var allComponent = this. GetComponents<Component>();
    foreach (var item in allComponent)
        Debug. Log(item. GetType());

}
```

```
    // Update is called once per frame
    void Update()
    {
        //3 秒后让一个物体消失
        f-= Time.deltaTime;
        if (f < 0) {
            Destroy(cloneGameObject);
        }
    }
}
```

Transform 类主要用于描述物体的位置、旋转、移动、缩放，对应于 Inspector 窗口中的 Transform 组件。其主要的函数功能见【代码 2-2】所示的 TransformTest。

Component 类提供了查找游戏对象身上组件的功能，其最主要的功能函数就是 Getcomponent<type>()，用于返回游戏对象上 type 类型的组件。

2.3.2 deltaTime

deltaTime 是 Time 类的一个属性，用于表示每帧执行的时间。需要说明的是，每帧执行的时间 Time. deltaTime 是随机的，也就会导致物体移动的距离随机，运行出的效果就会不连续，为此，可以在每帧移动距离的基础上乘以 Time. deltaTime，即 10 * Time. deltaTime，则表示每秒移动 10 个单位，这样就可以确保每秒以稳定的速度连续移动。原因在于：Time. deltaTime 表示的是每帧执行的时间，也就是两帧之间的时间间隔。假如电脑每秒执行 60 帧，那么 Time. deltaTime = 1/60，也就是 1/60 秒执行一次 Update 函数。假设每帧移动的距离为 10 个单位，那么 10 * Time. deltaTime = 10 * 1/60 表示每帧移动的距离，在此基础上乘以每秒的帧数 60 就表示每秒移动的距离：10 * Time. deltaTime * 60 = 10 * 1/60 * 60 = 10。

任务 2.4 键盘和鼠标（虚拟轴）

任务描述

本任务演示在脚本中响应键盘和鼠标，通过键盘和鼠标操作和控制游戏物体。任务包括三个场景，通过三个不同场景来分别演示键盘、鼠标、虚拟轴和角色控制器的使用，演示界面的图片如图 2-41、图 2-42、图 2-43 所示。

键盘和鼠标（虚拟轴）

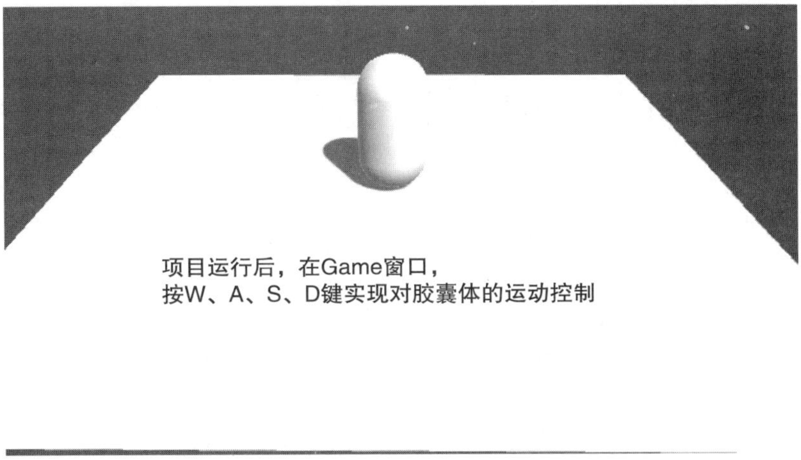

图 2-41　场景 1：角色控制器组件的运动

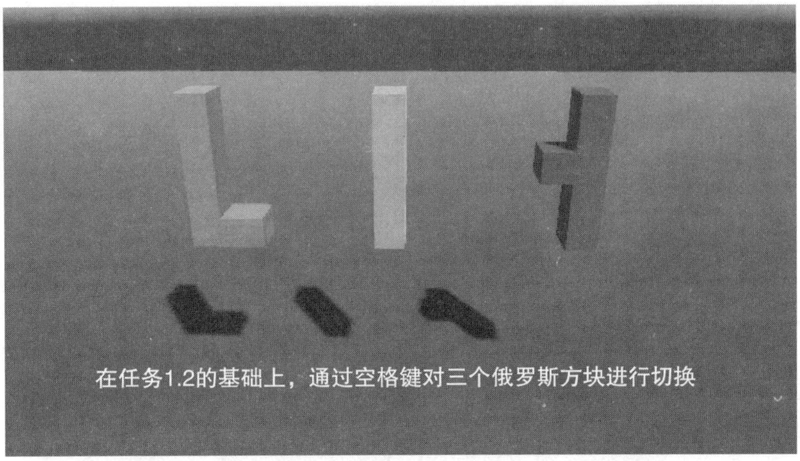

图 2-42　场景 2：按空格键实现对三个俄罗斯方块的切换

图 2-43　场景 3：发射小球击打砖块搭建的墙体

任务实施

场景一：使用角色控制器组件实现移动

步骤 1： 打开 Unity Hub，新建项目，并命令为“02M_04KeyAxisMouse”，如图 2-44 所示。

图 2-44 创建项目

步骤 2： 场景搭建。在默认场景 SampleScene 中创建一个 Plane(0, 0, 0) 和 Capsule (0, 1, 0)，如图 2-45 所示。

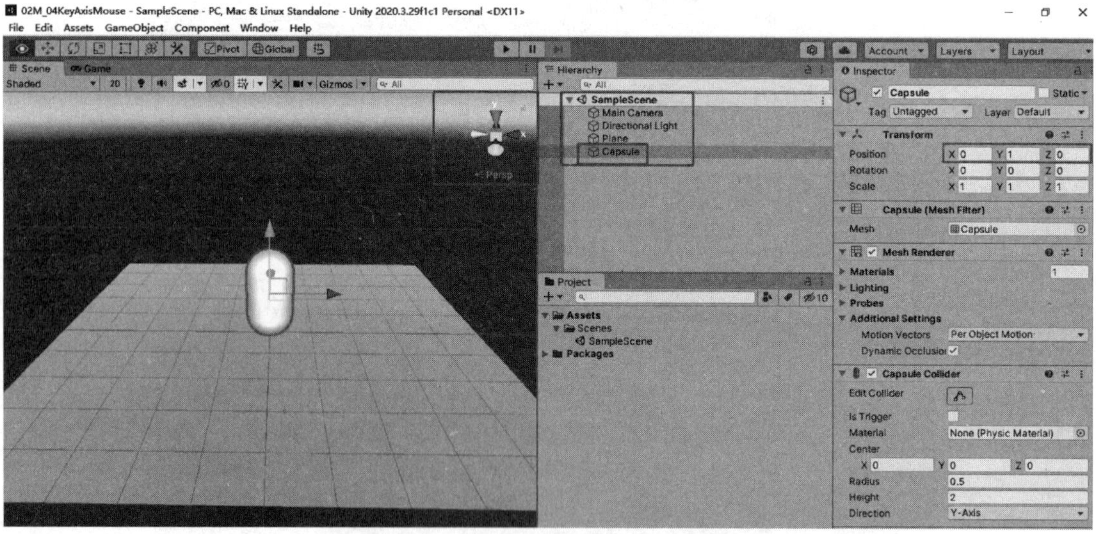

图 2-45 场景搭建：创建平面和胶囊体

步骤 3： 添加角色控制器组件。给 Capsule（胶囊体）添加角色控制器组件，如图 2-46 和图 2-47 所示。

步骤 4： 创建 C# 脚本 Logic 并挂载到 Capsule（胶囊体）上，如图 2-48 所示。

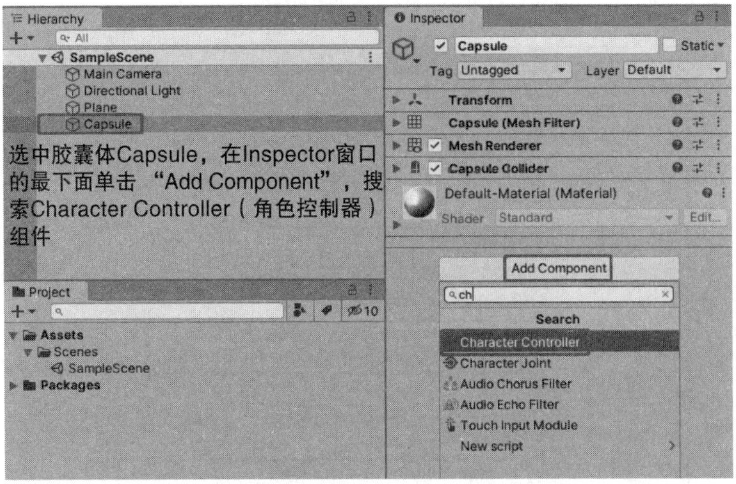

图 2-46　给胶囊体添加角色控制器组件

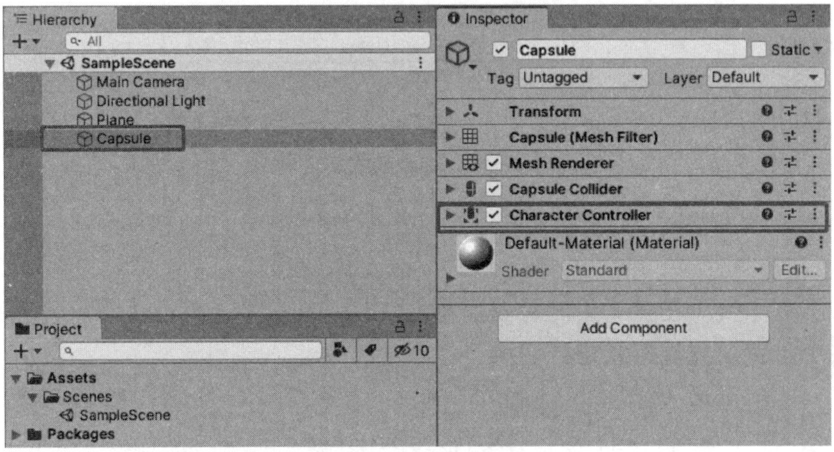

图 2-47　完成胶囊体的角色控制器组件的添加

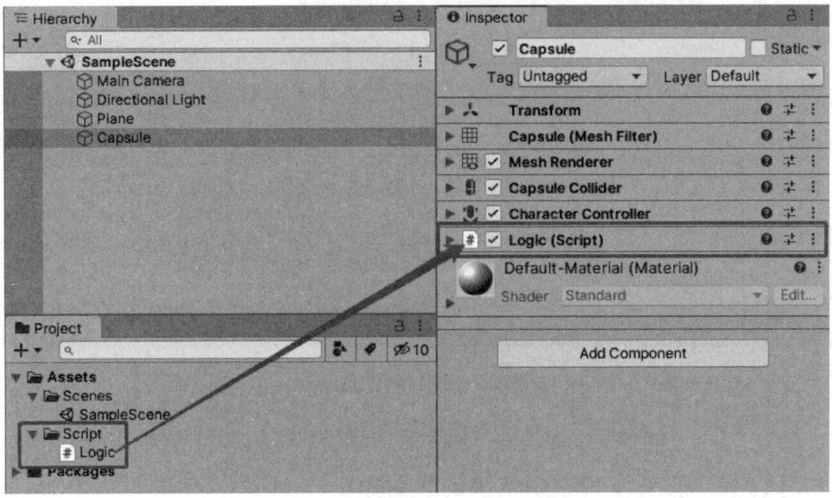

图 2-48　给创建的胶囊体挂载脚本

步骤 5：编辑 C# 脚本 Logic，代码如图 2－49 所示。

```
using System.Collections;
using System.Collections.Generic;
using UnityEngine;

public class Logic : MonoBehaviour
{
    //定义角色控制器组件
    private CharacterController cc;
    // Start is called before the first frame update
    void Start()
    {
        //获得游戏对象身上的角色控制器组件
        cc = GetComponent<CharacterController>();
    }

    // Update is called once per frame
    void Update()
    {
        //获得水平轴
        float h = Input.GetAxis("Horizontal");
        //获得垂直轴
        float v = Input.GetAxis("Vertical");
        //方向
        Vector3 direction = new Vector3(h, 0, v);
        cc.SimpleMove(direction); //朝向方向进行移动
    }
}
```

图 2－49　脚本的代码内容

确保脚本 Logic 挂载到胶囊体 Capsule 上，播放程序会自动切换到 Game 窗口下，在 Game 窗口按键盘上的 W、A、S、D 键可控制胶囊体的移动。

场景二：在项目 1 任务 1.2 简易俄罗斯方块（01M_02ELuoSiFangKuai）基础上，使用空格键对三个俄罗斯方块形状进行切换

步骤 1：打开 01M_02ELuoSiFangKuai 项目，如图 2－50 所示，在 Project 窗口下创建 Script 文件夹，并在 Script 文件夹下创建名为 PlayerLogic 的 C# 脚本文件。

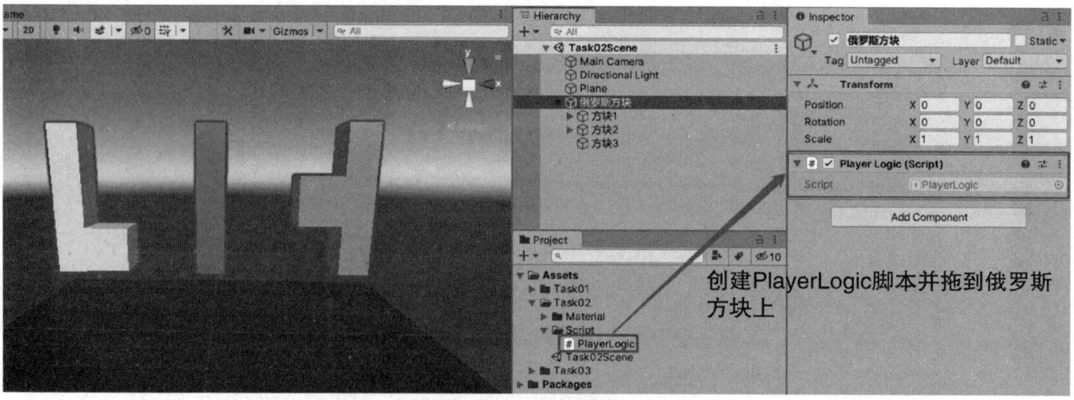

图 2－50　创建脚本

步骤 2：编辑脚本文件 PlayerLogic。脚本文件的代码如图 2－51 所示。

步骤 3：将脚本挂载到作为三个方块的父对象的“俄罗斯方块”对象上，播放程序会自动切换到 Game 窗口下，在 Game 窗口下按空格键会实现三个方块的自动切换。

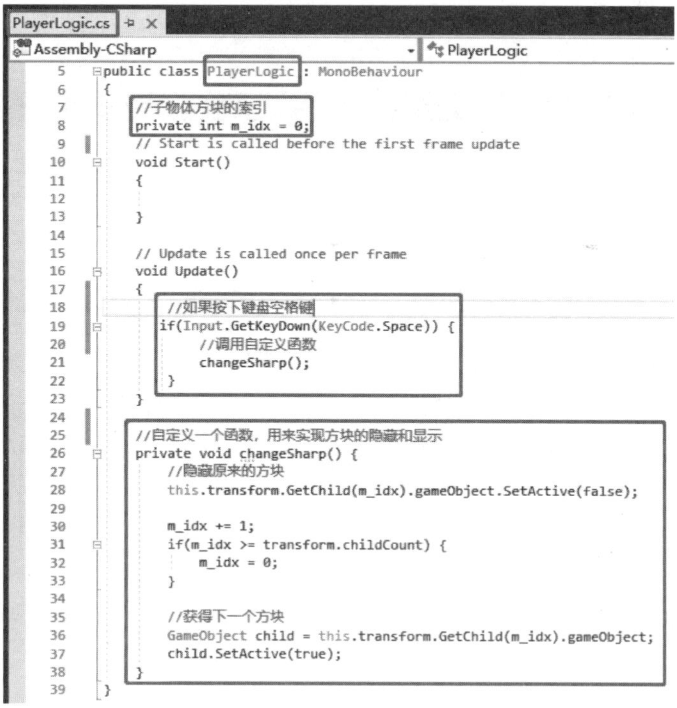

图 2-51　创建并编写脚本

场景三：在项目 2 任务 2.1 预制体搭建砖墙的基础上，实现发射小球击打砖块墙体

步骤 1：打开 02M_01PrefabBrick 项目，如图 2-52 所示，在 Project 窗口下创建 Script 文件夹，并在 Script 文件夹下创建名为 Move 和 Shoot 的两个 C# 脚本文件，同时将脚本挂载到摄像机 Main Camera 上。

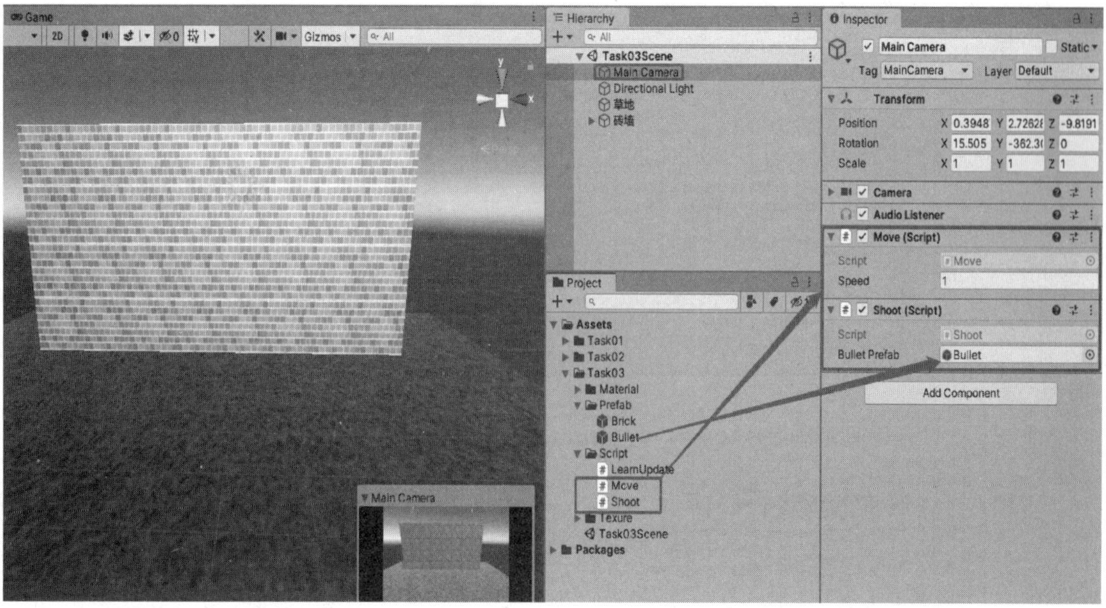

图 2-52　脚本的挂载

步骤 2：编辑脚本文件 Move 和 Shoot。编写脚本文件的代码如图 2 - 53 和图 2 - 54 所示。

```
Move.cs  Shoot.cs
Assembly-CSharp                    Move

using System.Collections;
using System.Collections.Generic;
using UnityEngine;

public class Move : MonoBehaviour
{
    //定义一个公有整数属性，表示移动的速度
    public int speed = 1;
    // Start is called before the first frame update
    void Start()
    {

    }

    // Update is called once per frame
    void Update()
    {
        //横轴：表示AD键
        float h = Input.GetAxis("Horizontal");
        //纵轴：表示WS键
        float v = Input.GetAxis("Vertical");
        //移动的距离=速度*时间
        transform.Translate(new Vector3(h, -v, 0) * speed * Time.deltaTime);
    }
}
```

图 2 - 53　脚本 Move 的内容

```
Shoot.cs
Assembly-CSharp                    Shoot                    Update()

using System.Collections;
using System.Collections.Generic;
using UnityEngine;

//脚本挂载到摄像机Main Camera
public class Shoot : MonoBehaviour
{
    //构造一个小球预制体当作子弹
    public GameObject bulletPrefab;

    // Start is called before the first frame update
    void Start()
    {
        //根据prefab创建实例
        //GameObject.Instantiate(bulletPrefab,transform.position,transform.rotation);
    }

    // Update is called once per frame
    void Update()
    {
        //0:鼠标左键，1:鼠标中间键，2:鼠标右键
        if(Input.GetMouseButtonDown(0))
        {
            //根据预制体创建实例，以摄像机的初始位置和旋转角度
            GameObject bullet = GameObject.Instantiate(bulletPrefab, transform.position, transform.rotation);
            Debug.Log(transform.position);
            Rigidbody rd = bullet.GetComponent<Rigidbody>();
            //rd.AddForce(Vector3.forward * 100); //给刚体一个力量
            rd.velocity = Vector3.forward * 30; //给刚体一个朝前的速度
        }
    }
}
```

图 2 - 54　脚本 Shoot 的内容

步骤 3：确保脚本挂载到摄像机 Main Camera 上，播放程序会自动切换到 Game 窗口下，在 Game 窗口按键盘上的 W、A、S、D 键可控制视角的移动，单击则可以发射小球去碰撞前方的砖墙。

相关知识

2.4.1 角色控制器组件

角色控制器组件（Character Controller）用于控制角色的移动和碰撞检测。它可以控制角色的移动、跳跃和下落等操作，并且可以进行简单的碰撞检测。

2.4.2 Input

Unity 3D 使用 Input 类控制用户的输入，包括用户键盘、鼠标、触摸、重力感应以及地理位置输入等输入方式。Input 类位于命名空间 UnityEngine，用于监听键盘和鼠标等外部设备。

1. 键盘的输入

（1）Input. GetKey(KeyCode. A)：检测键盘上的某个键是否被一直按住，如果该键被一直按住，其返回值为 True，否则为 False。

（2）Input. GetKeyDown(KeyCode. A)：检测键盘上的某个键是否被按下，如果该键被按下，其返回值为 True，否则为 False。

（3）Input. GetKeyUp(KeyCode. A)：检测键盘上的某个键是否被按下之后抬起，如果该键被按下之后抬起，其返回值为 True，否则为 False。

（4）常用的键盘键值：

```
KeyCode. 大写字母 A-Z      //字母键
KeyCode. UpArrow           //方向键上
KeyCode. DownArrow         //方向键下
KeyCode. LeftArrow         //方向键左
KeyCode. RightArrow        //方向键右
KeyCode. Return            //回车
KeyCode. Escape            //Esc 返回
KeyCode. Space             //空格
KeyCode. LeftControl       //左 Ctrl 键
KeyCode. RightControl      //右 Ctrl 键
KeyCode. LeftShift         //左 Shift 键
KeyCode. RightShift        //右 Shift 键
KeyCode. Tab               //Tab 键
KeyCode. Delete            //删除键
KeyCode. Backspace         //退格键
```

2. 鼠标的输入

Input. mousePosition //获取鼠标单击的位置

（1）鼠标按键 ID：左键 0、右键 1、滚轮 2。

（2）Input. GetMouseButton(0)：鼠标左键处于按下状态时返回 True。

（3）Input. GetMouseButtonDown(0)：鼠标左键被按下时返回 True。

（4）Input. GetMouseButtonUp(0)：鼠标左键弹起时返回 True。

3. 虚拟轴

Input. GetAxis(string axisName) 获取轴，根据坐标轴名称返回虚拟坐标系中的值。

（1）参数：axisName 表示轴向，取值为 Horizontal 和 Vertical。

（2）Horizontal：表示水平方向，其值从-1 到 1 之间发生变化，当 A 键被按下的时候其在水平方向上的向量为 0~1（取不到 0），当 D 键被按下的时候其在水平方向上的向量为-1~0（取不到 0），当 A 键和 D 键都没有被按下的时候，其在水平方向上的向量为 0。

（3）Vertical：表示竖直方向，其值从-1 到 1 之间发生变化，当 W 键被按下的时候其在竖直方向上的向量为 0~1（取不到 0），当 S 键被按下的时候其在竖直方向上的向量为-1~0（取不到 0），当 S 键和 W 键都没有被按下的时候，其在竖直方向上的向量为 0。

（4）返回值：float 类型的数值，表示变化的数值，按下设定的某个键之后，从-1 到 1 之间发生变化。

（5）含义：检测键盘上某个按键被一直按住的时候，其在设定的方向上的变化。

项目小结

本项目的知识点比较多且比较重要。在任务 2.1 中我们学习了预制体，并用预制体搭建了一个砖块构建的墙体；在任务 2.2 中我们学习了脚本生命周期函数，重点分析了 OnGui 和 FixedUpdate 两个生命周期函数。在任务 2.3 中我们利用生命周期函数实现了两个立方体的旋转和移动，重点学习了脚本的三个基础类。任务 2.4 是对前三个任务的知识进行综合运用，我们利用角色控制器实现了对游戏对象的移动控制，利用生命周期函数实现了对场景游戏物体的控制。

课后习题

一、选择题

1. 下面关于预制体 Prefab 的说法，错误的是（　　）。

A. 批量管理由预制体构造的游戏对象

B. 修改预制体的参数，会对所有预制体构造的游戏对象产生影响

C. 预制体不能被实例化

D. 给预制体添加组件，所有预制体构造的游戏对象都会被加上组件

2. 以下哪个生命周期函数可执行多次？（　　）

A. Awake　　B. Start　　C. OnDestroy　　D. FixedUpdate

3. 以下 4 个生命周期函数中最先执行的是（　　）。

A. FixedUpdate　　B. Start　　C. Update　　D. OnDestroy

4. 关于 FixedUpdate、Update 和 LateUpdate 的说法，错误的是（　　）。

A. FixedUpdate：固定时间调用，不会受到帧率影响，适宜于处理物理计算和更新操作

B. Update：每帧调用一次，根据帧率的快慢影响执行速度，通常用于处理游戏逻辑

C. LateUpdate：每次 Update 完成后调用移除，常见的用处是相机跟随主角

D. FixedUpdate：固定调用的时间间隔和 Update 每帧调用的时间间隔都是随机的，无法进行干预调整设置

5. 关于 Unity 内置的常用基础类的功能描述，错误的是（　　）。

A. GameObject 类用于表示任何可以存在于场景中的物体（游戏对象），其主要功能包括：通过名字或 Tag 查找物体、克隆物体、创建物体、激活/禁用物体

B. Transform 类主要用于描述物体的位置、旋转、移动、缩放

C. Component 类提供了查找游戏对象身上的组件的功能，其最主要的功能是给物体添加组件

D. 可以用 Time 类的属性 deltatime 来获取每帧执行的时间，即 Time. deltaTime 表示的是每一帧执行的时间，也就是两帧之间的时间间隔

6. 角色控制器组件用于控制角色的移动和碰撞检测，其中 detectCollisions 的作用是（　　）。

A. 其他刚体和角色控制器是否能与本角色控制器相撞

B. 检测是否接触地面

C. 检测坡度度数限制

D. 用于以一定速度来移动，移动时自动计算重力因素影响

7. Input 类用于监听键盘和鼠标等外部设备的操作，以下描述正确的是（　　）。

A. Input. GetKeyDown(KeyCode. A)：检测键盘上的 A 键是否被按下

B. Input. GetKeyUp(KeyCode. A)：检测键盘上的 A 键是否被按下之后抬起

C. Input. GetMouseButton(0)：鼠标左键处于按下状态

D. Input. GetMouseButton(1)：鼠标左键处于按下状态

8. 代码 Input. GetAxis("Horizontal") 的作用是（　　）。

A. 用于获取水平横轴　　B. 用于获取竖直纵轴

C. 可以用 W、S 来操纵　　D. 能够实现奔跑控制

9. 关于以下代码的作用，描述错误的是（　　）。

A. transform. LookAt(new Vector3(0, 0, 0))；//始终看向原点

B. transform. Translate(transform. forward * 0. 1f)；//每帧朝前方移动 0. 1 个单位

C. transform. Rotate(0, 1, 0)；//绕 Z 轴每帧旋转 1 度

D. transform. Rotate(transform. up, 1)；//绕 Y 轴每帧旋转 1 度

10. （　　）方法是使物体旋转的方法。

A. Translate　　B. LookAt　　C. Rotate　　D. Find

二、简答题

1. 什么是预制体变体？

2. 查阅资料了解角色控制器组件的各参数的含义。

3. 写出常用的生命周期函数及执行顺序。

项目 3

C# 语法

项目概述

C#读作 C Sharp，是由微软公司开发的一种电脑编程语言，可以用来编写 Windows 平台应用、服务器端和数据库应用等。与汇编语言、C/C++语言相比，C# 和 Java 语言的运行速度可能没有那么快，但是更易上手，也更容易掌握。与 Python、Perl、Lua、JavaScript 这些解释型动态语言相比，C# 的效率则更高。Unity 3D 如今已经把 C# 语言作为唯一支持的脚本语言。

本项目通过 3 个任务来学习 C# 语言的基本语法，任务 3.1 通过条件控制语句 if 实现对立方体的移动、旋转和缩放，任务 3.2 通过数组和循环控制语句 for 实现文字打字机效果，任务 3.3 利用面向对象思想搭建一个简易计算器。C# 作为一门编程语言，涉及的知识点比较多，在每个任务后面都会有若干个 C# 脚本演示相关知识点。

学习目标

知识目标

- C# 的数据类型；
- 运算符和表达式；
- 条件控制语句。

技能目标

- 养成编程思维；
- 能够在 Unity 中进行简单的组件开发。

素养目标

- 了解计算机语言的发展史，激发编程学习兴趣。

● 严格遵守代码开发规范，提高代码书写质量。

任务 3.1 C# 流程控制

任务描述

C# 程序按照代码顺序一行接一行、自上而下地执行。为了让程序能按照开发者所设计的流程执行，需要进行条件判断、循环和跳转等过程，这就是流程控制。利用 C# 的控制流程语句编写脚本实现立方体的移动、旋转和缩放的最终效果如图 3－1 所示。

C# 流程控制

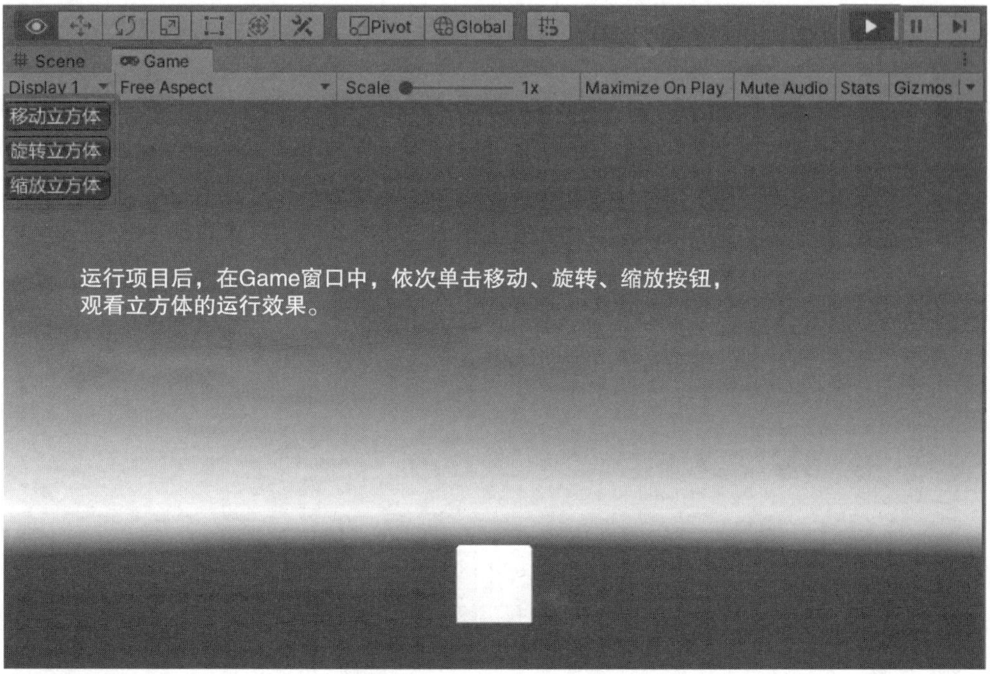

图 3－1 项目运行最终效果

任务实施

步骤 1： 打开 Unity Hub，新建项目，并命名为“03M_01IfWhileFor”，如图 3－2 所示。

步骤 2： 创建 C# 脚本。在 Project 窗口，右击 Assets 文件夹，依次选择“Create”→“Folder”命令，将新创建的 Folder 文件夹命名为 Script，用于存放和管理项目所有的 C# 脚本，如图 3－3 所示。接着，右击 Script 文件夹，依次选择“Create”→“C# Script”命令，创建一个 C# 脚本并重命名为 Ex_01If，如图 3－4 所示。

步骤 3： 编写脚本，双击 Ex_01If 脚本会默认以 Microsoft Visual Studio 软件打开，脚本代码如图 3－5 所示。

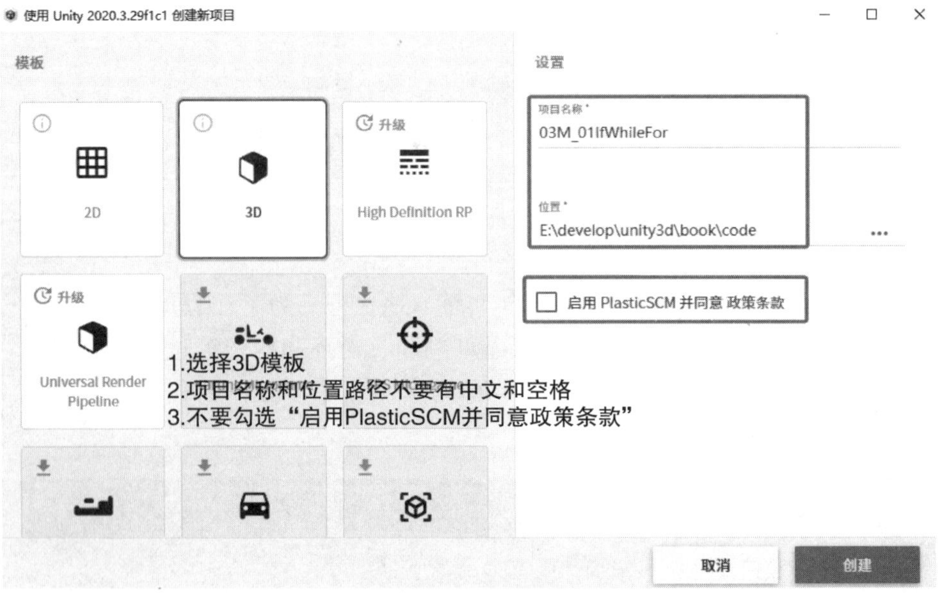

图 3－2　新建项目

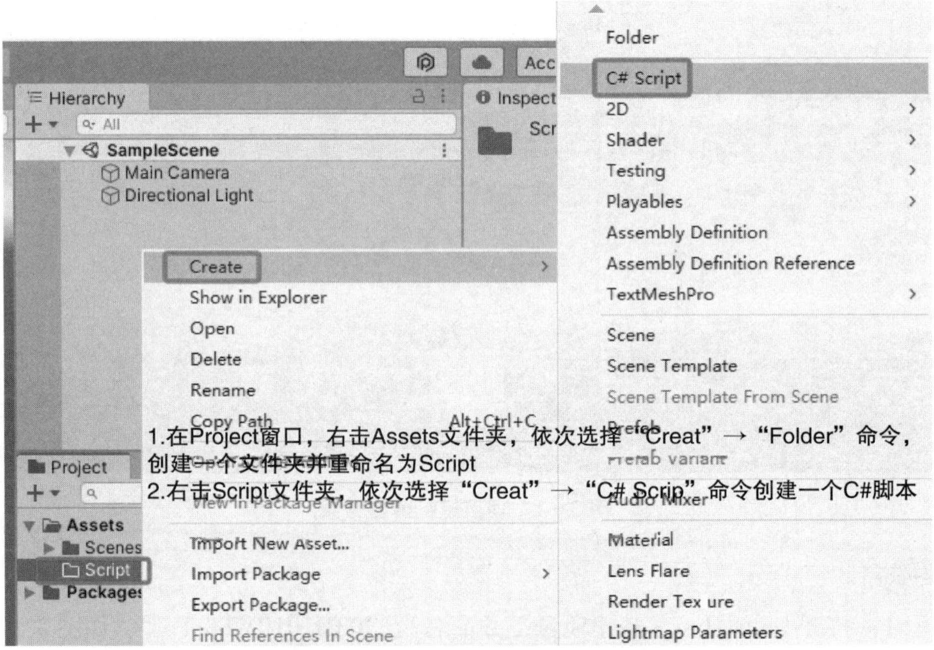

图 3－3　创建文件夹 Script 和 C# 脚本

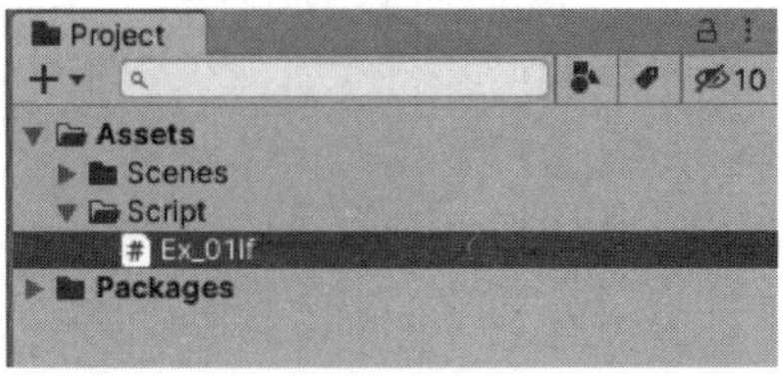

图 3－4　C# 脚本 Ex_01If

```
Ex_01If.cs
Assembly-CSharp        Ex_01If        Start()
using System.Collections;
using System.Collections.Generic;
using UnityEngine;

//流程控制:if和switch
public class Ex_01If : MonoBehaviour
{
    //场景中创建一个立方体并赋值给myCube
    public GameObject myCube;
    public int transSpeed = 100;
    public float rotaSpeed = 10.5f;
    private float scaleSpeed = 3;
    public int week = 1;

    void OnGUI() {
        //if语句
        if (myCube == null) {
            Debug.LogWarning("立方体游戏对象不能为空");
            return;
        }
        if (GUILayout.Button("移动立方体")) {
            myCube.transform.Translate(Vector3.forward * transSpeed * Time.deltaTime, Space.World);
        }
        if (GUILayout.Button("旋转立方体")) {
            myCube.transform.Rotate(Vector3.up * rotaSpeed, Space.World);
        }
        if (GUILayout.Button("缩放立方体")) {
            myCube.transform.localScale = new Vector3(scaleSpeed, scaleSpeed, scaleSpeed);
        }
    }

    // Start is called before the first frame update
    void Start() {
        int a = 20;
        int b = 10;
        //if-else语句
        if (a % 2 == 0) {
            Debug.Log(a + "是偶数");
        } else {
            Debug.Log(a + "是奇数");
        }
        //if-else if语句
        if (a == b) {
            Debug.Log("a等于b为真");
        } else if (a > b) {
            Debug.Log("a大于b");
        } else {
            Debug.Log("a小于b");
        }

        switchTest(week);
    }

    // Update is called once per frame
    void Update() {

    }


    void switchTest(int week) {
        //输入1显示星期一，依次类推
        switch (week) {
            case 1:
                Debug.Log("星期一:全天有课");
                break;
            case 2:
                Debug.Log("星期二:下午没有课");
                break;
            case 3:
                Debug.Log("星期三:上午三四节没有课");
                break;
            case 4:
                Debug.Log("星期四:下午没有课");
                break;
            case 5:
                Debug.Log("星期五:下午五六节没有课");
                break;
            case 6:
                Debug.Log("星期六:全天没有课");
                break;
            case 7:
                Debug.Log("星期日:全天没有课");
                break;
            default:
                Debug.Log("您输入的数据错误，只能输入1到7");
                break;
        }
    }
}
```

图 3-5　Ex_01If 脚本的内容

步骤 4：在场景中创建空游戏对象并添加脚本组件 Ex_01If。在 Hierarchy 窗口空白处右击，依次选择“Create Empty”→“GameObject”，创建一个空游戏对象 GameObject，把脚本 Ex_01If 添加到该 GameObject 组件上，如图 3－6 所示。

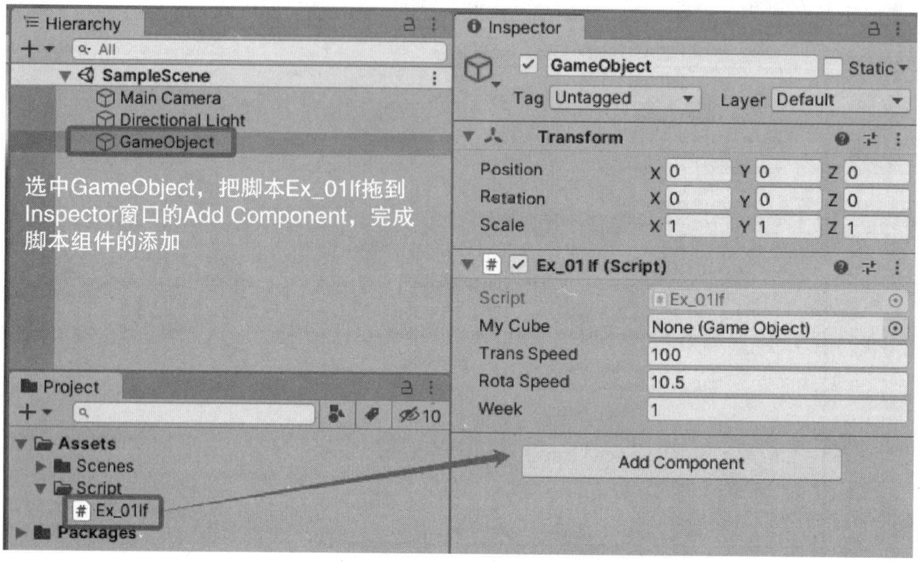

图 3－6　创建空对象并添加脚本组件

步骤 5：在场景中创建一个立方体并添加到脚本组件 Ex_01If 中。在 Hierarchy 窗口空白处右击，依次选择“Create”→“3D Object”→“Cube”命令创建一个立方体；选中 GameObjec 后，将新创建的 Cube 拖到 Ex_01If 脚本的 My Cube 变量上，如图 3－7 所示。

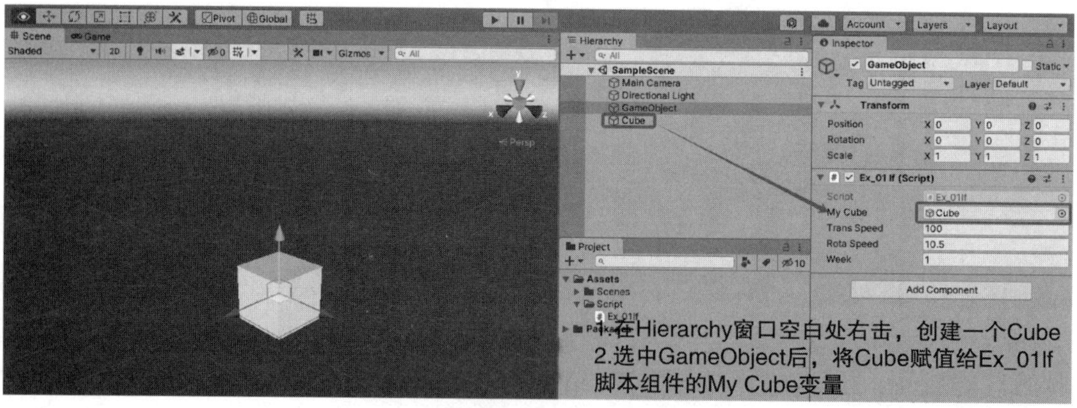

图 3－7　给脚本变量赋值 Cube

步骤 6：单击工具栏中“运行”按钮，如图 3－8 所示，在 Game 窗口中查看立方体的运行效果。

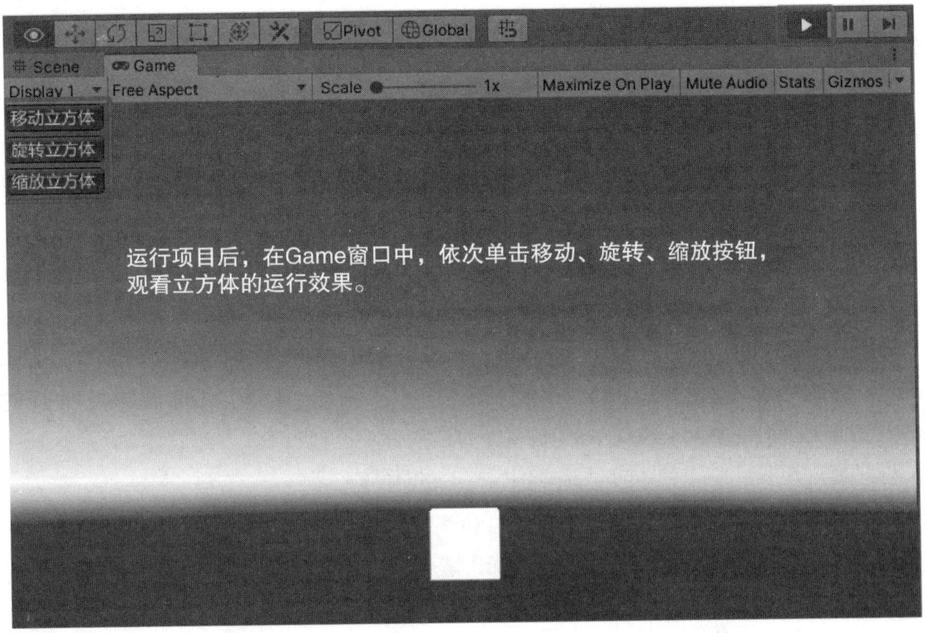

图 3-8　利用控制流程语句实现对立方体的控制

相关知识

C# 作为一门编程语言，其语法并不难，但知识点比较多，为更好地讲解和演示各个知识点，读者可以导入本项目的学习资源包（见前言“项目素材”）。学习资源包包含 10 个脚本文件，每个文件对应一个核心知识点，具体见表 3-1。

表 3-1　脚本文件与知识点对应关系

例子	知识点内容
Ex3_1	变量
Ex3_2	运算符
Ex3_3	If 和 Switch
Ex3_4	For 和 While
Ex3_5	数组
Ex3_6	列表 List
Ex3_7	字典 Dictionary
Ex3_8	函数
Ex3_9	值类型和引用类型
Ex3_10	按值传递和按引用传递（使用 ref 关键字）

3.1.1 C#基础

以 Script 文件夹下的 Ex3_1 为例来剖析脚本组件的程序结构，如图 3-9 所示。

前 3 行 using 语句引入命名空间，关键词 using 表示引用、使用，将命名空间的所有内容导入本项目；命名空间的设计目的是提供一种让一组名称与其他名称分隔开的方式。在一个命名空间中声明的类的名称与另一个命名空间中声明的相同的类的名称不冲突。

第 5 行声明了一个公有（public）访问权限的、继承自 MonoBehaviour 的命名为 Ex3_1 的类（class），类的名字 Ex3_1 是由开发者自定义的。C# 是面向对象的语言，所有的代码必须在类中，所以任何一个 C# 源代码文件里面至少有一个类。

第 6 行到第 25 行的一对大括号是类 Ex3_1 的类体。

第 7 行到第 11 行声明并定义了由用户自定义的 5 个类的属性。

第 14 行内置了 Start 生命周期函数，void 表示返回值为空，第 15 行到第 18 行大括号内的代码是函数 Start 的函数体。

第 21 行内置了 Update 生命周期函数，第 22 行到第 24 行是函数 Update 的函数体。

关于方法和类在后面的任务中会详细阐述。

```
Ex3_1.cs
Assembly-CSharp        Ex3_1        Start()
1  using System.Collections;
2  using System.Collections.Generic;
3  using UnityEngine;
4
5  public class Ex3_1 : MonoBehaviour
6  {
7      public float xPosition = 0.01f; //定义一个float类型的、变量名为xPosition的变量，并赋初始值为0.01
8      public float scaleValue = 1.2f;//定义一个float类型的、变量名为scaleValue的变量，并赋初始值为1.2
9      public int yRotation = 5;//定义一个int类型的、变量名为yRotation的变量，并赋初始值为5
10     private string userName = "临小科"; //定义一个string类型的、变量名为userName的变量，并赋初始值为临小科
11     bool isRight = true;//定义一个bool类型的、变量名为isRight的变量，并赋初始值为true
12
13     // Start is called before the first frame update
14     void Start() {
15         transform.localScale = new Vector3(1, scaleValue, 1); //程序初始化时，按照变量scaleValue的值缩放物体
16         Debug.Log("程序中自定义字符串变量userName的值=" + userName);
17         Debug.Log("程序中自定义布尔类型变量isRight的值=" + isRight);
18     }
19
20     // Update is called once per frame
21     void Update() {
22         transform.Translate(new Vector3(xPosition, 0, 0), Space.World); //每一帧都沿着x轴移动xPosition的距离
23         transform.Rotate(Vector3.up * yRotation, Space.World);//每一帧都沿着Y轴旋转物体
24     }
25 }
26
```

图 3-9　基本程序结构

注释是在程序中用于对代码进行解释的，计算机并不会去执行，其主要作用是帮助程序员对程序代码进行说明，以便于让其他程序员进行阅读和理解。C# 的注释类型分为三种：

（1）以“//”开头的结构称为单行注释。该行中在双斜杠“//”之后的所有内容都是注释。

（2）以“/* ”开头并以“*/ ”结尾的结构称为分隔符注释，可以对多行进行注释。

（3）以“/// ”开头的结构称为文档注释，在编辑脚本时，如果在方法或类等结构之前的空行连续输入 3 个斜杠，则脚本编辑器会自动生成这种注释，其内容起到程序说明文档的作用。

1. 数据类型和变量

程序和数据平常存储在硬盘等存储器上，不管开机或关机了，它们都是存在的，不会丢失。硬盘（ROM）可以存储的东西很多，但传输数据的速度较慢，所以需要运行程序或打开数据时，这些数据必须从硬盘等存储器上先传到另一种容量小但速度快的存储器，之后再送入 CPU 进行执行处理，这中间的存储器就是内存（RAM）。

学习编程，必须对内存的地址有一个透彻的理解，程序中的每一行代码用到的每个数据，都需要在内存上有其映射地址。当然，我们并不需要掌握内存是如何进行编址，那是计算机系的另外一门课（操作系统）。当程序需要操纵数据时候，首先通过该数据的内存地址找到该数据，之后程序根据对该内存地址的数据进行访问、修改等操作。

总结：内存地址是内存当中存储数据的一个标识，并不是数据本身，通过内存地址可以找到内存当中存储的数据。

内存地址是一串数字，为了便于记忆和书写，在程序代码中可以通过变量名对内存地址进行一一映射，一个变量名对应唯一一个内存地址。变量名与内存地址的关系类似于姓名和身份证号码的关系。变量名是脚本中变量的名称，是用来存储数据的，读者可以把它看作容器。当计算机程序需要存储一个数据时，计算机会在内存中开辟一个存储数据的空间，并且由计算机程序提供一个名称（变量名）来代表这个空间，此后但凡需要获取或更新这个空间中的数据，都可以通过开辟该空间时提供的名称（变量名）来访问该空间。

要想在脚本中使用变量，就必须先声明（declare）。这就意味着，需要先告诉 Unity，有这样一个变量存在，然后才可以在 Unity 中使用这个变量。如图 3－9 所示代码的第 7 行到第 11 行定义（声明）5 个变量：

```
public float xPosition = 0.01f;
public float scaleValue = 1.2f;
public int yRotation = 5;
private string userName = "临小科";
bool isRight = true;
```

声明变量并赋初始值的形式：

```
访问修饰符　数据类型　变量名=变量的初始值
```

对于变量的声明，必须满足下面 5 个条件：

- 访问修饰符可省略，省略后默认当作 private 处理；
- 必须指定变量可以存储的数据类型；
- 必须指定一个变量名；

● 等号“=”赋初始值是可选；
● 必须以一个分号“;”结束。

（1）访问修饰符。

访问修饰符是一种数据权限，用于控制数据的访问级别，按照访问级别从低到高一共有5种，分别为public、private、protected、internal、protected internal，具体见表3-2。它们可以用来修饰类及类中的成员，如变量、方法等。

表3-2　访问修饰符的访问范围

访问修饰符	说明
public	公有访问。不受任何限制。
private	私有访问。只限于本类成员访问，子类、实例都不能访问。
protected	保护访问。只限于本类和子类访问，实例不能访问。
internal	内部访问。只限于本项目内访问，其他不能访问。
protected internal	内部保护访问。只限于本项目或子类访问，其他不能访问。

这5个访问修饰符中常用的是public和private。它们的区别是：在程序中，如果一个变量不想暴露给外部使用，而仅仅是在本类内部使用，则可定义为private；如果一个变量不仅在本类内部使用，也想暴露给其他类使用，则可以定义为public。

（2）数据类型。

计算机可以存储各种各样的数据，而计算机对于不同类型数据的存储和处理方式是不同的。因此，为了让计算机更好地处理指定的数据，最好为数据指定类型。C#中的数据类型可以分为图3-10所示的两大类：值类型和引用类型。值类型与引用类型的不同之处在于：值类型的变量直接包含其数据，而引用类型不包含存储在变量中的实际数据，但它们包含对变量的引用。对于引用类型，两个变量可能引用同一个对象，因此对一个变量的操作可能影响另一个变量所引用的对象。对于值类型，每个变量都有自己的数据副本，对一个变量的操作不可能影响另外一个变量。

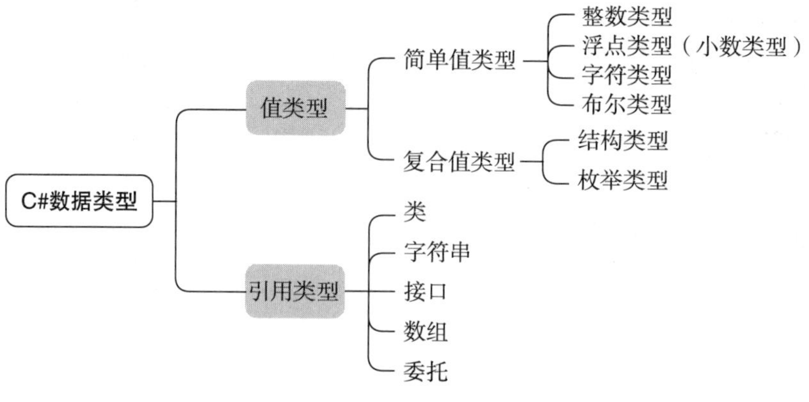

图3-10　C#中的数据类型

简单值类型见表3-3。

表 3-3 简单值类型

类别	类型	描述	范围	默认值
布尔类型	bool	布尔值	True 或 False	False
字符类型	char	16 位 Unicode 字符	U+0000 到 U+ffff	\0
浮点数类型	decimal	128 位精确的十进制值，28~29 有效位数	±1.0 * 10E-b28 到±7.9 * 10E28	0.0M
	double	64 位双精度浮点型	（+/-） 5.0 * 10E-324 到 （+/-） 1.7 * 10E308	0.0
	float	32 位单精度浮点型	-3.4 * 10E45 到 3.4 * 10E38	0.0F
整数类型	sbyte	8 位有符号整数类型	-128 到 127	0
	short	16 位有符号整数类型	-32 768 到 32 767	0
	int	32 位有符号整数类型	-2^{15}到 $2^{15}-1$	0
	long	64 位有符号整数类型	-2^{63}到 $2^{63}-1$	0L
	byte	8 位无符号整数	0 到 255	0
	ushort	16 位无符号整数类型	0 到 65，535	0
	uint	32 位无符号整数类型	0 到 4，294，967，295	0
	ulong	64 位无符号整数类型	0 到 $2^{64}-1$	0

在程序开发过程中，为变量设置数据类型的依据是看数据处于哪一个范围或根据业务场景。例如，要统计全国 14 亿人口数量则只能使用 long 类型存储，但是如果统计一个不超过 50 人的班级人数则可以使用所有的整型类型存储；再比如，如果一个变量需要处理字符串则只能定义为 string 数据类型。

（3）变量名。

变量的名字是由开发者自行定义的，根据 C# 语法的规定，变量名只能由字母、数字和下划线组成，且只能以字母或者下划线开头。

- 同一字母的大小写，对于变量名是不同的。例如：iValue 和 IValue 是不同的变量名。
- 不能以数字开头。例如：iValue 和_Value 是合法的，但是 1Value 是不合法的。

变量名在满足上述规则的前提下，建议还应满足以下约定。

1）选择有意义的名称。

最好为变量选择有意义的名称，否则你会在很长一段时间以后，忘记当初为什么要命这样一个变量名，以及这个变量名想要指代一个什么样的数据。下面以一个例子来说明：

```
public bool isCreatePasswordHash = true;
```

这个变量名可真长！但它确实清楚地描述了自己，即使读者在 10 年后看到这个变量，仍然能从它的名字上了解到当初为什么要命这样一个变量名，以及这个变量名想要指代什么样的数据。现在给这个变量换另一个简单点的名字：

```
public bool flag = true;
```

这个名字确实简洁多了，但毕竟缺少了好多描述性的信息。读者在为变量命名的时候，能记得它的作用，但是过几周之后就不一定了。读者将不得不阅读更多的代码，来推测这个变量名的作用。

2）以小写字母开头。

使用小写字母作为变量名的首字母，是为了将变量名与类名区分开来，从而使得阅读者可以轻松地根据名称判断是变量还是类。因为类名通常使用大写字母开头，所以通常以小写字母开头为变量命名。例如：

```
Transform; //类名
transform; //变量名
```

如果严格遵守命名的约定，就可以很容易地得知，第一个是类名，第二个是变量名。

提示：变量名命名的约定，其目的是提高代码的可读性，便于多名游戏编程人员的协作。

2. 属性的可见性

创建一个空对象 GameObject 并将脚本 Ex3_1 绑定到 GameObject 对象上，如图 3－11 所示。

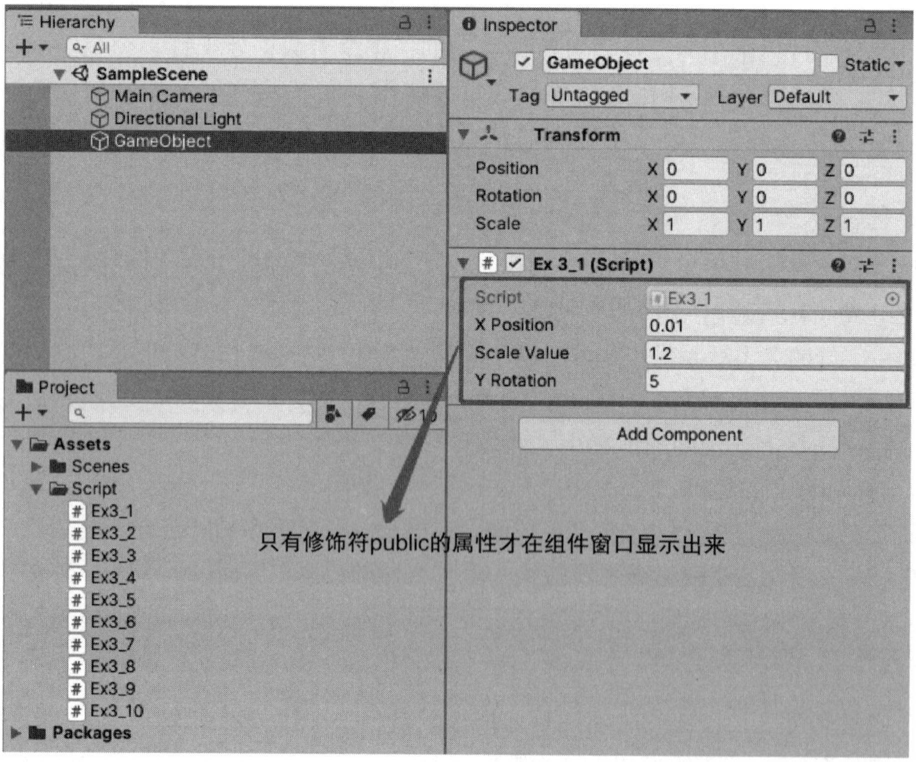

图 3－11　Transform 脚本组件

脚本中的变量与组件的属性：读者千万不要认为，只要脚本中有变量，这些变量就会在脚本成为组件以后出现在组件下的属性列表中。这种想法是错误的，因为决定变量是否会出现在组件下成为属性的因素是访问修饰符，修饰变量的是 public 或是 private。只有当修饰符是 public 时的变量，才可以出现在组件下。脚本中可以省略对变量的修饰，也就是说不书写 public 和 private 就不会有语法上的错误。此时，Unity 会默认变量是被 private 修饰的，因此该变量不会以属性的形式显示在组件下。展开成为组件的脚本，就可以看到其下的属性名与变量名基本一致，除了字母的大小写可能有所不同。用户可在编辑和运行状态之间随意切换，使得游戏的调试和运行变得更加便捷、高效。

C#语法规定，被 public 修饰的变量可以被外界访问和修改，也就是说变量存储的数据，允许在脚本外被修改，因此开发者才可以在 Unity 中，通过属性修改脚本中变量存储的数据。被 private 修饰的变量与 public 刚好相反，拒绝被外界访问和修改，因此变量中的数据无法被外界修改，Unity 也就不会将此类变量作为属性显示在 Inspector 窗口中。

3. 运算符和表达式

在脚本中声明变量后，通常会对变量做运算，或者说是对变量中的数据做某些处理（比如：加减乘除等），而处理的结果有时会进入新的运算中，有时则会作为游戏的结果而输出。只要是对变量中的数据作处理，就需要用到运算符。顾名思义，运算符是用来对变量进行运算的符号。C# 中的运算符大体可以分为 5 类：算术运算符、关系运算符、布尔逻辑运算符、赋值运算符、位运算符和移位运算符。

- 算术运算符：对数值操作数执行算术运算。
- 关系运算符：也称为比较运算符，用于比较两个数值操作数。
- 布尔逻辑运算符：对 bool 操作数执行逻辑运算。
- 赋值运算符：将右操作数的值赋值给左操作数。
- 位运算符和移位运算符：将对整数类型的操作数执行位运算或移位运算。

以 Script 文件夹下的 Ex3_2 为例剖析 C# 的运算符和表达式。

4. 算术运算符

算术运算符主要用于数字类型操作数之间的算术运算，有：+（加）、-（减）、*（乘）、/（除法）、%（取模）、++（自加）、--（自减）。各个算术运算符的含义见表 3-4。

表 3-4 算术运算符

运算符	说明
+	加法运算符，用于实现两个数的求和运算。C=A+B 表示将把 A+B 的值赋给 C
-	减法运算符，用于实现两个数的求差运算。C=A-B 表示将把 A-B 的值赋给 C
*	乘法运算符，用于实现两个数的求积运算。C=A * B 表示将把 A * B 的值赋给 C
/	除法运算符，用于实现两个数的求商运算。C=A/B 表示将把 A/B 的值赋给 C
%	求模（余数）运算符，用于实现两个数的求模运算。C=A%B 表示将把 A%B 的值赋给 C

续表

运算符	说明
++	自增运算符。A++和++A
--	自减运算符。A--和--A

注意自增和自减运算符，自增有左自增和右自增，如图 3－12 所示，若++在右边，则先赋值，然后 a 再自增，这样 c 的值为原先 a 的值，赋值完后 a 的值增加了 1。若++在左边，b 先进行自增加 1，然后再给 d 赋值，这样 d 的值就是 b 原先的值加 1 的值。自减少也是类似。

```
int a=0, b=1, c, d;
c = a++; //先将 a的值赋值给 c,然后 a再自己增加 1
d = ++b; //先将 b的值自己增加 1,然后将 b 再赋给 d
```

图 3－12　左自增和右自增

5. 关系运算符

关系运算符就是判断两个操作数的值之间的大小是否相等的运算，其运算结果为布尔类型，要么为 true 要么为 false。表 3－5 假设 A 为 15，B 为 30，结果为布尔型的真（true）或假（false）。

表 3－5　关系运算符

运算符	说明
==	判断两个操作数的值是否相等，如果相等则条件值为真。如 A==B 不为真
!=	判断两个操作数的值是否相等，如果不相等则条件值为真。如 A!=B 为真
>	判断左操作数的值是否大于右操作数的值，如果是则条件为真。如 A>B 不为真
<	判断左操作数的值是否小于右操作数的值，如果是则条件为真。如 A<B 为真
>=	判断左操作数的值是否大于或等于右操作数的值，如果是则条件为真。如 A>=B 不为真
<=	判断左操作数的值是否小于或等于右操作数的值，如果是则条件为真。如 A<=B 为真

6. 逻辑运算符

逻辑运算符用于连接两个或多个布尔型表达式，实现多个条件的复合判断。若 A 为布尔型的 true，B 为布尔型的 false，逻辑运算符的类型见表 3－6。

表 3－6　逻辑运算符

运算符	说明
&&	逻辑与运算符，如果两个操作数都非零，则条件为真。如 A&&B 为假
||	逻辑或运算符，如果两个操作数有任意一个非零，则条件为真。如 A||B 为真

续表

运算符	说明
!	逻辑非运算符，取反操作数的状态。如!A 为假，!B 为真

7. 赋值运算符

赋值运算符用于将一个数据赋予另一个变量，该数据可以是变量、常量或者表达式。赋值运算符的类型见表 3－7。

表 3－7　赋值运算符

运算符	说明
=	把右边操作数的值赋给左边操作数。C=A+B 表示将 A+B 的值赋给 C
+=	把右边操作数加上左边操作数的结果赋值给左边操作数。C+=A 相当于 C=C+A
-=	把左边操作数减去右边操作数的结果赋值给左边操作数。C-=A 相当于 C=C-A
*=	把右边操作数乘以左边操作数的结果赋值给左边操作数。C *=A 相当于 C=C*A
/=	把左边操作数除以右边操作数的结果赋值给左边操作数。C/=A 相当于 C=C/A
%=	求两个操作数的模并赋值给左边操作数。C%=A 相当于 C=C%A
<<=	C<<=2 等同于 C=C<<2
>>=	C>>=2 等同于 C=C>>2
&=	按位与且赋值运算符。C&=2 等同于 C=C&2
^=	按位异或且赋值运算符。C^=2 等同于 C=C^2
|=	按位或且赋值运算符。C|=2 等同于 C=C|2

8. 位运算符

位运算符对操作数按位并逐位执行判断操作，所以进制转换是位运算符的前提。位运算符有按位与、按位或、按位异或、按位取反等。位运算符的解释说明见表 3－8。

表 3－8　位运算符

运算符	说明
&	按位与，两个操作数的二进制位同时为 1 则为 1，否则为 0
|	按位或，两个操作数的二进制位任意一个为 1 则为 1，否则为 0
^	按位异或，两个操作数的二进制位如果相同则为 0，不同为 1
~	按位取反
<<	左移
>>	右移

3.1.2 流程控制

1. 顺序结构

顺序结构的程序设计是最简单的，只要按照解决问题的顺序写出相应的语句就行，它的执行顺序是自上而下，一行一行地执行。

2. 选择结构

代码并非一直按顺序执行，有些时候会发生跳跃，就是有可能某些行代码不会被执行。选择结构又称条件语句，可以根据条件是否满足或者根据表达式的值控制代码的执行分支。C#有两种控制代码分支的结构，分别是 if 语句和 switch 语句。

以 Script 文件夹下的 Ex3_3 为例剖析 C#的选择结构 if 和 switch。

（1）if 语句。

if 的英文释义是假设、如果的意思，在程序中也可做为条件假设语句，结合关系运算符，if 语句的语法结构：

```
if(条件表达式)
{
/* 如果条件表达式为真,将执行的语句 */
}
```

这是一个固定的语法，if 后面跟小括号，小括号内部填入关系判断（条件），然后跟上一对大括号。如果小括号里面的条件表达式为 true，则 if 语句大括号内的代码块将被执行。如果条件表达式为 false，则 if 语句结束后的第一组代码（右大括号后）将被执行（即 if 语句内的代码块将不会被执行）。

注意：if 语句的条件可以是布尔变量，也可以是表达式，但如果是表达式，则表达式得到的结果必须是布尔值。

（2）if...else...语句。

一个 if 语句后可跟一个 else 语句，else 语句在条件表达式为假时执行。其语法结构如下：

```
if(条件表达式)
{
/* 如果条件表达式为真,将执行的语句 */
}
else
{
/* 如果条件表达式为假,将执行的语句 */
}
```

如果条件表达式为 true，则执行 if 块内的代码。如果条件表达式为 false，则执行 else

块内的代码。

（3）if…else if…else…语句。

从第一个 if 后面的条件开始判断，只要满足其中的某一个条件就执行，执行结束后跳出 if…else if…else…语句。如果都不执行，就看这个语句有没有 else，如果有 else，则执行 else 中的语句，如果没有，则什么都不做。

```
if(条件表达式 1)
{
/*如果条件表达式 1 为真,将执行的语句 */
}
else if(条件表达式 2)
{
/*如果条件表达式 2 为真,将执行的语句 */
} else
{
/*如果条件表达式 1 和条件表达式 2 都为假,将执行的语句 */
}
```

（4）switch 语句。

switch…case 语句又称开关语句，适用于从一组互斥的分支中选择一个执行分支，其形式是 switch 参数的后面跟一组 case 子句。如果 switch 参数中表达式的值等于某个 case 子句的常量表达式，就执行该 case 子句中的代码。此时不需要使用大括号把语句组合到块中，只需使用 break 语句标记每段 case 代码的结尾即可。也可以在 switch 语句中包含一条 default 子句，如果表达式不等于任何 case 子句的值，就执行 default 子句的代码。其语法如下：

```
switch(参数){
case 常量表达式:
条件语句;
break;
case 常量表达式:
条件语句;
break;
case 常量表达式:
条件语句;
break;
default:
条件表达式;
break;
}
```

3. 循环结构

循环就是重复执行语句，直到满足指定条件才停止的一段代码。C# 中常用的循环结构类型有 while 和 for。

以 Script 文件夹下的 Ex3_4 为例剖析 C# 的循环结构 while 和 for。

（1） while 循环。

while 循环的语法结构如下：

```
while(表达式)
{
    语句或语句块;
}
```

while 循环是先判断表达式的值，然后再执行语句或语句块，直到表达式的值为 false。如果循环刚开始表达式的值就为 false，那么语句或语句块就不会被执行。

（2） do…while 循环。

do…while 循环的语法结构如下：

```
do
{
    语句或语句块;

} while(表达式);
```

do…while 循环先执行语句或语句块，然后再判断表达式的值，如果表达式的值为 true，则继续执行循环，直到表达式的值为 false。

注意：do…while 循环刚执行的时候不管表达式的值是 true 还是 false，它都要先执行一次语句或语句块，然后再来判断表达式的值。也就是说如果一开始表达式的值为 false，它也会执行一次循环。do…while 循环无论表达式的值是 true 还是 false，语句或语句块至少会执行一次。另外 while 语句后面必须使用分号（;）。

（3） for 循环。

for 循环的语法结构如下：

```
for(初始化表达式;条件表达式;迭代表达式)
{
    语句或语句块;
}
```

初始化表达式：可以在该位置定义一个变量并为其赋一个起始值，也可以使用 for 循环前面定义的变量，但是使用 for 循环前面定义的变量必须在该位置为其重新赋一个起始值。

注意：在该位置定义一个变量并为其赋一个起始值，这种用法定义的变量的作用域仅在 for 循环语句中，也就是说 for 循环语句后面的代码就不能使用该变量；在 for 循环前定义的变量，可以在 for 循环后的代码中继续使用。

条件表达式：它是循环继续或者终止的条件。

迭代表达式：执行完语句或语句块后就执行迭代表达式，然后再执行条件表达式判断循环是否继续。

注意：如果循环条件永远不为假，则循环将变成无限循环。在代码中应避免出现无限循环，否则会消耗 CPU 资源。

4. 跳转语句

跳转语句是程序运行到某一位置时，可以跳转到程序中另一行代码的语句。常用的跳转语句有 break、continue、return 和异常机制。脚本 Ex3_4 演示了 break、continue 和 return 的区别。

（1）关键词 break。

break 语句：终止并跳出循环体。有以下两种用法：

- 当 break 语句出现在一个循环内时，循环会立即终止，且程序流将继续执行紧接着循环的下一条语句。
- 它可用于终止 switch 语句中的一个 case。

（2）关键词 continue。

continue 语句：终止当次循环，执行下一次的循环。

（3）关键词 return。

return 语句：跳出循环及其包含的函数。

（4）异常机制。

程序执行的过程中，如果发生了错误、故障或意外等情况则会中断，程序会在错误处退出。C# 语言的异常处理功能在程序运行期间发生的任何意外、错误或异常情况下，仍能继续运行，在确保合理的前提下处理故障以及清理资源等。

异常的语法结构：

```
try
{
    可能会出现异常的代码;
    …
}
catch //try 和 catch 之间不能有其他的代码
{
    出现异常后要执行的代码;
    …
}
```

异常机制的执行过程：如果 try 中的代码没有出现异常，那么 catch 中的代码不会执行。如果 try 中的代码出现了异常，出现异常的代码以及后面的代码都不会执行，而是直接跳到 catch 中执行代码。我们可以在 catch 代码块中告知用户程序发生了错误、故障等异常反馈。

任务 3.2 UI 打字机

任务描述

本任务利用 C# 的 for 循环、数组、函数等实现打字机效果，让文字逐个显示。

UI 打字机

任务实施

步骤 1：打开 Unity Hub，新建项目，并命名为“03M_02DaZiJi”，如图 3－13 所示。

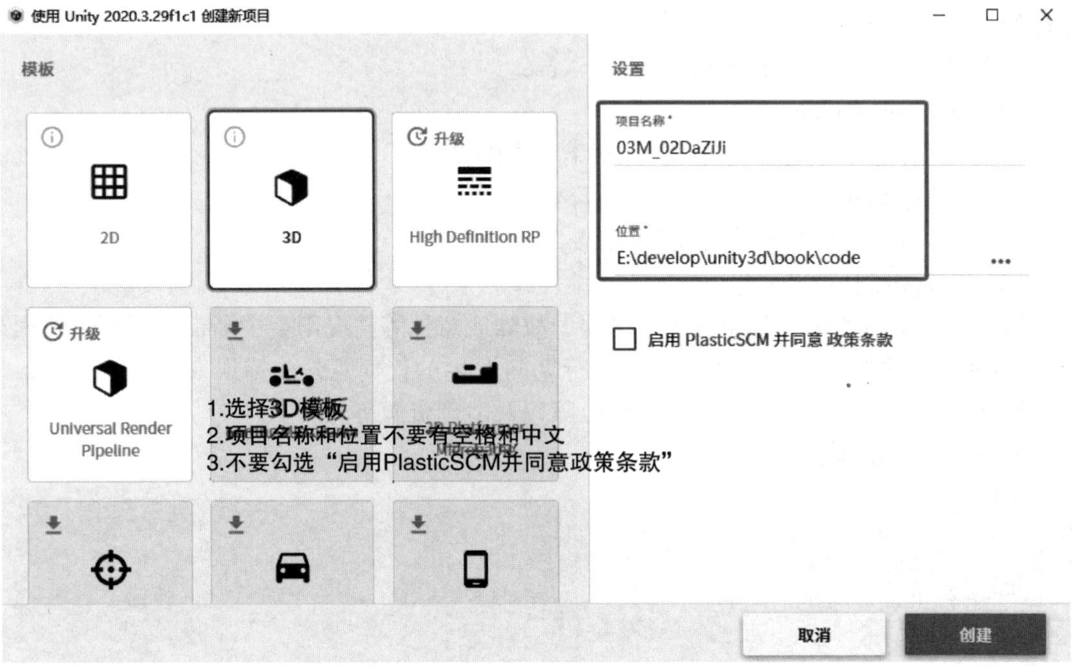

图 3－13　创建项目

步骤 2：在场景中创建一个 Text 文本 UI，如图 3－14 所示，在 Hierarchy 窗口空白处右击，依次选择“Create”→“UI”→“Text”命令。

步骤 3：创建一个脚本组件。在 Project 窗口，右击 Assets 文件夹，依次选择“Create”→“Folder”命令，创建一个文件夹并重命名为 Script，用于存放项目所有的 C# 脚本文件；右击 Script 文件夹，依次选择“Create”→“C# Script”，创建一个 C# 脚本并重命名为 TypeWriter01（默认创建的 C# Script 名字为 NewBehaviourScript），效果如图 3－15 所示。

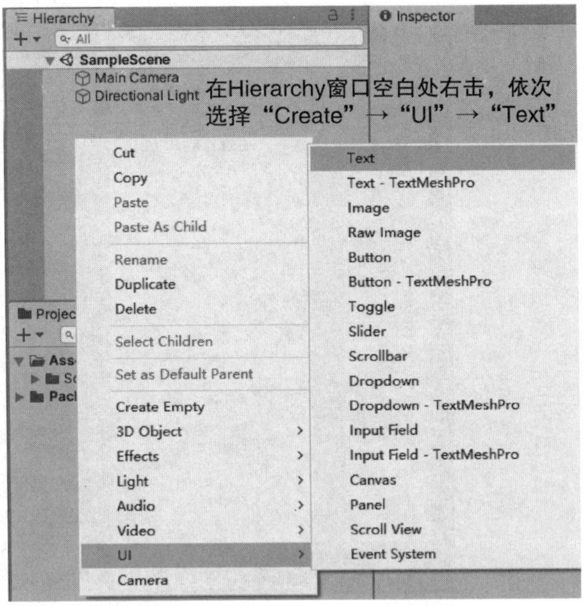

图 3-14　创建一个 Text 文本对象

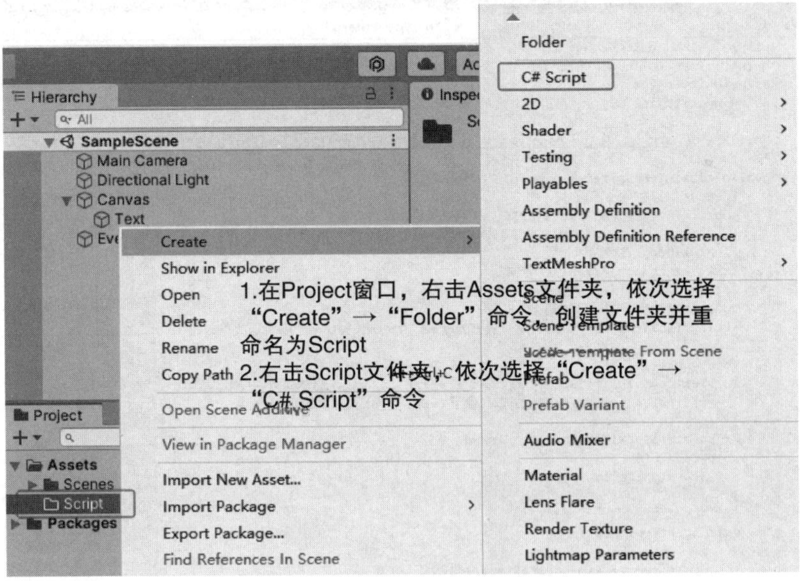

图 3-15　创建 C# 脚本

步骤 4：设置外部工具，使其关联 Visual Studio Community 2017 或 Visual Studio Community 2019，如图 3-16 所示。Visual Studio 是微软公司推出的一款适用于 C# 开发的集成环境工具。

步骤 5：编写 TypeWriter01 脚本。双击刚创建的脚本组件 TypeWriter01，则会调用 Visual Studio Community 2017 软件去打开文件 TypeWriter01，编写脚本 TypeWriter01 的内容，如图 3-17 所示。

注意：脚本文件名 TypeWriter01.cs 跟类名字 TypeWriter01 务必保持一致。

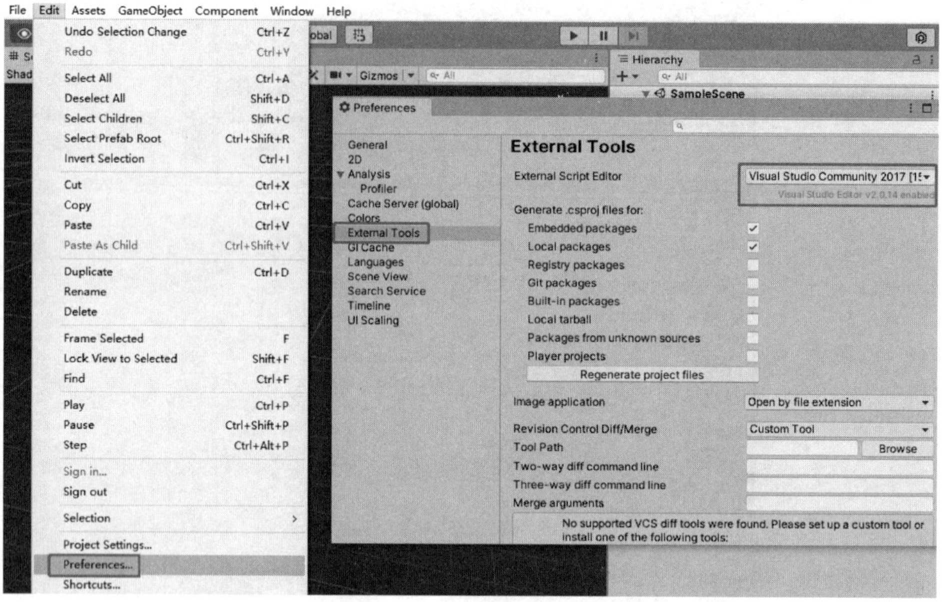

图 3-16 关联 Unity 编辑器和 C# 开发工具 Visual Studio Community

TypeWriter01.cs

```
using System.Collections;
using System.Collections.Generic;
using UnityEngine;
using UnityEngine.UI;
/*
Unity打字机: https://blog.csdn.net/weixin_45375968/article/details/125521058
*/
public class TypeWriter01 : MonoBehaviour {
    [Header("打字间隔时间")]
    public float speedTime = 0.1f;//打字间隔时间

    float timer;//计时器时间
    Text TextCompnt;//Text文字组件
    int wordNumber;//文字数量
    bool isStart;//是否开始打字
    string fullText = "床前看月光，疑是地上霜。\n 举头望山月，低头思故乡。";

    void Awake() {
        TextCompnt = this.GetComponent<Text>();//从当前物体获取到Text组件
        isStart = true;//bool值的默认值是false  所以这里要重置为true
    }
    // Update is called once per frame
    void Update() {
        StartTyping();
    }
    //思考：如何用协程来实现?
    void StartTyping() {
        if (isStart) {
            timer += Time.deltaTime;//简单的计时器
            if (timer >= speedTime)//如果计时器时间>打字间隔时间
            {
                timer = 0;//重置
                wordNumber++;//文字数量+1

                //Substring(): 子字符串从指定的字符位置开始且具有指定的长度。
                TextCompnt.text = fullText.Substring((0), wordNumber);//数字数量的起始字符位置（从零开始）
                if (wordNumber >= fullText.Length)//数字数量=文字的长度
                {
                    isStart = false;//停止打字
                }
            }
        }
    }
}
```

图 3-17 脚本 TypeWriter01 的代码

步骤6：调整 Canvas 的显示视角。画布 Canvas 是一个平面，在 Scene 窗口中调整为 2D 显示，如图 3－18 所示；同时，调整 Text 在 Canvas 上的显示位置，如图 3－19 所示。

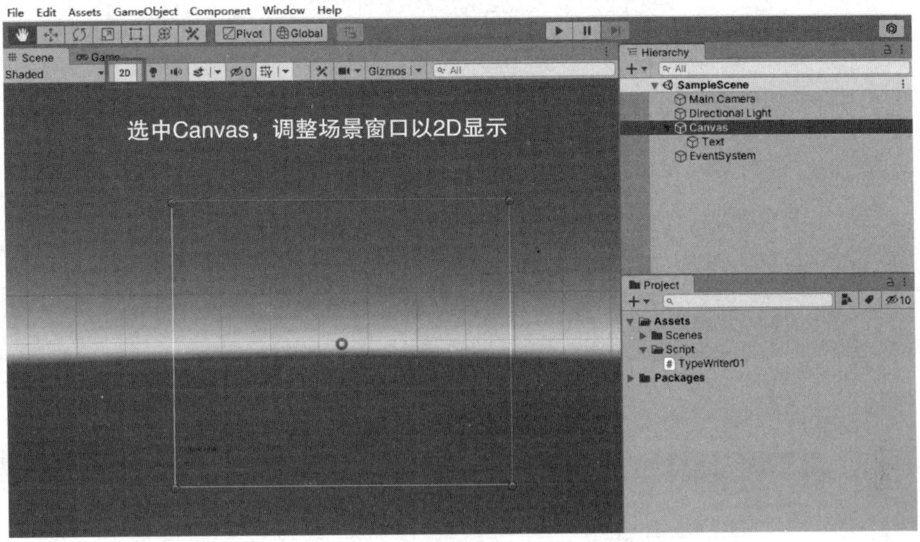

图 3－18　调整场景以 2D 模式显示

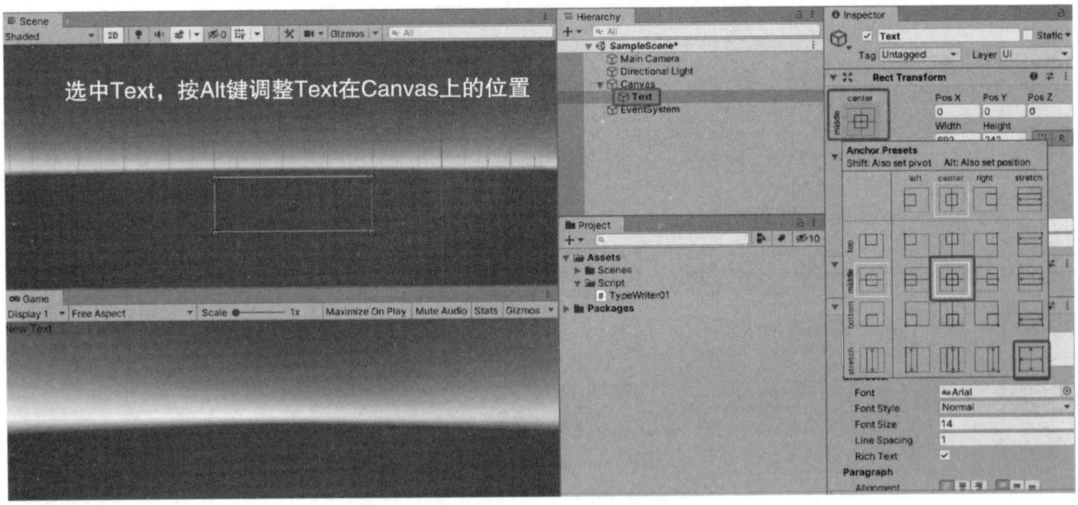

图 3－19　调整 Text 组件居中显示

步骤7：运行场景并查看结果。按下 Ctrl+S 组合键保存当前场景，如图 3－20 所示，单击工具栏中的“运行”按钮后，Game 窗口被激活。

在 Game 窗口（场景运行状态）下，单击工具栏上的“运行”按钮即可结束播放，回到 Scene 窗口。

注意：Game 窗口只能查看运行结果而无法编辑，做的任何修改不会生效。

步骤8：利用数组实现打字机效果。在 Project 窗口 Script 文件夹下新建一个 C# 脚本，并重命名为 TypeWriter02，双击该脚本，则会调用开发工具 Visual Studio Community 2017 打开文件，编写脚本 TypeWriter02 的内容，完整代码如图 3－21 所示。

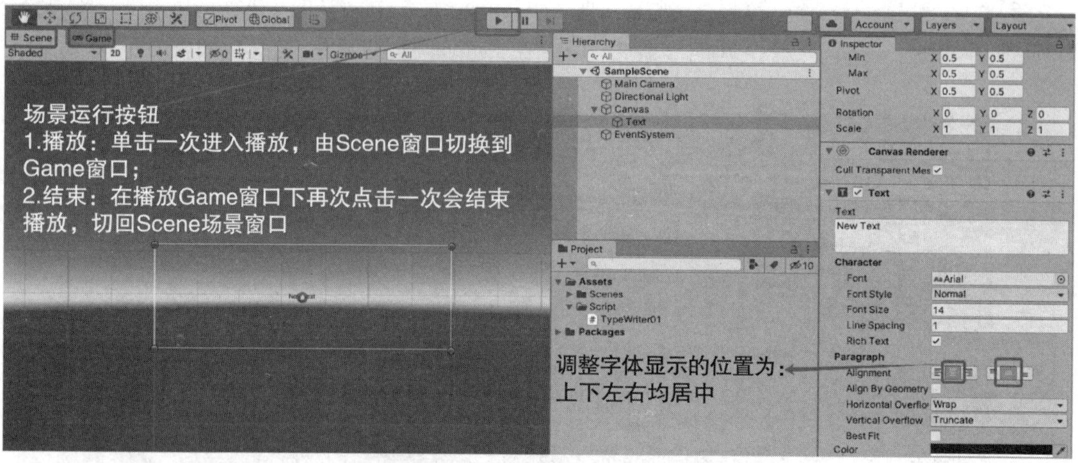

图 3-20　播放运行项目

```
TypeWriter02.cs  TypeWriter01.cs
Assembly-CSharp    TypeWriter02    TypeText()

using System.Collections;
using System.Collections.Generic;
using UnityEngine;
using UnityEngine.UI;

public class TypeWriter02 : MonoBehaviour
{
    [Header("打字间隔时间,数值越小,延迟越少")]
    public float delay = 0.1f;
    string currentText; //当前文本内容
    string[] week = new string[7] { "Monday", "Tuesday", "Wednesday", "Thursday", "Friday", "Saturday", "Sunday" };

    void Start() {
        StartCoroutine(TypeText());
    }
    IEnumerator TypeText() {
        //数组遍历、字符串拼接
        //for (int i = 0; i < week.Length; i++) {
        //    currentText = currentText + week[i] + "\t";//字符串拼接
        //    this.GetComponent<Text>().text = currentText;
        //    yield return new WaitForSeconds(delay);//每次延迟的时间 数值越小 延迟越少
        //}
        //动态数组:声明的时候既没有大小, 也没有类型,大小是动态的
        ArrayList m_AList = new ArrayList();
        for (int i = 0; i < week.Length; i++) {
            m_AList.Add(week[i]);//动态数组添加元素
            this.GetComponent<Text>().text = string.Join(",", m_AList.ToArray());
            yield return new WaitForSeconds(delay);//每次延迟的时间 数值越小 延迟越少
        }
    }
}
```

图 3-21　脚本 TypeWriter02 的代码

步骤 9：利用函数调用和协程实现打字机效果。在 Project 窗口 Script 文件夹下新建一个 C# 脚本，并重命名为 TypeWriter03，双击该脚本，则会调用开发工具 Visual Studio Community 2017 打开文件，编写脚本 TypeWriter03 的内容，完整代码如图 3-22 所示。

步骤 10：将脚本 TypeWriter01、TypeWriter02 和 TypeWriter03 挂载到 Text 组件上，分别运行并查看效果，如图 3-23 所示。

```
TypeWriter03.cs    TypeWriter02.cs    TypeWriter01.cs
Assembly-CSharp    TypeWriter03

using System.Collections;
using System.Collections.Generic;
using UnityEngine;
using UnityEngine.UI;

public class TypeWriter03 : MonoBehaviour
{
    [Header("打字速度")]
    public float Speed = 15;
    Text text;//Text文字组件，默认是private属性
    string fullText = "床前看月光，疑是地上霜。\n 举头望山月，低头思故乡。";

    void Start() {
        text = this.GetComponent<Text>();
        Run(fullText, text);
    }
    public void Run(string textToType, Text textLabel) {
        //启动协程
        StartCoroutine(TypeText(textToType, textLabel));
    }
    IEnumerator TypeText(string textToType, Text textLabel) {
        float t = 0;//经过的时间
        int charIndex = 0;//字符串索引值
        while (charIndex < textToType.Length) {
            t += Time.deltaTime * Speed;//简单计时器赋值给t
            charIndex = Mathf.FloorToInt(t);//把t转为int类型赋值给charIndex
            charIndex = Mathf.Clamp(charIndex, 0, textToType.Length);
            textLabel.text = textToType.Substring(0, charIndex);

            yield return null;
        }
        textLabel.text = textToType;
    }
}
```

图 3-22 脚本 TypeWriter03 的代码

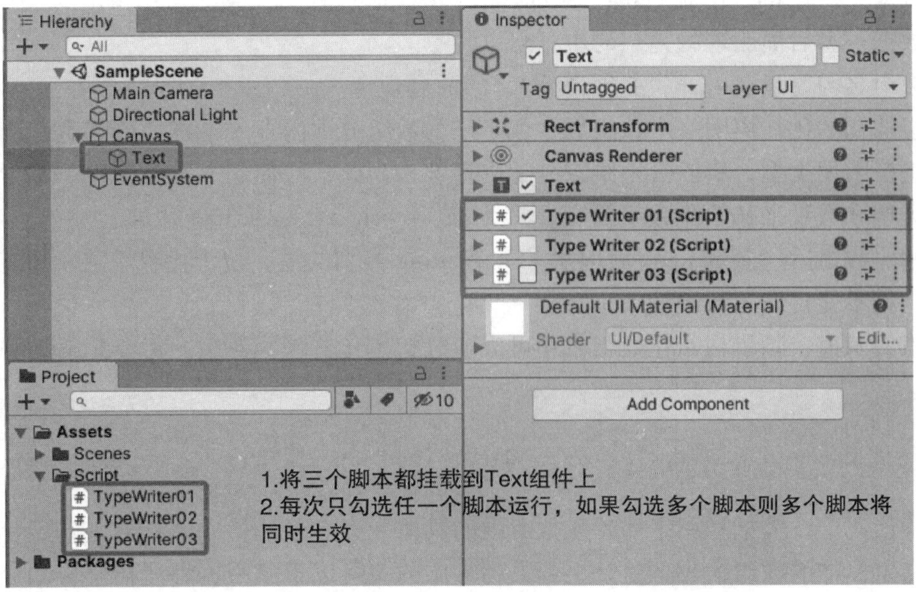

图 3-23 播放运行项目

相关知识

3.2.1 数组与集合

集合是一种存放多个数据的容器类型。常用的集合有四种：Array（数组）、ArrayList（动态数组）、List（列表）、Dictionary（字典）。

```
//数组
string[ ] m_Str = new string[5];
//动态数组
ArrayList m_AList = new ArrayList();
//列表
List<int> m_List = new List<int>();
//字典
Dictionary<int, string> m_Dt = newDictionary<int, string>();
```

1. 数组（Array）

数组是一组数，一组同类型的数，数组的容量大小在定义时就固定了，所以它适合定义已经确定的一类集合，比如一个班级有 50 个学生。

数组的声明：数组是一种数据结构，一个数组的内部集合具有连续性，索引从 0 开始，语法结构如下：

```
数据类型[ ] 数组名;
```

- 数据类型有 int、float、char、string 等，本书所列举的全部数据类型都可以使用；
- 数据类型后面跟着的是一对中括号“[ ]”；
- 数组名与变量名一样，必须遵循 C# 的命名规定。

数组的初始化：声明一个数组后，就必须为数组分配内存，这样才能保存数组中的元素。数组是引用类型，所以必须给它分配内存堆，为此，应使用 new 运算符，指定数组中元素的类型和数量来初始化数组的变量：string[ ]week = new string[7];

初始化数组后，变量 week 就引用了 7 个 string 类型的值，位于内存堆上。指定了数组大小后，就不能再设置数组的大小。

数组的赋值：除了初始化数组，还可以通过初始化器来为数组的每个元素赋值。

```
string[ ] week = new
string[7]{"Monday", "Tuesday", "Wednesday", "Thursday", "Friday", "Saturday", "Sunday"};
```

上述代码中，大括号用来初始化数组内的具体元素。当然使用大括号来初始化时，也可以不指定具体的数组大小，就是上面方括号中的 7 可以不填写，编译器会自动统计元素的个数：

```
string[ ] week = new
string[ ] { " Monday", " Tuesday", " Wednesday", " Thursday", " Friday", " Saturday", " Sun-
day"};
```

当然还有更简化的写法，不使用 new 关键字，直接使用花括号来初始化：

```
string[ ]
week = { " Monday", " Tuesday", " Wednesday", " Thursday", " Friday", " Saturday", " Sun-
day"};
```

数组的访问：数组声明并初始化后就能使用索引器来进行元素的访问。索引器总是从 0 开始，而且数组只支持整型参数的索引器。索引下标 0 表示第一个元素，即索引计数是从 0 开始，则索引数组的最后一个元素表示为数组长度减 1。引用数组中指定数据的格式为：

```
数组名[下标];
```

下标是从 0 开始的整数，当下标为 0 时，表示引用的是数组中的第 1 个数据；若为 3，表示引用的是数组中的第 4 个数据；其他数据的引用方式以此类推。比如：

```
string[ ]
week = { " Monday", " Tuesday", " Wednesday", " Thursday", " Friday", " Saturday", " Sun-
day"};
```

索引 week[0] 时，输出的值为 Monday。

索引 week[6] 时，输出的值为 Sunday。

使用数组的 Length 属性可以获取数组的长度（元素个数）：

```
Debug. Log( week[ week. Length-1]);
```

输出的值为 Sunday。

按照维度划分，数组分为一维数组和二维数组，以上讲的都是一维数组，关于二维数组的使用，读者可自行查阅。

2. 列表 (List)

列表（List）的作用跟数组很相似，同样可以存储多个相同类型的数据，但数组容量大小是固定的，而列表可以自动扩容。列表不仅可以自动扩容，还可以在任意位置进行插入或者在任意位置移除列表的元素。

List 声明：List 也是一种数据结构，与数组一样，内部集合具有连续性，索引从 0 开始。语法结构如下：

```
List<T> mList = new List<T>();
```

其中<T>表示一个泛型集合，T 为列表元素类型，可以是基本的数据类型，如 int、string，也可以是用户自定义类型。这里以 string 类型为例：

```
List<string> nameList = new List<string>();
```

List 赋值：List 可以通过数组的转换来完成一组元素的赋值：

```
string[] names= { "Mark", "Tom", "Lily", "Jay", "Jim"};
List<string> nameList= new List<string>(names);
```

通过这种方式，可以快速地完成一组元素的赋值，此时 nameList 中存储的值与数组的 names 是一致的。

统计元素个数：使用 Count 属性，返回一个整型的数，可以统计 List 的元素个数。

```
Debug.log(nameList.Count);
```

元素的遍历：使用 for 循环可以将元素进行遍历，遍历就是通过一个循环，将元素逐个过一遍，比如我们想打印出元素里的所有内容。

添加一个元素：List 通过 Add 方法可以添加一个元素。

```
nameList.Add("Tony");
```

此时 nameList 会在末尾追加一个新的元素 Tony，List 元素的情况为：

```
"Mark", "Tom", "Lily", "Jay", "Jim", "Tony"
```

删除一个元素：通过 Remove 方法，移除最后一个元素。

```
nameList.Remove();
```

此时 List 元素的情况又变为：

```
"Mark", "Tom", "Lily", "Jay", "Jim"
```

删除指定的元素：通过 RemoveAt(int index) 方法移除一个指定的元素，该方法指定需要在括号中输入想要删除的元素的位置（索引）。集合元素的位置锁定（第几个）都是通过其元素的下标（索引）进行确定的，那么我们要删除 Tom，就需要知道 Tom 的索引是多少，集合下标从 0 开始，那么 Mark 的索引是 0，以此类推，Tom 的索引则为 1。删除 Tom 的方法如下：

```
nameList.RemoveAt(1);
```

这时的 List 元素情况为："Mark"，"Lily"，"Jay"，"Jim"。

插入一个元素：通过 Insert(int index, obj item) 方法可以在指定位置插入一个元素。我们希望在 Jay 后面插入一个 Cate：

```
nameList.Insert(2, "Cate");
```

因为 Jay 的索引为 2，插入的元素的类型需要跟定义的 List<T>中的 T 的类型保持一致。List 元素情况："Mark"，"Tom"，"Lily"，"Jay"，"Cate"，"Jim"。

清空元素：使用 Clear 方法，清除所有元素：

```
nameList.Clear();
```

元素排序：使用 Sort 方法，可以进行排序，按元素第一个字母升序。使用 Reverse 方法可以让元素顺序翻转。

元素包含检测：使用 Contains(obj item) 方法可以判断元素是否存在列表中。

```
nameList.Contains("Mark");
```

List 的访问：访问方式和规则与数组一致，这里不再赘述。

3.2.2 方法

方法通常也被叫做函数，这与数学中的函数不太一样。通常的，我们将一组具有相关联的处理逻辑进行封装，并为这个封装命名，这样在需要编写相同处理逻辑的地方我们只需调用那个封装名，便可以大大地减少重复的代码，并且在修改的时候也只需修改封装里的内容，非常方便维护和更新。

比如：在游戏开发过程中需要实现一个爆炸的功能，爆炸功能包括：爆炸的声音、爆炸的烟雾和爆炸的威力三个模块。假如需要编写 50 行代码来实现这三个模块。而在一款游戏中可能会存在地雷爆炸、燃气灶爆炸、汽油车爆炸等多种爆炸场景。如果将这 50 行代码封装成一个可以实现爆炸的函数（方法），在所有用到爆炸场景时只需要调用爆炸这个函数就可以了，否则每次都需要重复编写实现爆炸的 50 行代码。

在 C# 中，方法是指用特定语法结构定义的一段程序代码，这样的一段代码往往具备某种关联以实现特定的功能。方法可以传入数据，也可以返回结果。当一个方法被定义之后，可以在程序中需要使用其功能的位置，通过方法名称来调用执行方法中的代码并获得执行后的结果。

用特定语法结构编写方法的代码称为“方法的定义”，传入方法的数据称为“参数”，从方法中返回的结果称为“返回值”，在程序中通过方法名执行方法中的代码称为“方法的调用”。本节将围绕方法的定义、方法的参数、方法的返回值和方法调用进行描述。

1. 方法的定义

方法必须在类中声明。在 C# 中，定义方法的语法如下：

```
访问修饰符   修饰符   返回值类型   方法名(参数列表)
{
语句或语句块;
}
```

说明：

（1）可选的访问修饰符：所有类成员访问修饰符都可以使用，如果省略访问修饰符，默认是 private。

（2）可选的修饰符：在定义方法时修饰符包括 virtual（虚拟的）、abstract（抽象的）、override（重写的）、static（静态的）、sealed（密封的）。override 是在类之间继承时使用的。

（3）返回值类型：用于在调用方法后得到返回结果，返回值可以是任意的数据类型，如果指定了返回值类型，必须使用 return 关键字返回一个与之类型匹配的值。如果没有指定返回值类型，必须使用 void 关键字表示没有返回值。

（4）方法名：对方法所实现功能的描述，方法名的命名是由用户自定义的，但必须遵循 C# 的命名规范。

（5）参数列表：在方法中允许有 0 到多个参数，如果没有指定参数，也要保留参数列表的小括号。参数的定义形式是“数据类型参数名”，如果使用多个参数，多个参数之间需要用逗号隔开。

请看图 3－24 所示的 Start 函数和 Update 函数的结构。

```
public class Ex3_8 : MonoBehaviour
{
    // Start is called before the first frame update
    void Start()
    {

    }

    // Update is called once per frame
    void Update()
    {

    }
}
```

图 3－24　Start 函数和 Update 函数

Start 函数说明：

- 可选的访问修饰符省略，默认是 private；
- 可选的修饰符省略；
- void 表示此方法没有返回值，或返回值为空，虽然返回值为空但不能省略；
- Start() 是方法的名称；
- 方法名后面的参数小括号为空，说明参数为空。

Update 函数说明：前 5 项同 Start 函数。

2. 方法的参数

参数是传递给方法的数据。在方法名称后的括号内指定参数，可以根据需要添加任意数量的参数，只需用逗号分隔即可。在方法定义中，必须为每个参数提供名称和数据类型。

如果把函数比作一个加工厂，那么参数就相当于加工厂的原材料，返回值就相当于加工厂的产品，函数体就相当于加工厂的加工过程。在图 3-25 所示的代码中，有 AddTwoValues 和 AddThreeValues 两个方法，其中 AddTwoValues 带两个参数，AddThreeValues 带三个参数。AddTwoValues 方法带有两个 int 类型的参数，该方法还向调用者返回一个整数，使用 return 关键字从方法中返回一个值。在 Start 函数内调用 AddTwoValues 方法，将两个参数 12 和 13 传递给该方法，该方法将运算结果返回给 x 变量。

```
//函数
public class Ex3_8 : MonoBehaviour
{
    // Start is called before the first frame update
    void Start() {
        //12和13是函数的实参
        int x = AddTwoValues(12, 13); //在start函数内部调用AddTwoValues函数
        int y = AddThreeValues(12, 13, 14);//在start函数内部调用AddThreeValues函数
        Debug.Log("AddTwoValues的返回值是: " + x);
    }

    // Update is called once per frame
    void Update() {

    }

    //x和y是函数的形参
    public int AddTwoValues(int x, int y) {
        return x + y;
    }

    public int AddThreeValues(int x, int y, int z) {
        return x + y + z;
    }
```

图 3-25　函数参数

（1）实参和形参：方法中的参数分为实际参数和形式参数，实际参数被称为实参，是在调用方法时传递的参数，如上例中调用函数 AddTwoValues 时传入的 12 和 13；形式参数被称为形参，是在方法定义中所写的参数，如上例中定义函数 AddTwoValues 时的 x 和 y。

形参和实参的区别：

● 形参：全称是形式参数，是在定义函数名和函数体的时候使用的参数，其作用是接收调用该函数时传输的参数。

● 实参：全称是实际参数，是在调用时传递该函数的参数。

● 形参出现在函数定义中，在整个函数体内都可以使用，离开该函数则不能使用。

● 实参出现在主调函数中，进入被调函数后，实参变量也不能使用。

● 形参和实参的功能是传送数据。发生函数调用时，主调函数把实参的值传送给被调函数的形参，从而实现主调函数向被调函数的数据传送。

（2）传值参数：根据传递方式方法参数分为两类：传值参数和引用参数。传值参数根据参数的数据类型又分为值类型和引用类型。在 C# 中，字符串、数组和类都是引用类型，其他数据类型都是值类型。

传值参数的传值方式为值类型：值类型按值传递，调用函数传递到被调用函数的参数是该值类型实例的一个复制（即将实参复制一份传递给形参），因此在被调用函数内部修改形参的值不会影响到实参。

传值参数的传值方式为引用类型：C# 常用的引用类型包括数组、字符串和类。由于引用类型变量所对应的内存位置存储的并不是数据本身，而是指向数据所在内存位置的“地址”，因此当引用类型作为值参数时，虽然形参和实参不是同一个变量，但形参和实参的值是相同的，也就是说形参和实参所存储的内存地址指向相同的数据存储空间。因此，当一个方法的参数是引用类型时，如果在方法中修改了形参存储的内存地址所指向的数据内容，则会导致实参发生相应的变化；但是如果在方法中给形参赋值，则实参不会受到任何影响，因为赋值操作改变的是形参存储的内存地址，而且形参所存储的内存地址指向了其他位置，导致形参和实参不会再有任何关系。

（3）引用参数：引用参数是将实参本身直接传入方法体中的一种参数类型。此时在方法体中，形参是实参的别名。引用参数在方法的定义和调用时都要使用修饰符 ref，并且实参必须为变量。实参如果是值类型的变量，则必须被赋值；如果是引用型变量，则其值可以为 null。当方法的参数为引用参数时，在方法体内对形参进行任何导致其发生变化的操作，都会使实参发生同样的变化，因为此时形参和实参是同一个变量。

3. 方法的返回值

通常，我们希望通过函数调用使主调函数能得到一个确定的值，这个值就是函数的返回值。函数的返回值是通过函数中的 return 语句获得的。return 语句将被调函数中的一个确定的值带回到主调函数中，供主调函数使用。C# 方法的返回类型总结起来有如下 2 种：

（1）返回值类型：void。

在 C# 中，当方法的返回类型是 void 时，表示方法不返回任何具体值，也不需要使用 return 语句返回。C# 方法的返回类型是 void 的方法，一般用来显示信息或写日志，不需要返回给调用者任何结果。

（2）返回值类型：数据类型。

如果在调用函数时需要被调用函数在执行完成后返回数据，就需要指定返回值，使用 return 语句返回具体的值，这个值的类型必须与方法定义时指定的返回类型兼容或一致。

4. 方法的调用

封装方法的主要目的就是被其他方法使用，当在方法 A 中使用方法 B 时，方法 A 称为调用方法，方法 B 称为被调用方法。方法调用的语法结构如下：

```
函数名(实参列表)
```

当函数调用时，会将实参的数据赋值给形参。

任务 3.3 面向对象

任务描述

本任务共包括两个场景，其中场景 SampleScene 演示了 C# 面向对象的一些知识点和常用的函数，场景 Calculator 利用面向对象思想编写了一个简易计算器，如图 3-26 所示。

面向对象

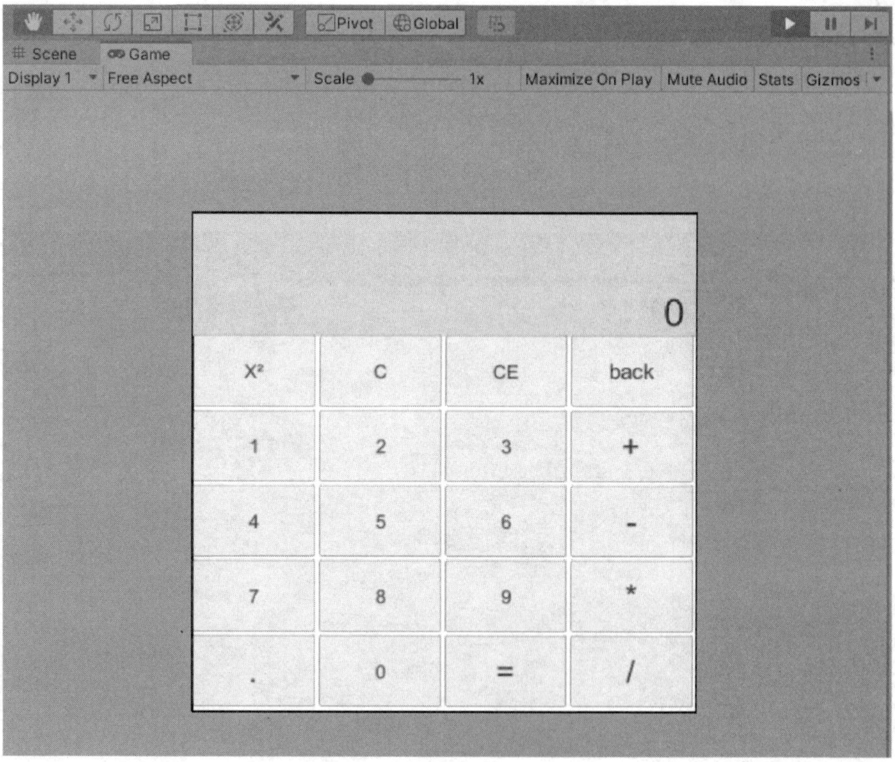

图 3-26 利用面向对象思想编写的一个简易计算器

任务实施

步骤 1：如图 3-27 所示，打开 Unity Hub，新建项目，并命名为“03M_03OO”。

步骤 2：导入资源包 03M_03OO. unitypackage，将项目所需的资源包 03M_03OO. unitypackage 拖到 Project 窗口，完成导入，如图 3-28 所示。

图 3－27　创建项目

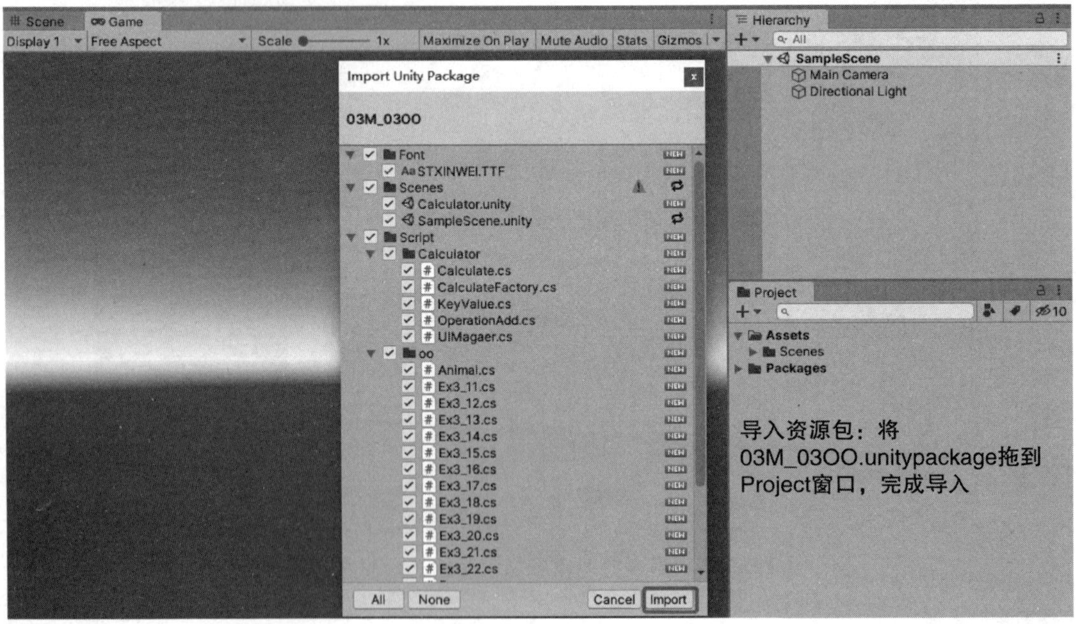

图 3－28　场景搭建

步骤 3：切换到 Calculator 场景，如图 3－29 所示，调整显示视角。

步骤 4：挂载脚本。将入口主脚本 UI Magaer 挂载到游戏对象 Calculator 的组件上，如图 3－30 所示。

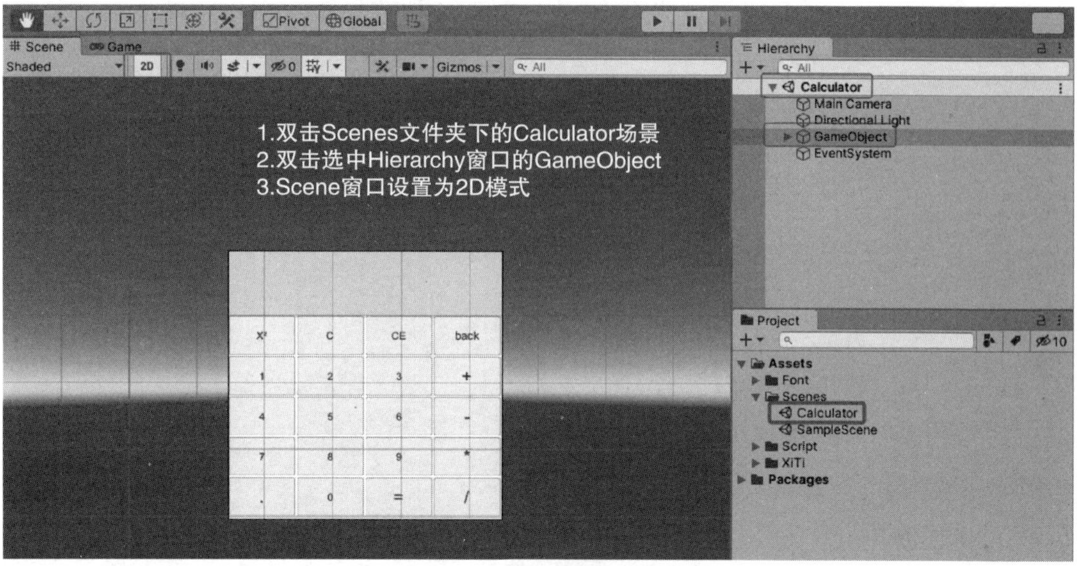

图 3-29　场景搭建

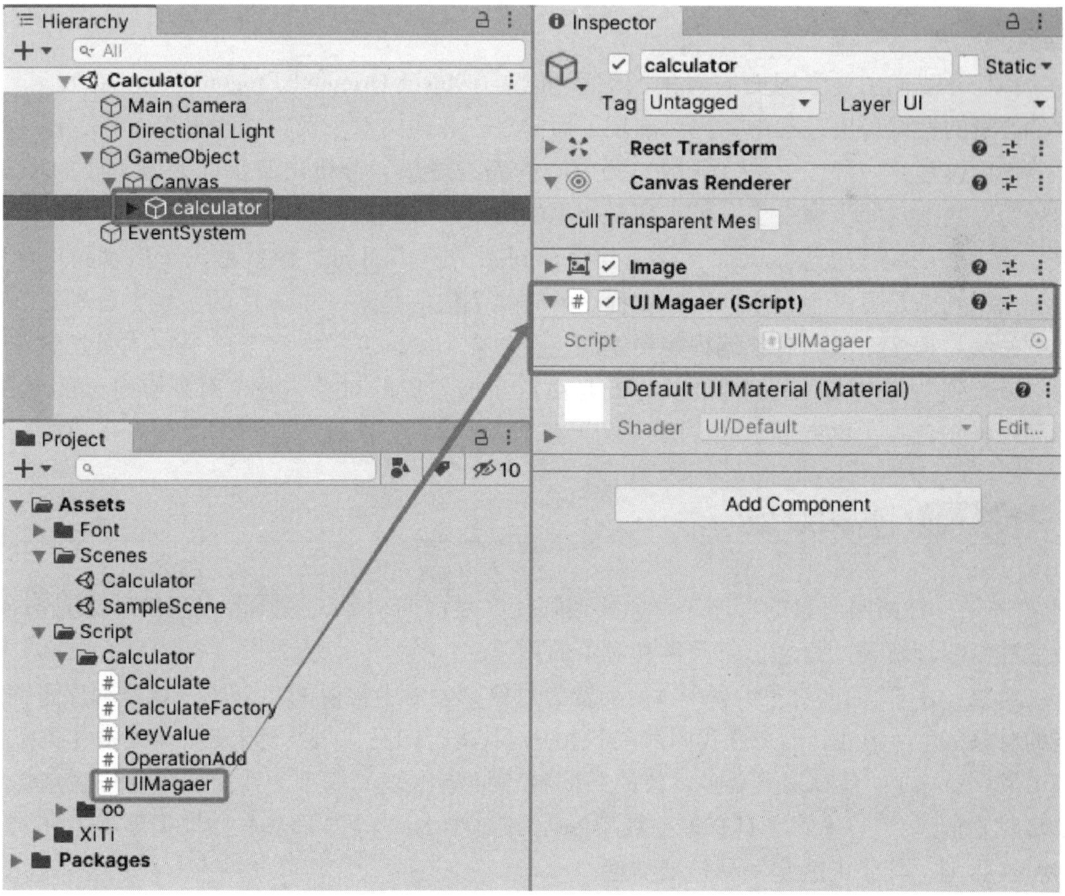

图 3-30　挂载主脚本

步骤 5：单击“运行按钮”，如图 3－31 所示，切换到 Game 窗口，显示一个简易计算器。

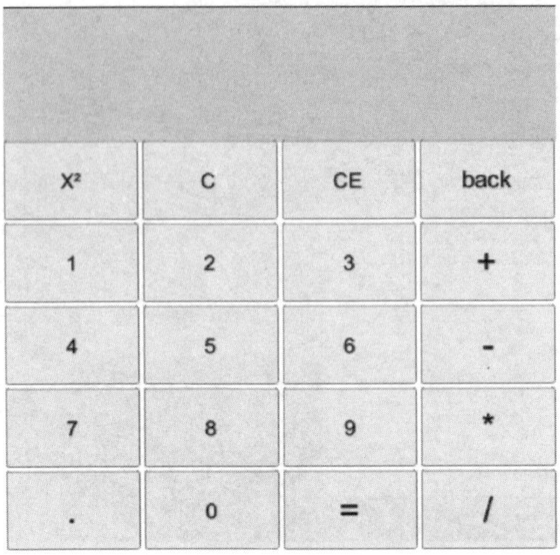

图 3－31　场景 TransformScene 运行效果

相关知识

本任务我们主要学习面向对象的编程思想（Object Oriented Programming，OOP）。在软件开发的发展历史过程中，先后出现了面向过程和面向对象两类编程思想。

面向过程是一种以方法（函数）为中心的编程思想，分析出解决问题所需要的步骤，然后用函数把这些步骤一步一步实现，使用的时候依次调用。面向对象是一种以事物（对象）为中心的编程思想。比如，以公共汽车到站为例。面向过程就是汽车启动是一个方法，汽车到站是另一个方法，在开发程序的时候关注的是某一个方法的实现，分别对启动和到站编写程序。面向对象编程需要建立一个对象（汽车），由汽车这个实体引发汽车启动、汽车到站等方法。我们需要关心的是由汽车抽象成的对象，这个对象有自己的属性，像品牌、颜色等；也有自己的方法，像启动、到站等，方法也就是汽车的行为（功能）。

3.3.1 类和对象

C# 是一种面向对象的程序语言，要理解什么是面向对象，则需要先理解什么是对象，然后进一步理解类的概念，以及类和对象的关系。

对象：在 C# 面向对象编程中，一切皆为对象，生活中常说的“东西”就是程序里面所指的对象；生活中遇到的东西我们都在下意识对其进行归类，归类意味着抽象模型（类）。

类（class）：是对某类众多对象的共同特点抽象出来的模型。在前面项目中讲解数据类型时我们讲到，C# 除了具有像整数型 int、布尔型 bool 等内置基本数据类型外，还有一些扩展类型，其中类就是一种扩展类型。

类与对象的关系：类是若干个对象的抽象，是生活中的类别；对象是类的实例化、具体化，是归属于某个类别的个体。对象是客观世界里具体存在的一个看得见、摸得着的真实存在的物体；而类是对象的抽象，在客观真实世界里并不存在。比如：一个班级里面有50位学生，有张三、李四、王五等，对于每一位学生都有学号、姓名、手机号、班级、性别、家庭住址等信息。在这个例子中，学生张三、李四、王五都是对象，他们具有一些共同的属性（例如学号、姓名和班级），因此可以从他们中抽象出一类事物叫学生，学生就是一个类。在生活中，学生并不特指某个人，而张三却是生活中真实存在的一个对象。除了学生类外，还有教师类、医生类、科学家类等。更进一步，可以从这些类中抽象出更高层次的人类。在C#语言的语法中，学生类是人类的子类，人类是学生类的父类。子类是可以继承父类的。

1. 类的定义

在C#中，使用class关键字定义一个新的类。类是一种数据类型，是一种复合、引用型的数据类型。使用关键字class创建类，后面跟着自定义的类名，最后是一对大括号，用来包含类的代码（字段和方法）。类的定义语法如下：

```
访问修饰符 class   类名
{
        类成员……
}
```

说明：

- 通常每个类都在一个独立的C#源文件中，一个C#源文件可以有多个类，但只能有一个public的类。
- 创建一个新的类意味着在当前项目中产生了一种新的数据类型。
- 类成员包含两种成员：字段（属性、变量）与方法（函数）。其中，字段就是一些变量，用来表征类具有哪些特征，而方法表征类具有哪些行为或功能。
- 类名首字母一般大写，须满足C#的命名规则。

2. 对象的定义

定义一个类时，实际上并没有定义任何的数据，但定义了一个数据类型的模板，通过该模板可以“造”出若干个对象。对象相当于根据类的描述生成的实体。比如，学生是一个类，学生张三就是一个对象，一个基于学生类构建的对象。

使用类来创建（定义）对象，创建出来的对象就是类的实例。创建的过程，其实可以理解为将类作为一个模版，然后使用这个模版来克隆类自身，克隆出来的类，就是一个实例，即一个对象。在C#中可以使用关键字new来表示创建一个新的对象。对象的定义语法如下：

```
类名  对象名;  //声明一个类的对象
类名  对象名 = new 类名();  //声明并初始化一个类的对象
```

以图3－32所示的Student类为例，定义一个学生对象：Student lisi = new Student()；

有了对象后就可以通过对象调用（对象上的）字段和方法，如图3－32第21到第28

行的代码所示，通过“对象名. +字段或方法”的形式来调用对象上的字符和方法。

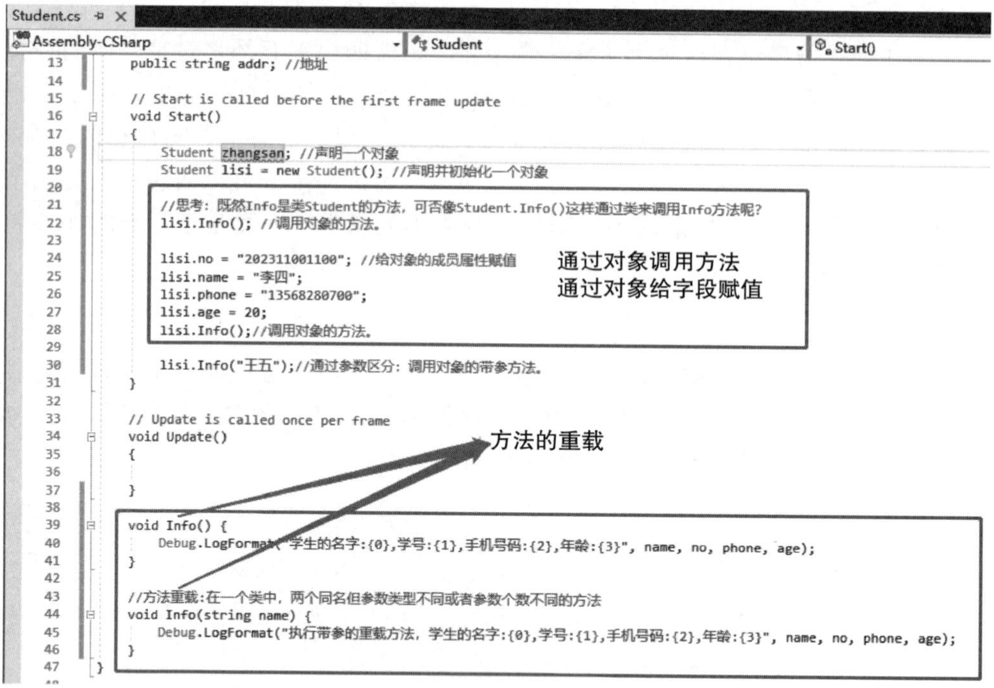

图 3-32　成员属性和成员方法的调用

在 C# 中，同一个类中是允许出现两个同名的方法的，如图 3-32 第 39 到第 46 行的代码所示。在一个类中，两个同名但参数类型不同或者参数个数不同的方法称为方法的重载。如图 3-32 第 28 和第 30 两行调用 Info() 方法的代码，当调用同名方法的时候，系统会根据参数的不同来调用相对应的方法。

类和对象的联系：在 C# 中，使用 new 关键字创建对象；对象是以类模板创建出来的；类与对象之间是一对多的关系；“对象”与“类的实例”这两个概念是等同的。

3. 构造函数

在 C# 的类中，至少有一个特殊的方法叫构造方法（构造函数）。当使用 new 关键字创建一个对象时，构造函数会被系统自动调用。类的构造函数与类名相同，没有返回值，也没有 void，构造函数也可以重载。凡是构造对象，都是通过先调用构造函数来进行实例化的。

关于构造函数的几个知识点：

- 构造函数没有返回值（void 也不需要）；
- 在一个类中，可以有多个构造函数，可根据其参数个数、参数顺序、参数类型的不同来区分它们，这称作构造函数的重载；
- 构造函数的命名必须和类名相同；
- 调用子类的构造函数时会先调用父类的无参构造函数；
- 通常使用构造函数对类中字段赋初值；
- 构造函数不能直接被调用，必须通过关键字 new 在创建对象时自动调用；
- 当一个类没有定义任何构造函数时，C# 编译器会自动为其生成一个默认的隐式无参构造函数；

如果一个类中定义了有参构造函数，实例化时就需要调用无参构造函数。这时，我们就必须定义一个显式无参构造函数，否则运行会报错。

3.3.2 协程

协程在 Unity 中是一个很重要的概念，从字面意义上理解就是协助程序的意思，在主任务执行的同时，需要一些并行的分支任务配合工作来达到最终的效果。试想一下，在执行主任务的过程中需要一个对资源消耗极大的操作的时候，如果在一帧中实现这样的操作，游戏就会变得十分卡顿，这个时候就可以通过协程，在一定帧内完成该工作的处理，同时不影响主任务的进行。比如：实现在一个场景中 Cube 逐渐变小的动画过程，利用协程可以在每一帧中都将 Cube 变小一点点，以此来实现变小的动画过程。

1. 概念

协程的定义：协同程序，在主线程运行的同时，开启另外一段逻辑处理，来协同当前主线程的执行。在 Unity 中，协程是一种编写异步代码的方法，其中包括等待一定时间或某些操作完成，同时允许其他代码继续执行。

开启协程的三种方式：

- StartCoroutine(string methodName)：没有参数的情况，直接通过方法名（字符串形式）来开启协程。
- StartCoroutine(IEnumerator routine)：通过协程方法形式调用。
- StartCoroutine(string methodName, object values)：带参数的协程调用函数通过方法名进行调用，多个参数使用逗号进行分隔。

终止协程的三种方式：

- StopCoroutine(string methodName)：通过方法名（字符串）。
- StopCoroutine(IEnumerator routine)：通过方法形式。
- StopCoroutine(Coroutine routine)：通过指定的协程。

如果使用 StartCoroutine(string methodName) 来开启一个协程，那么就只能使用 StopCoroutine(string methodName) 和 StopCoroutine(Coroutine routine) 来结束协程。也可以通过 StopAllCoroutine( ) 终止所有协程。

协程方法与普通方法的区别：

普通方法被调用时，原来执行的部分保留在现场，停止执行，然后去执行要调用的方法，并且被调用的方法执行完之后，才能返回到调用前的状态接着往下执行。协程方法的执行不用等协同方法执行完再执行调用原来方法的代码，而是两者异步并行执行。

yield 关键字：在 Unity 的协程方法中，程序遇到 yield 关键字时会被挂起，暂停执行，等待条件满足时从当前位置继续执行。

- yield return 0 or yield return null：程序在下一帧中从当前位置继续执行。
- yield return 1, 2, 3, …：程序等待 1，2，3,… 帧之后，从当前位置继续执行。

- yield return new WairForSeconds（时间）：等待规定时间后继续执行。
- yield return StartCoroutine()：等待一个协程执行完成后，从当前位置继续执行。

例 Ex3_19（项目素材：项目 3 Unity Package 资源包里）演示了协程及 yield 的基本用法。将上面的脚本挂载到场景中的 Cube 物体上（为避免其他脚本的影响，对其他脚本全部禁用），运行游戏场景，在 Console 窗口打印的日志如图 3－33 所示。

图 3－33　程序运行结果

从运行结果可以看出，协程虽然是在 Update 中开启，但是关于 yield return null 后面的代码会在下一帧运行，并且是在 Update 执行完之后才开始执行，但是会在 LateUpdate 之前执行。

2. 案例

本节通过几个案例来加深对协程的理解和运用。在 Unity 中，一般的方法都是按顺序执行且需要在一帧内执行完毕，当所写的方法需要耗费一定时间时，便会出现帧率下降、画面卡顿的现象。比如：实现一个物体逐渐变小的过程，分别用传统方法和协程方法来对比它们的使用差异。

（1）实现场景中的 Cube 对象逐渐变小。例 Ex3_20（项目素材：项目 3 Unity Package

资源包里）展示了一般函数 Small、Small2 和协程 IESmall 三者的区别。

（2）循环遍历模拟一个大数据量的列表。

如果一个复杂的函数对于一帧的性能需求很大，可以通过 yield return null 将步骤拆分，从而将性能压力分摊开来，最终获取一个流畅的过程。举一个例子，如果某一时刻需要使用 Update 读取一个列表，一般需要一个循环去遍历列表，这样每帧的代码执行量就比较大，就可以将这样的执行放置协程中处理。

项目小结

本项目总共包含三个主要任务，它们各自涵盖了不同的知识点，形成了一个完整的学习体系。

首先，我们学习了基础的编程知识，包括变量与常量的定义和使用、数据类型的理解和选择、访问修饰符的作用和使用、运算符的种类和用法、语句类型的分类和使用，以及异常机制的概念和处理方式。其次，我们进一步了解了循环控制语句，包括各种循环的使用和控制，以及数组和函数的定义和使用。最后，我们学习了编程中常用的数据结构和功能模块、数组与函数、类和对象的概念和使用、类的特殊函数的应用、面向对象的思想和实践，以及委托、协程和数据结构的理解和使用。

课后习题

一、选择题

1. 在 C# 中，用于声明一个只在方法内部可用的变量的关键字是（　　）。

A. public　　B. local　　C. protected　　D. private

2. 在 C# 中，哪种数据类型用于存储大量的字符文本？（　　）

A. int　　B. string　　C. boolean　　D. float

3. 在 C# 中，用于创建并初始化一个整数数组的正确语法是（　　）。

A. int[] array ={1, 2, 3};　　B. int array ={1, 2, 3};

C. int[] array =(1, 2, 3);　　D. array<int> ={1, 2, 3};

4. 以下哪个 C# 关键字用于捕获和处理异常？（　　）

A. finally　　B. error　　C. catch　　D. exception

5. 在 C# 中，表示条件判断的关键字是（　　）。

A. if　　B. check　　C. detect　　D. condition

6. 在 C# 中，常用于遍历数组的循环结构是（　　）。

A. while　　B. foreach　　C. repeat　　D. loop

7. 以下哪个 C# 关键字用于在同一方法中返回多个不同类型的值？（　　）

A. array　　B. string　　C. int　　D. tuple

8. 在 C# 中，用来声明只读变量的关键字是（　　）。

A. mutable　　B. variable　　C. readonly　　D. constant

9. 在 C# 中，用于退出当前循环的关键字是（　　）。

A. break　　B. exit　　C. stop　　D. return

10. 在 C# 中，用于定义可重复执行的代码块的关键字是（　　）。

A. method　　B. function　　C. routine　　D. program

二、简答题

1. 描述 C# 中 for 循环的用途及其遍历数组或集合的方法。
2. 描述 C# 中的数组，包括其定义、初始化和基本操作。

项目 4

地形系统

项目概述

在三维游戏世界中，通常会将丰富多彩的游戏元素融合在一起，比如游戏中起伏的地形、郁郁葱葱的树木、蔚蓝的天空、凶恶的猛兽等，营造出身临其境的游戏沉浸感，让玩家置身游戏世界，忘记现实。

地形作为游戏场景中必不可少的元素，作用非常重要。Unity 3D 有一套功能强大的地形编辑器，支持以笔刷方式精细地雕刻出山脉、峡谷、平原、盆地等地形，同时还包含材质纹理、动植物等功能。

通过地形编辑器可以让开发者实现游戏中任何复杂的游戏地形。本项目主要介绍地形编辑器，搭建山体地形，通过这些内容的学习使同学们能够运用 Unity 的地形系统，完成户外地形的创建及设计，同时也能够进行其他虚拟场景的搭建。

学习目标

知识目标

- 了解地形系统；
- 掌握地形编辑器的用法；
- 掌握添加天空盒、风、雾和第一人称漫游的方法。

技能目标

- 养成运用地形编辑器进行地形创建的能力；
- 养成在创建好的地形上设置天空盒、雾、风等效果的能力；
- 能够在创建好的地形上添加第一人称漫游。

素养目标

- 加强生态文明学习，全面提升环境保护素养。
- 严格遵守代码开发规范，提高代码书写质量。

任务 4.1　制作山体地形

任务描述

通过地形编辑器，开发者可以实现游戏中任何复杂的游戏地形。场景涉及人物、地形以及各类型的建筑模型。大多数人物模型和建筑模型都是在 3ds Max、Maya 等专业的三维模型制作软件中做出来的。虽然 Unity 3D 也提供了三维建模，但十分简单，不过在地形方面 Unity 3D 相当强大，图 4－1 就是基于 Unity 3D 开发的地形场景。

制作山体地形

图 4－1　山体地形最终运行效果

任务实施

步骤 1：打开 Unity Hub，新建项目，并命名为“04M_01Terrian”，如图 4－2 所示。

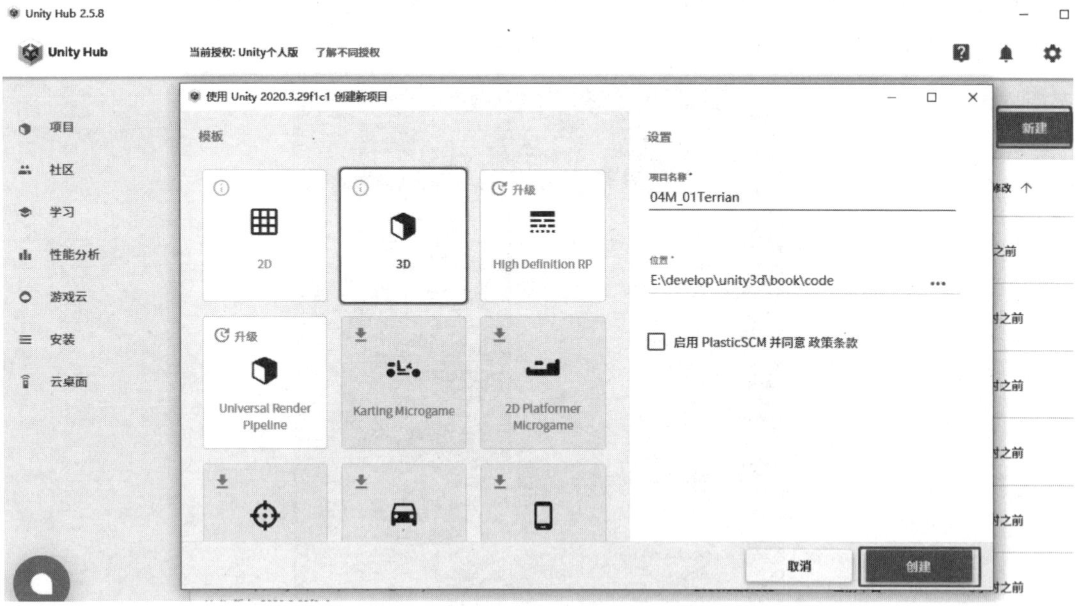

图 4－2　创建项目

步骤 2：导入本任务需要的资源包 Standard_Assets. unitypackage，资源包里包含第一人称、水资源、山体纹理、草和树木图片、天空盒等。选中资源包直接拖到 Project 窗口，如图 4－3 所示，单击“Import”按钮，完成导入。

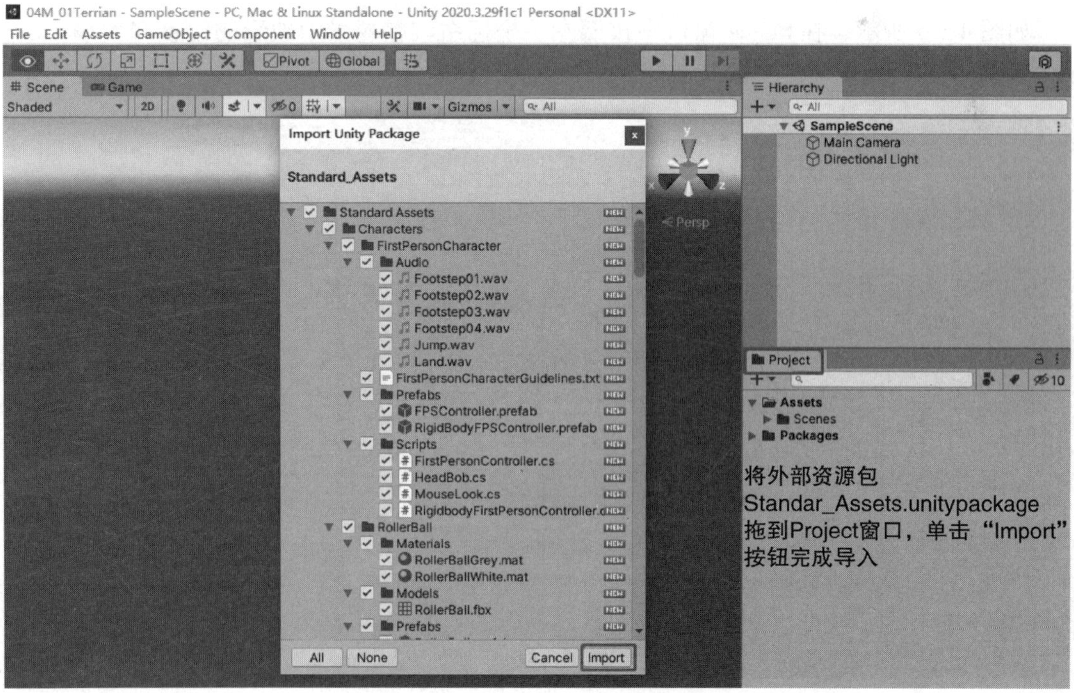

图 4－3　导入外部资源包

步骤 3：添加地形。在 Hierarchy 窗口空白处右击，依次选择“3D Object”→“Terrain”命令，就可以在场景中看到添加的地形了，如图 4-4 所示。

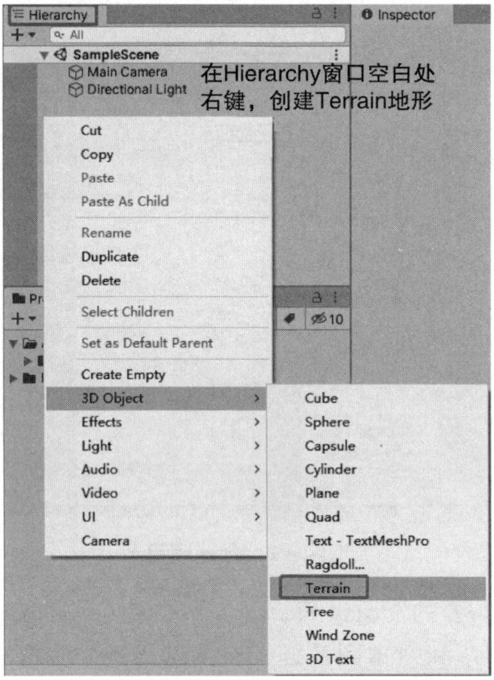

图 4-4　创建地形

如图 4-5 所示，在 Scene 窗口中按照左手坐标系调整场景中地形的位置和大小。

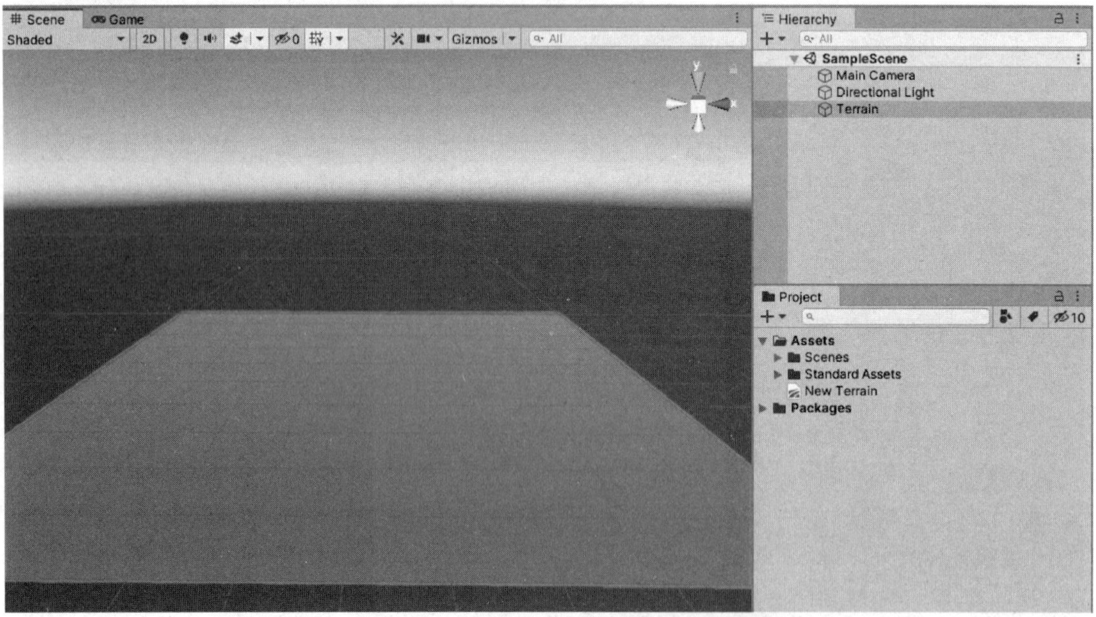

图 4-5　在 Scene 窗口中按照左手坐标系调整地形的位置和大小

步骤 4：设置地形基本参数。选择 Hierarchy 窗口的 Terrain 对象后，单击 Inspector 窗口中的 Terrain 组件工具栏中的 Terrain Settings 工具（地形设置），设置地形高度、长度、宽度、分辨率和高度图等参数，如图 4－6 所示。为保证操作的流畅性，建议新建的地形不宜过大，可调整长宽为 300＊300。

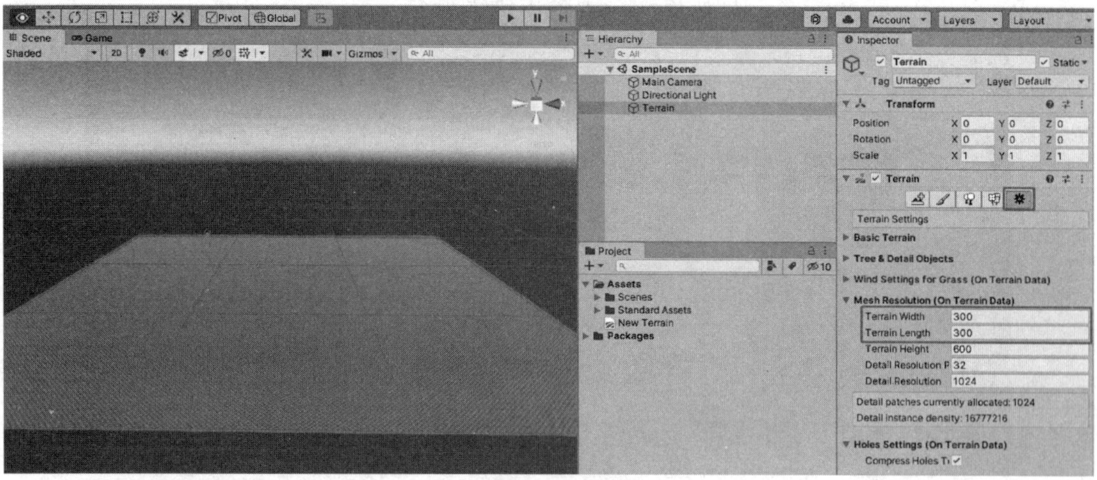

图 4－6 调整地形的长宽

在 Hierarchy 窗口中，选择 Terrain 对象，然后在 Inspector 面板中设置对应的属性，包含 Position（坐标）、Rotation（旋转量）、Scale（缩放尺寸），如图 4－7 所示。

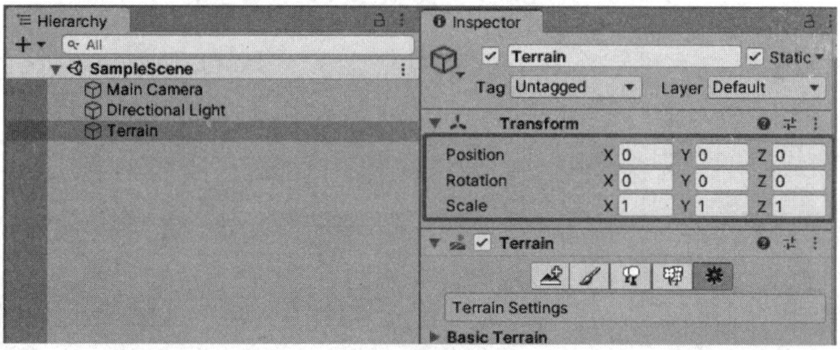

图 4－7 Terrain Transform 组件的属性设置

Unity 2020. X 系列版本的 Inspector 窗口的地形编辑工具栏如图 4－8 所示，共有 5 个图标，从左向右功能依次为：

（1）创建相邻地形块；

（2）雕刻和绘制地形；

（3）增添树木；

（4）增添草、花、石头之类细节；

（5）更改所选地形的通用设置。

图 4－8 Terrain 工具栏按钮

其中，在第二个按钮 Paint Terrain 的下拉选择框里面有六种不同的工具，如图 4－9 所示。

（1）Raise or Lower Terrain：升高或降低地形；

（2）Paint Holes：隐藏部分地形，用来形成空洞；

（3） Paint Texture：绘制表面纹理；
（4） Set Height：调整高度；
（5） Smooth Height：平滑高度贴图，用来柔化地形特征；
（6） Stamp Terrain：在当前高度贴图上标记画笔形状。

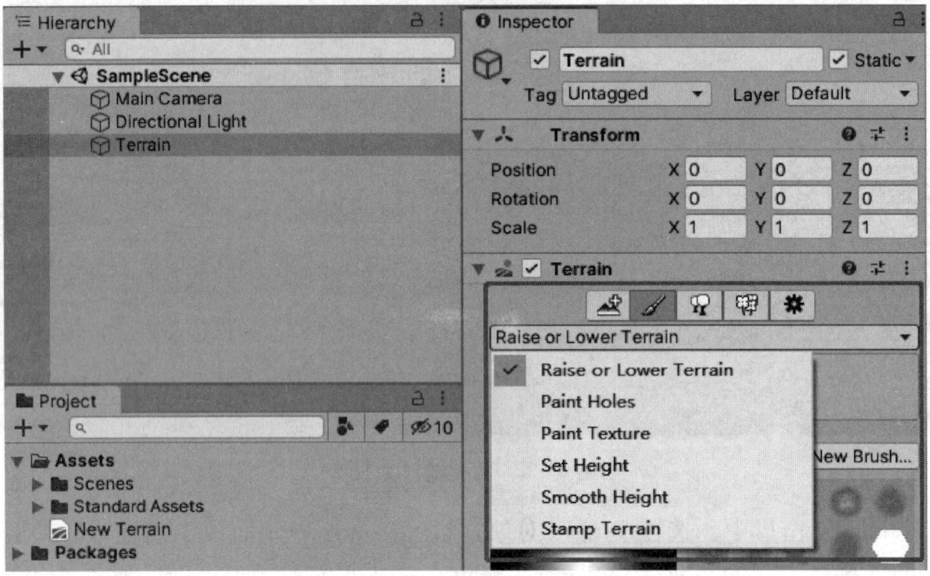

图 4-9　Unity 2020 版本地形设置工具

步骤 5：抬高地面。依次选择 Terrain 工具栏上的 “Paint Terrain” → “Set Height” 选项，设置 Height 值为 20，最后单击 “Flatten Tile” 按钮，如图 4-10 所示，这样把地面整体抬高 20 米，方便后期制作水池。

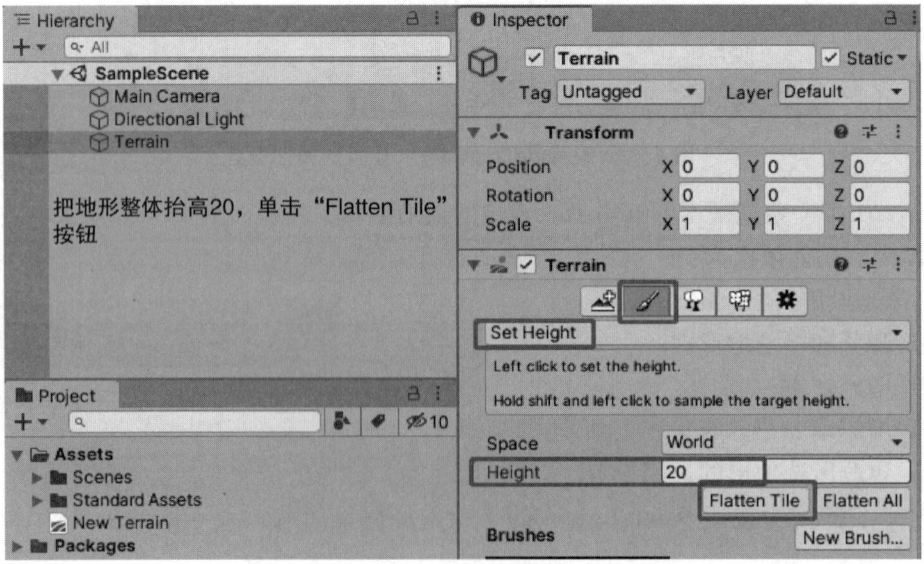

图 4-10　抬高地面 20 米

步骤 6：绘制山地。单击 Paint Terrain 工具栏上的 Raise or Lower Terrain 工具，在 Brushes 中设定笔刷，并在 Settings 中设置笔刷的大小等属性，然后在场景的地形上绘制山地，如图 4－11 和图 4－12 所示。

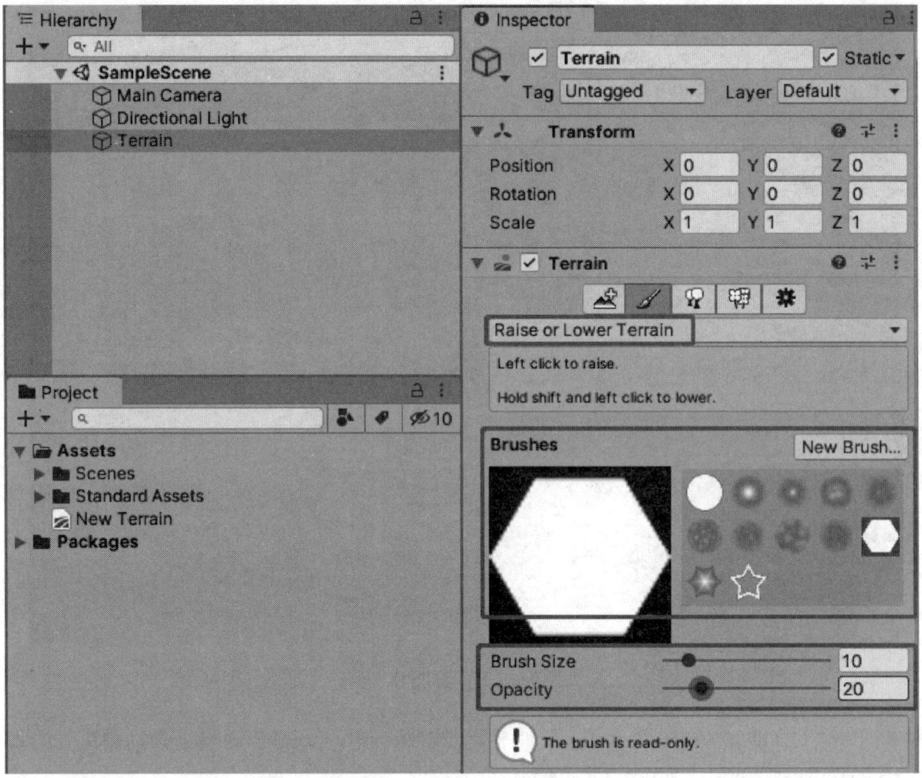

图 4－11　依次选择“Paint Terrain”→“Raise or Lower Terrain”选项

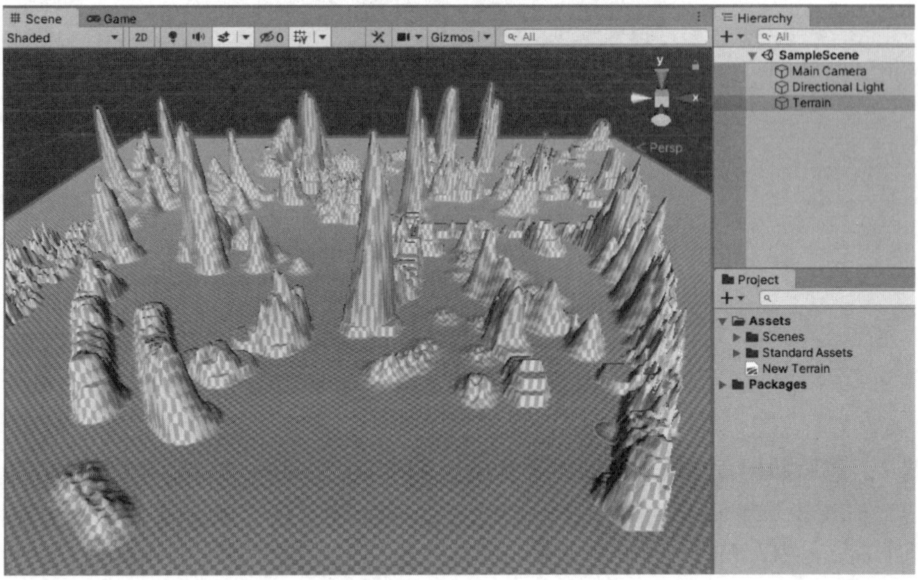

图 4－12　绘制山地效果

步骤 7：绘制水池。依次选择“Raise”→“Lower Terrain”工具，按住 Shift 键，在地形上绘制水池，如图 4－13 所示。

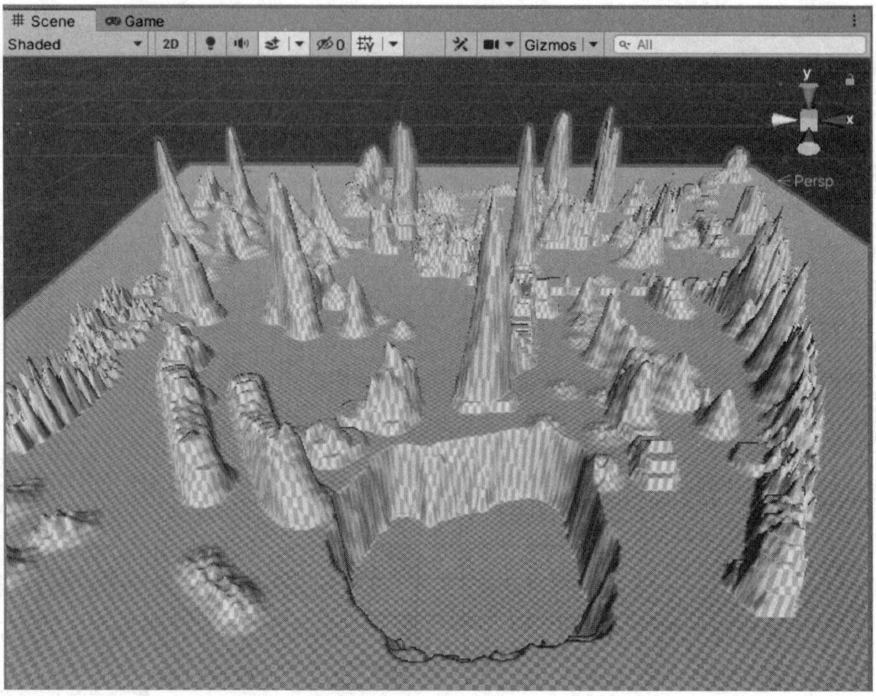

图 4－13　绘制水池

步骤 8：平滑山地。单击 Terrain 工具栏上的 Smooth Height 工具，然后单击绘制好的山地，实现山地的平滑过渡，如图 4－14 所示。

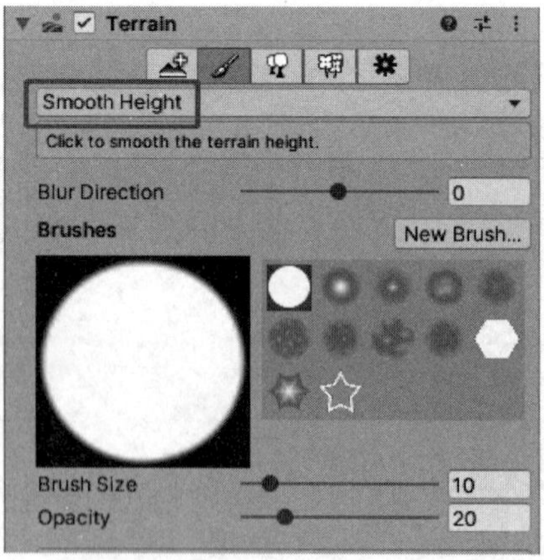

图 4－14　平滑山地

步骤 9：地形贴图。单击 Terrain 工具栏上的 Paint Texture 工具，给山地添加地形贴图，单击“Edit Terrain Layers”→“Create Layer”命令，并选择 Add Texture 选项，此时弹出 Select Texture2D 界面，将预先载入的纹理作为地形贴图纹理，双击待加入的材质，右侧的 Inspector 窗口中就会出现材质的缩略图，如图 4－15 和图 4－16 所示。

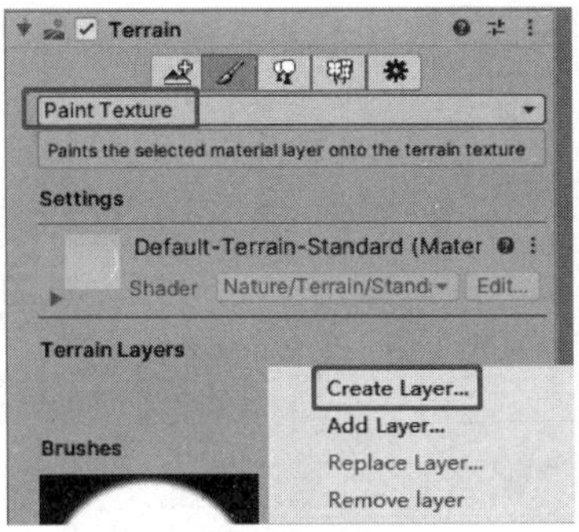

图 4-15　创建山地纹理

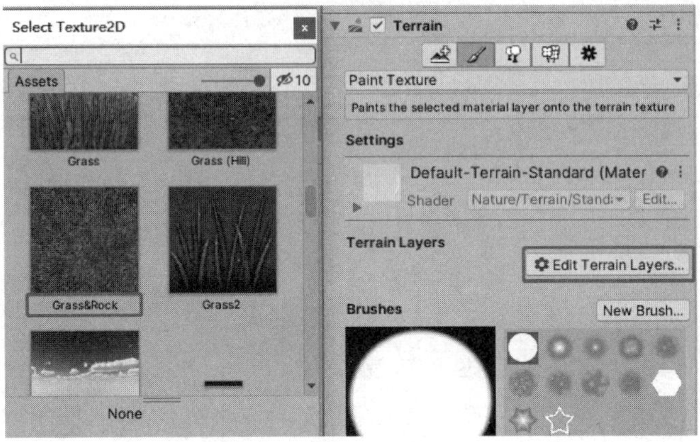

图 4-16　选择山地纹理

贴图后地形就会被纹理自动全部覆盖。也可以按同样方法再添加新的纹理，进行山峰的单独贴图，如图 4-17 所示。

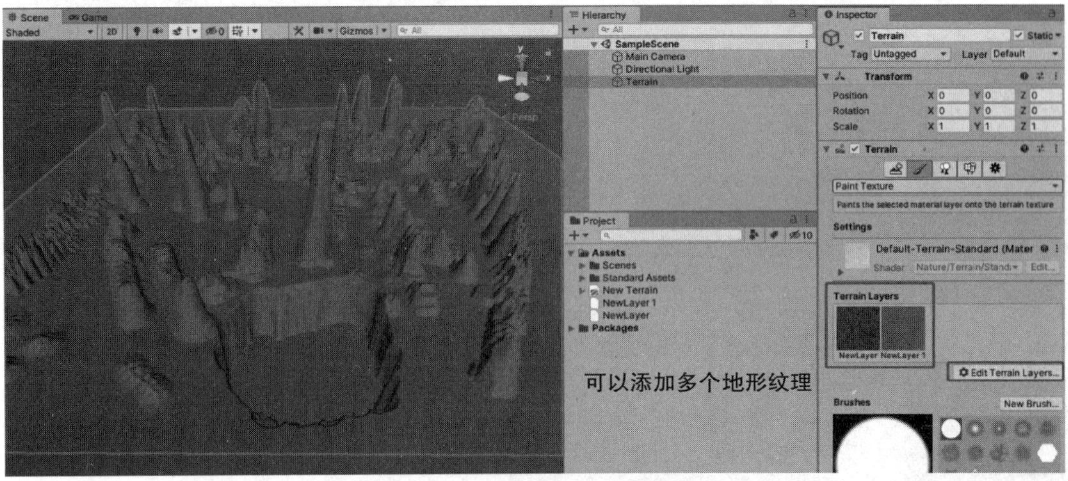

图 4-17　添加多个地形纹理

步骤 10：添加树木。在地形编辑器中单击“Paint Trees”按钮，依次选择“Edit Trees”→“Add Tree”命令，即可完成树木的添加，如图 4-18 和图 4-19 所示。

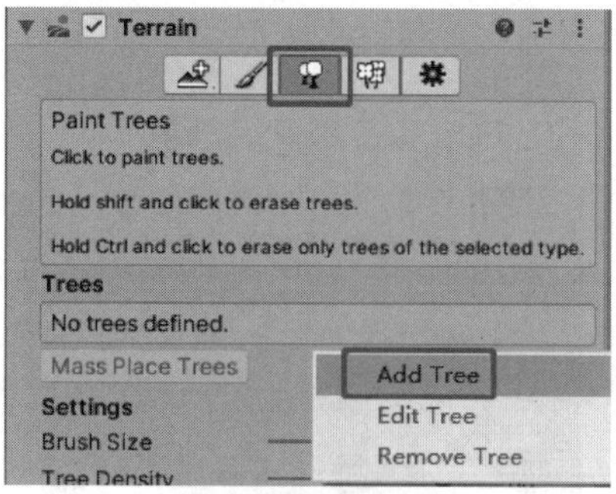

图 4-18　添加树木

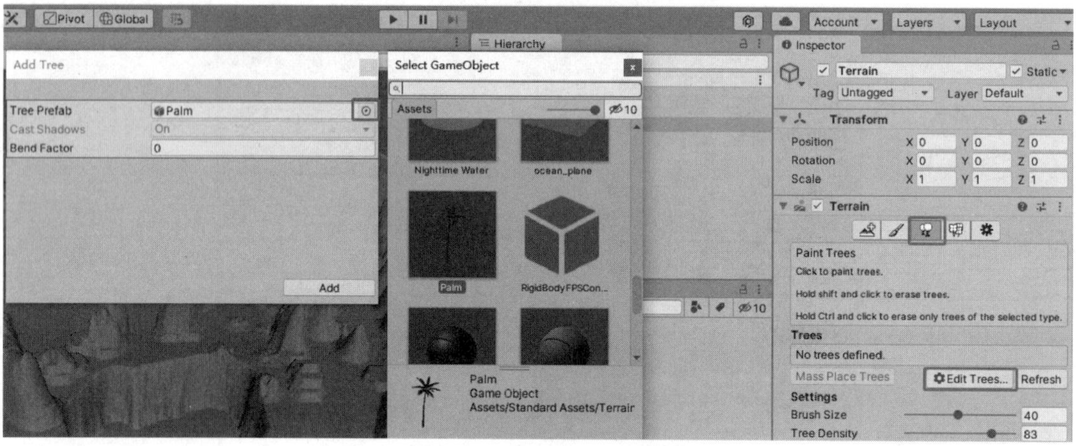

图 4-19　选择树木

添加树木后的效果如图 4-20 所示。

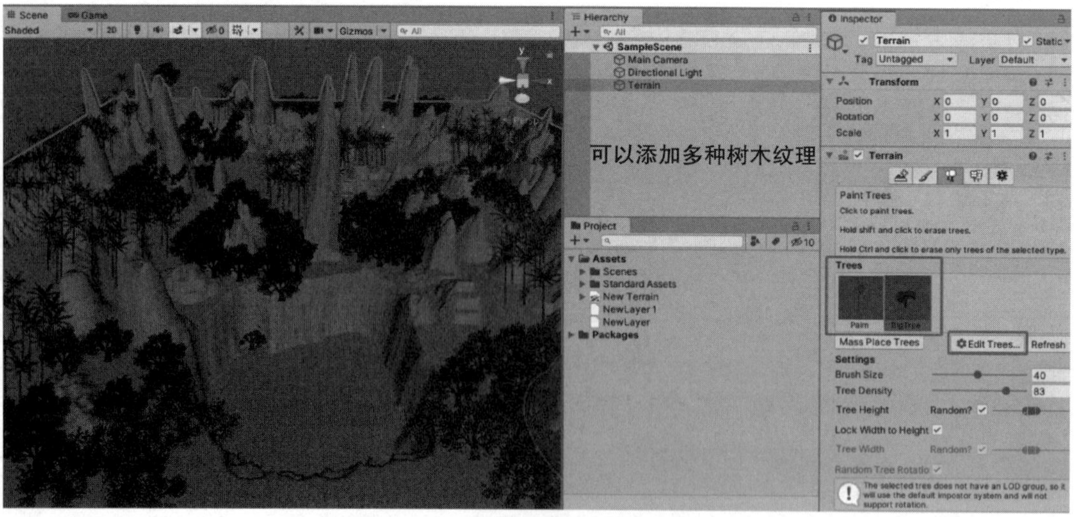

图 4-20　添加树木后的效果

步骤 11：添加草。草的添加方法与树木非常相似。首先在地形编辑器中选择“Paint Details”按钮，选择 Edit Detail 中的 Add Grass Texture 选项（添加草），就会弹出添加草的对话框，如图 4－21 和图 4－22 所示。

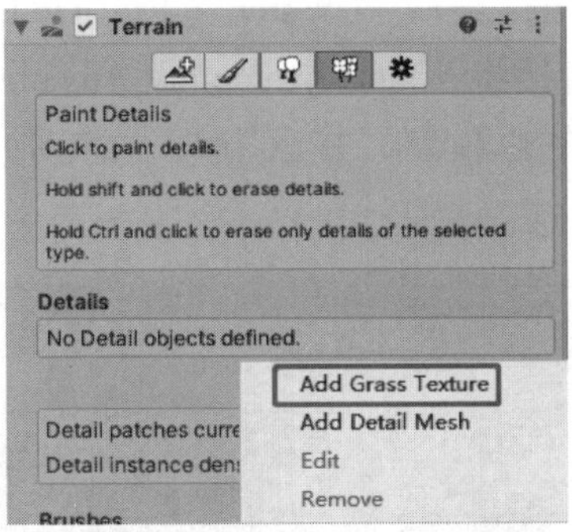

图 4－21　添加草

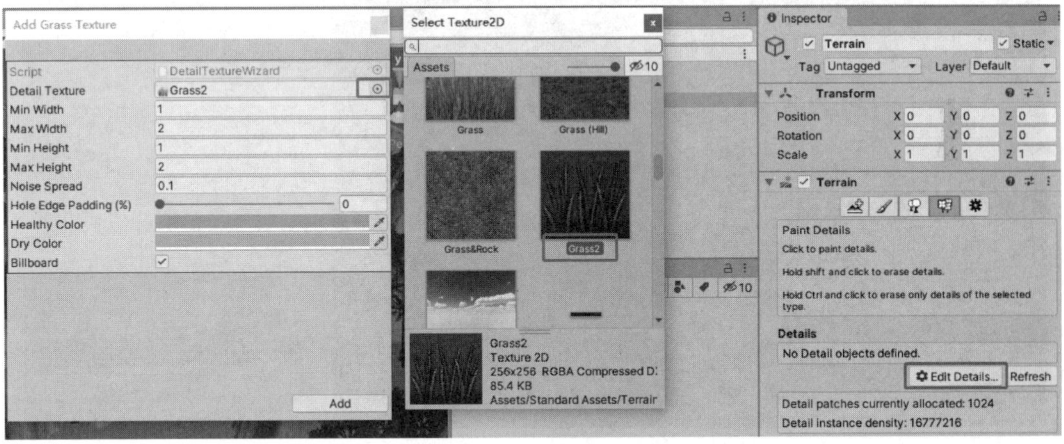

图 4－22　选择草

单击“Add”按钮之后，右侧 Inspector 面板中的 Details 就会出现 Grass 选项，在 Brushes 工具栏中选择合适的笔刷类型，在地形中就可以画出草地，如图 4－23 所示，草地绘制好后只能在近镜头下呈现（滑动鼠标中间滚轮拉近视角），远镜头下是不会呈现的。

图 4－23　滑动鼠标中间滚轮拉近视角

步骤 12：往水池里面添加水。在 Project 窗口下的文件夹里找到 Water 文件，具体路径为"Assets"→"Standard Assets"→"Water（Pro Only）"→"Water4"→"Water4Example（Advanced）"。直接将 Water4Example（Advanced）文件拖入 Scene 窗口的场景中，单击就可以找到场景中的水模型，并运用 W（移动）和 R（缩放）键在场景中正确地放置水，如图 4－24 所示。

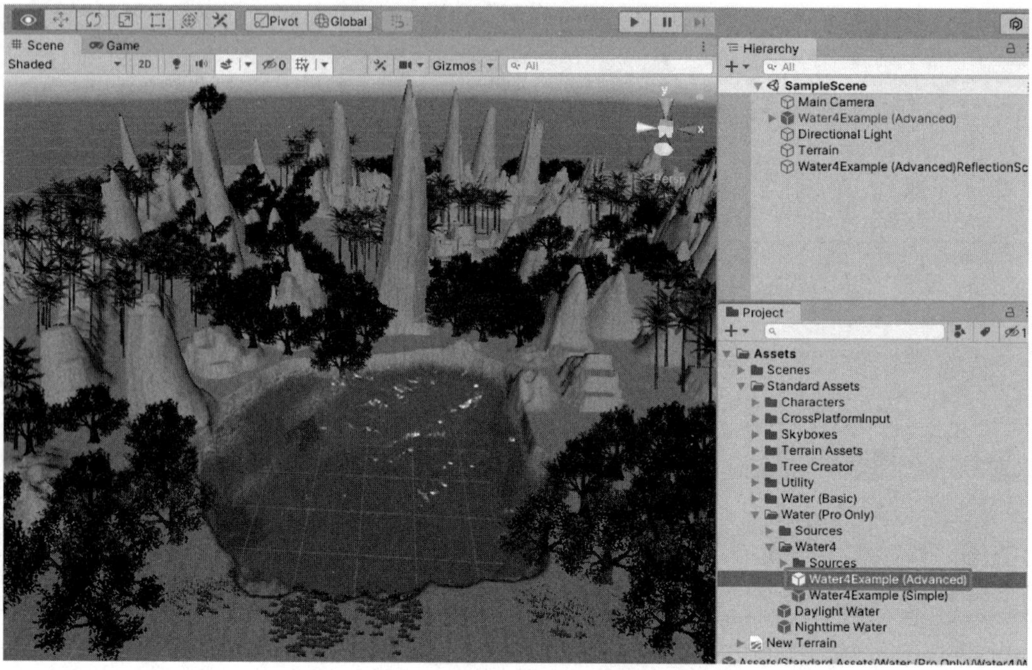

图 4－24　往水池里面添加水

步骤 13：添加风的效果。依次在主菜单中选择"GameObject"→"3D Object"→"Wind Zone"命令在地形中加入风域，如图 4－25 所示，把摄像机对准树，拉近镜头，可以在运行中看到风的效果。

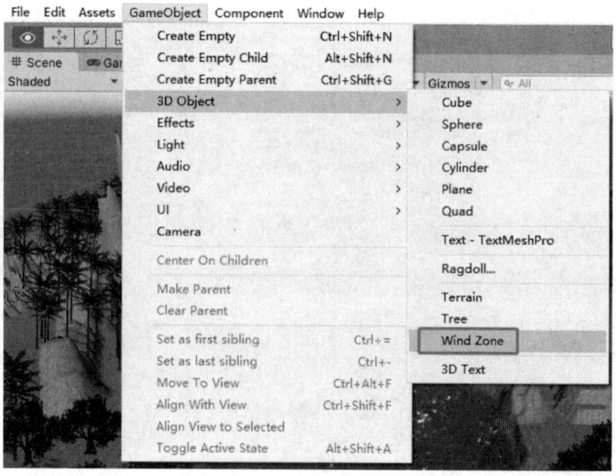

图 4－25　添加风

步骤 14：修改天空盒。依次在主菜单中选择"Window"→"Rendering"→"Lighting"→"Environment"命令修改天空盒的效果，如图 4－26 所示。在 Lighting 窗口的 Environment 选项中，通过修改 Skybox Material 可以修改默认的天空盒，如图 4－27 所示。

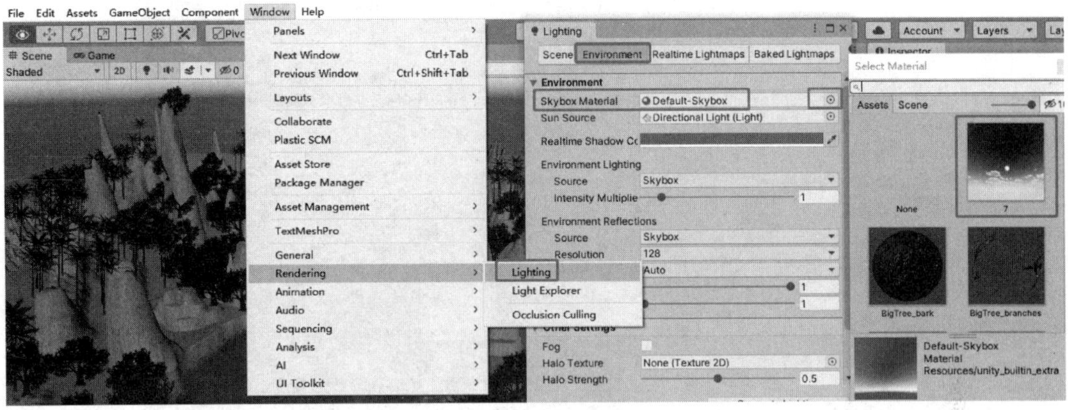

图 4－26 修改天空盒

图 4－27 修改天空盒后的效果

步骤 15：添加雾。同样，在 Lighting 对话框中可以添加场景中雾的效果，只需要勾选 Lighting 对话框中的 Fog 复选框就可以在场景中看到雾的效果，如图 4－28 所示。

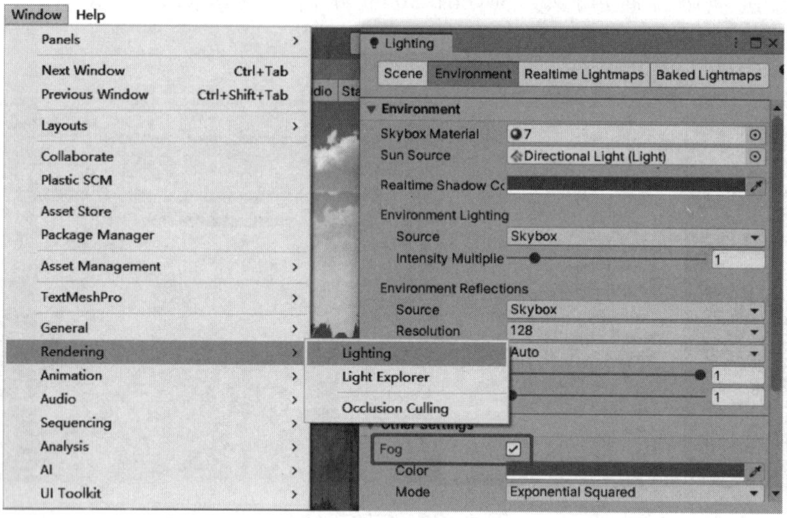

图 4－28　添加雾

步骤 16：添加第一人称漫游。到现在为止，游戏场景布置工作已经基本完成了，接下来需要设计并创建第一人称漫游。将 Project 窗口中路径为 "Assets" → "Standard Assets" → "Characters" → "FirstPersonCharacter" → "Prefabs" → "FPSController" 的对象拖到 Scene 窗口中地上的一个位置（FPSController 要高于地面），如图 4－29 所示。FPSController 自带摄像机，此时可以将场景中的主摄像机（Main Camera）删除或隐藏。

图 4－29　添加第一人称漫游

步骤 17：单击“Play”按钮测试效果。可以在平面上通过 W、A、S、D 键以及上、下、左、右方向键控制前进、后退、左右旋转，也可以通过旋转鼠标确定移动方向，按 Esc 键退出运行。

相关知识

Unity 自身包含一个 Terrain 地形系统，通过该地形系统可以实现地形的高低起伏，可以添加河流、植被并设计复杂的道路。图 4-30 就是基于 Unity 的地形系统开发的场景。

图 4-30　基于地形系统搭建的地形

Unity 2020. X 系列版本的 Inspector 窗口的地形编辑工具栏里共有 5 个图标，如图 4-31 所示。

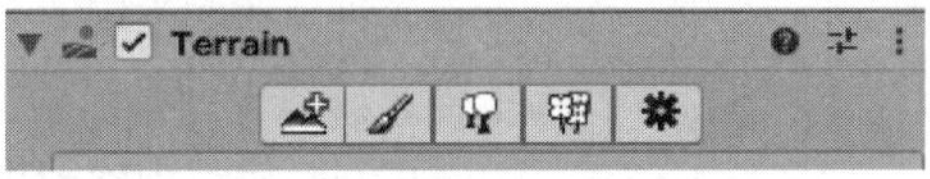

图 4-31　Terrain 工具栏按钮

这些图标的功能从左向右依次为：

（1）创建相邻地形块：用于快速创建自动连接的相邻地形，能够快速扩展地形的面积。

（2）雕刻和绘制地形（笔刷工具）：如图 4-32 所示，在第二个按钮绘制地图 Paint Terrain 的下拉选择框里有 6 种不同的工具。

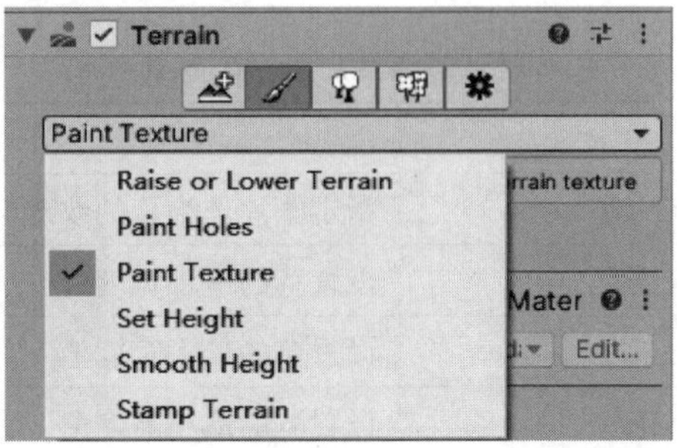

图 4-32　Unity 2020. X 系列版本地形设置工具

● Raise or Lower Terrain：使用画笔工具绘制高度贴图。升高或降低地形，单击则升高地形，按 Shift 键+单击则降低地形。

● Paint Holes：隐藏部分地形，用来形成山洞。

● Paint Texture：绘制表面纹理，在地形的表面上可以添加纹理图片，适合绘制不同的纹理区域以模拟不同的地面，如草地、沙漠和雪地。

● Set Height：将地形高度整体调整为特定值，在创建峡谷、湖泊、河床或岩层时特别有用。

● Smooth Height：修整地形的粗糙边缘，使地形线条柔和，使地形的崎岖边缘变得平滑。

● Stamp Terrain：无论使用哪种画笔绘制地形，最终地形的高度都会受到“Stamp Height”属性限制和影响，但同时会保留现有地形中较高的地貌特征。

（3）增添树木：用于往地形表面添加树木或森林，单击“Edit Trees”按钮并且选择 Add Tree 命令，将弹出一个窗口，从中选择一种树木资源。当一棵树被选中时，可以在地表上用绘制纹理的方式来绘制树木，按住 Shift 键可从区域中移除树木，按住 Ctrl 键则绘制或移除当前选中的树木。具体参数信息见表 4－1。

表 4－1 编辑树状态下的参数介绍

参数	含义	描述
Tree Density	树木密度	设置树的间距
Tree Height	树木高度	设置树的高度，勾选 Random 选项，可以出现树木高度在指定范围内随机变化的效果
Lock Width to Height	锁定树木的宽高比	锁定树木宽高比
Brush Size	笔刷尺寸	设置种植树时笔刷的大小
Tree Width	树木宽度	设置树的宽度，勾选 Random 选项，可以出现树木宽度在指定范围内随机变化的效果
Random Tree Rotation	树木随机旋转	设置树木随机旋转一定的角度

（4）增添草、花、石头之类细节：用于往地形表面添加草丛、石头、花等。在地形编辑器中单击“Edit Details”按钮，在出现的菜单中将看到 Add Grass Texture 和 Add Detail Mesh 选项，选择 Add Grass Texture 选项，在出现的窗口中选择合适的草资源。具体参数信息见表 4－2。

表 4－2 编辑草状态下的参数介绍

参数	含义	描述
Detail Texture	细节纹理	指定图片作为草的纹理
Min Width	最小宽度	设置草的最小宽度值
Max Width	最大宽度	设置草的最大宽度值
Min Height	最小高度	设置草的最小高度值

续表

参数	含义	描述
Max Height	最大高度	设置草的最大高度值
Noise Spread	噪波范围	控制草产生簇的大小
Healthy Color	健康颜色	设置草的健康颜色，此颜色在噪波中心处较为明显
Dry Color	干燥颜色	设置草的干燥颜色，此颜色在噪波中心处较为明显
Billboard	广告牌	草将随着摄像机同步转动，永远面向摄像机

（5）更改所选地形的通用设置。

项目小结

本项目主要是利用地形系统来构建一个逼真的场景地形，通过使用地形工具栏的菜单，我们可以对地形进行各种操作，以实现我们想要的地貌效果。通过抬高和降低地形的功能，来模拟出各种不同的地形，如山脉、平原、丘陵等。此外，通过地形纹理的功能，在地形上添加各种纹理，如草地、沙滩、岩石等，使得地形看起来更加逼真。还可以添加树木和草丛，使地形更加生动和富有生机。通过在地形中添加风域，实现草丛和树木的枝叶随风摇摆，使得整个地形看起来更加真实和生动。

其次，通过更换默认的天空盒以及添加雾，以增加地形的氛围感。最后，还添加第一人称，使得用户可以在山体地形中进行漫游，从而更好地体验和欣赏所创建的地形。

课后习题

一、选择题

1. 给地形添加岩石、草地等纹理的工具是（　　）。

A. Paint Texture　　B. Set Height　　C. Smooth Height　　D. Paint Details

2. 给地形添加草地的工具是（　　）。

A. Paint Texture　　B. Set Height　　C. Smooth Height　　D. Paint Details

3. 给地形添加树木的工具是（　　）。

A. Paint Texture　　B. Set Height　　C. Paint Trees　　D. Paint Details

4. 更换天空盒的步骤是（　　）。

A. “Window”→“渲染”→“光照”→“环境”

B. “Window”→“渲染”→“光照”→“场景”

C. “编辑”→“项目设置”→“图形”→“环境”

D. “编辑”→“项目设置”→“物理”→“场景”

5. 设置地形长宽的工具是（　　）。

A. Paint Terrain　　B. Paint Trees　　C. Paint Details　　D. Terrian Setting

二、简答题

1. 描述在Unity中地形编辑器的基本功能，以及它如何帮助开发者创建和修改游戏世界中的地形。

2. 描述在Unity中，如何使用地形组件添加和配置植被（例如树木和草地），以及这对于增强游戏环境的视觉效果和实现更自然的场景有何重要性。

项目 5

制作 VR 项目《郑和下西洋》

项目概述

在本项目中，我们将学习如何利用 Unity 游戏引擎的 VR 技术和场景搭建方法，将郑和下西洋的部分场景全方位呈现出来。这不仅有助于弘扬中华文化，还能加强“一带一路”相关区域、国家在文化、经济等方面的广泛交流。

此外，在项目开发过程中，我们要遵循习近平新时代中国特色社会主义思想，坚持以人民为中心，关注用户体验，不断提高项目质量。同时，要加强团队协作，培养创新意识，努力提升专业素养，为实现中华民族伟大复兴的中国梦贡献力量。

“一带一路”（英文：The Belt and Road，缩写为 B&R）是“丝绸之路经济带”和“21 世纪海上丝绸之路”的简称。“一带一路”充分依靠中国与有关国家双多边机制，借助既有的、行之有效的区域合作平台，借用古代丝绸之路的历史符号，高举和平发展的旗帜，积极发展与沿线国家的经济合作伙伴关系，共同打造政治互信、经济融合、文化包容的利益共同体、命运共同体和责任共同体。

郑和，原姓马，名和，小名三宝，又作三保，中国明朝航海家、外交家。从永乐三年（1405 年）至宣德八年（1433 年）的 28 年间，这位世界航海业的先驱者，曾在太仓浏家港率领拥有二百多艘船的庞大船队，扬帆启航，七次下西洋，远达红海与非洲东海岸，足迹遍及亚、非 37 个国家和地区，总行程 13 万海里，相当于绕地球 3 圈多，创造了世界航海史上时间最早、规模最大、历时最长的伟大壮举，开辟了“海上丝绸之路”，为中国古代经济、文化对外交流做出了杰出的贡献。

请利用 VR 技术，将郑和下西洋部分场景全方位地呈现出来，以完全沉浸的创新方式让用户了解郑和下西洋的相关历史，起到弘扬中华文化，加强“一带一路”相关区域、国家在文化、经济等方面广泛交流的作用。项目运行效果如图 5－1、图 5－2 和图 5－3 所示。

图 5-1　项目运行效果截图 1

图 5-2　项目运行效果截图 2

图 5-3　项目运行效果截图 3

学习目标

知识目标

- 掌握 Unity 游戏引擎的基本操作和工作流程，涵盖场景编辑、资源管理和脚本编写等；
- 学习运用刚体、碰撞器、触发器、Canvas 画布、Text 控件、Image 控件、Button 控件等 Unity 物理和 UI 组件进行交互设计；
- 熟悉射线检测、动画系统和动画事件在游戏交互中的应用。

技能目标

- 能够通过编写脚本实现交互触发、UI 的交互功能和动态效果；
- 能够运用射线检测技术实现对游戏对象的选中和操作，以及利用动画系统进行游戏交互；
- 能够根据项目需求调整和优化场景中的物理效果、UI 效果和动画效果。

素养目标

- 养成创新意识，学会运用创新方法解决项目中遇到的问题。

任务 5.1 使用准心悬停功能实现交互触发

任务描述

如图 5－4 所示，实现当准心瞄准右侧任一选择面板时，触发面板背景框准心进度条，待准心进度条读取完毕，可分别观察“郑和宝船”“宝船龙骨”“郑和”的详细信息。请按照要求编写代码及布置场景，完成交互功能。

使用准心悬停功能实现交互触发

图 5－4 使用准心悬停实现交互功能

任务实施

步骤 1：打开 Unity Hub，创建一个新的项目，并储存在合适的位置，如图 5－5 所示。

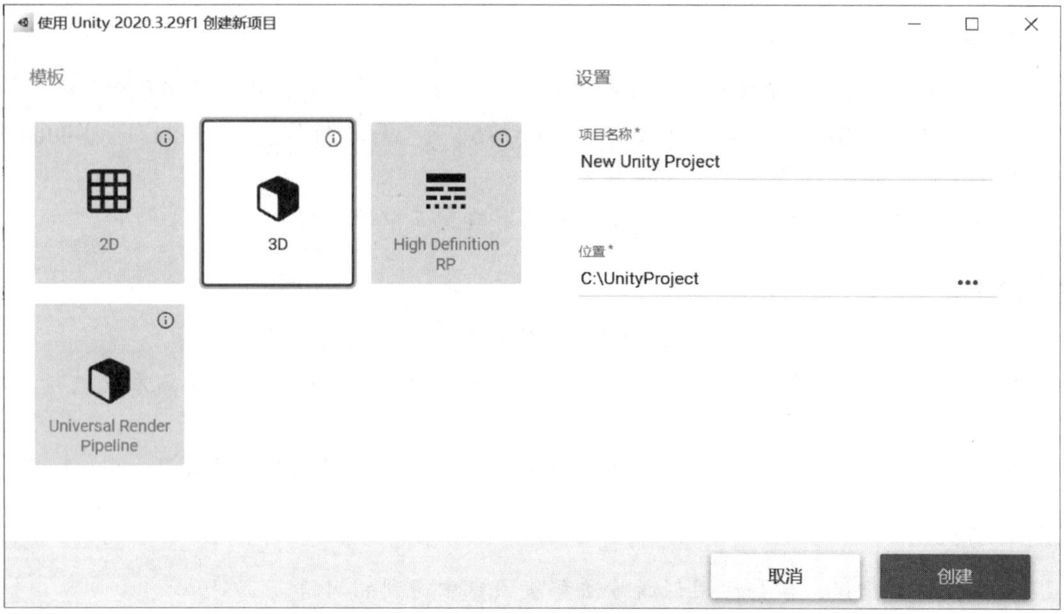

图 5－5　使用 Unity Hub 创建新项目

步骤 2：当使用 Unity 3D 打开新建项目后，分别导入两个 Unity Packer 资源包，一个是基础资源包，一个是本项目所需资源包，资源包如图 5－6 所示。

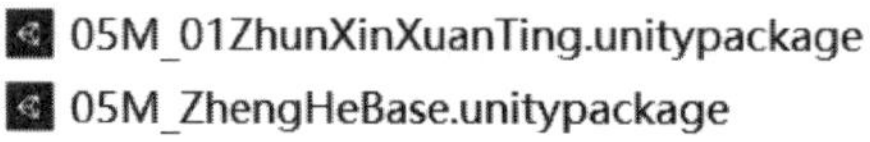

图 5－6　项目所需资源包

步骤 3：导入完成后，打开本项目所需要资源包 05M_01ZhunXinXuanTing 文件夹下的 05M_01ZhunXinXuanTing 场景，如图 5－7 所示。

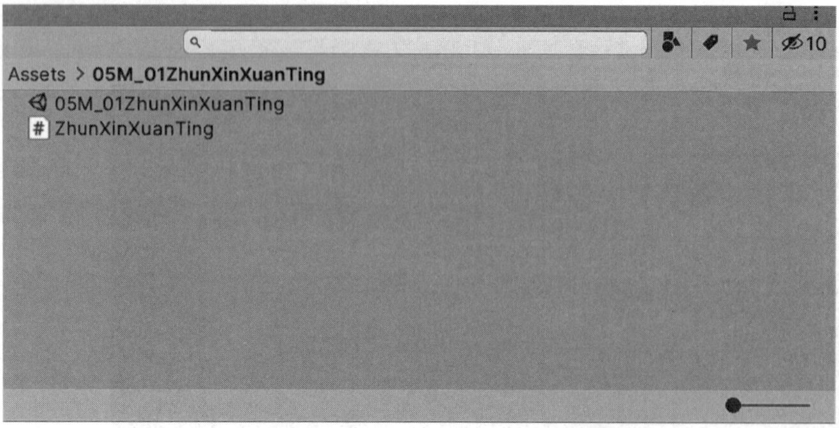

图 5－7　打开 05M_01ZhunXinXuanTing 场景

步骤4：在场景中添加三个 Image（BaoChuanBtn、ChuanLongGuBtn、ZhengHeBtn），并且在三个 Imgae 中依次附加一个 Image（Progress）。层级样式与父子关系如图5-8所示。

步骤5：将 Canvas 组件的 Render Mode 设置为 World Space 模式，如图5-9所示。

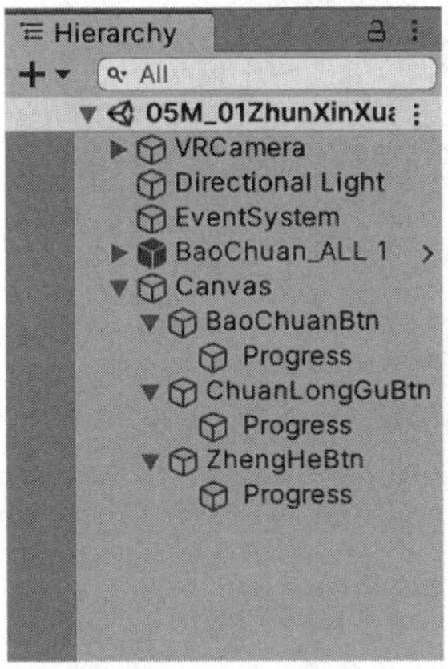

图5-8 创建 Image 组件

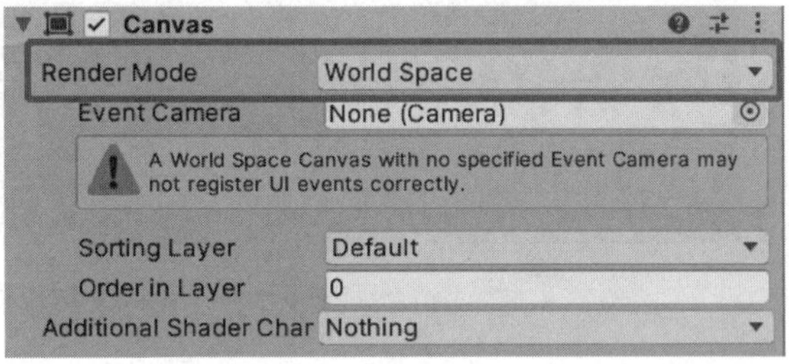

图5-9 设置 Canvas 组件

步骤6：给六个 Image 添加相应图片，并根据运行界面（Game 窗口）调整其大小、位置。所要更改的属性的位置如图5-10所示。

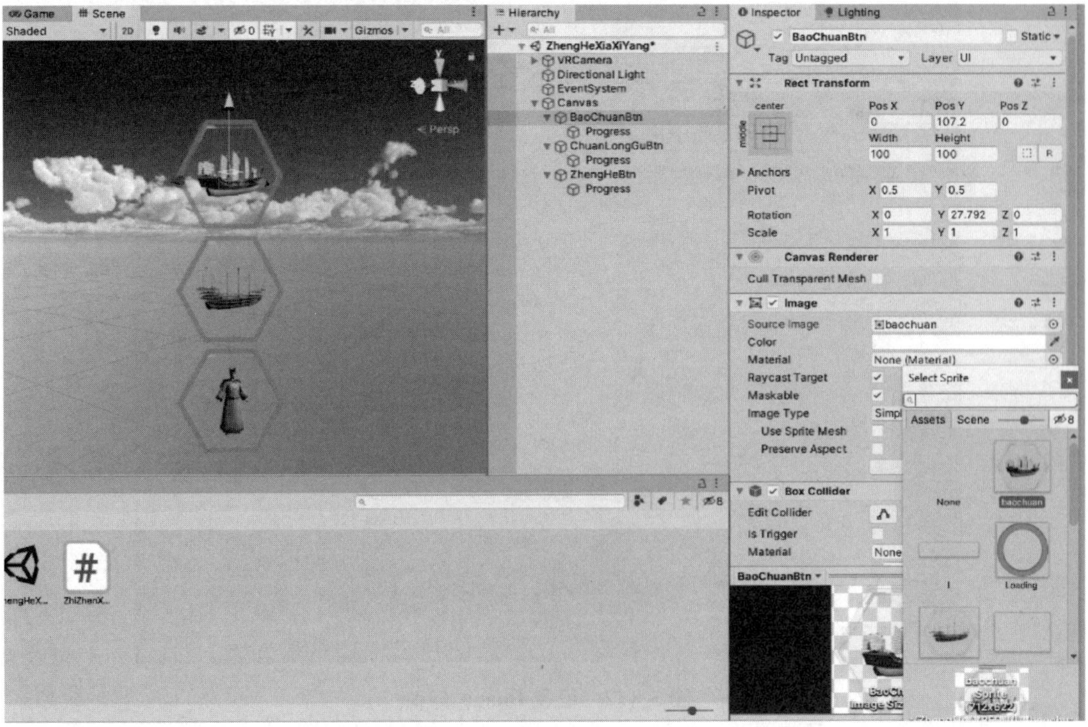

图5-10 给 Image 添加图片

步骤7：BaoChuanBtn 对应图片 baochuan，ChuanLongGuBtn 对应图片 longgu，ZhengHeBtn 对应图片 zhenghe，而三个 Progress 图片全部对应 xuanfutai，资源位置如

图 5-11 所示。

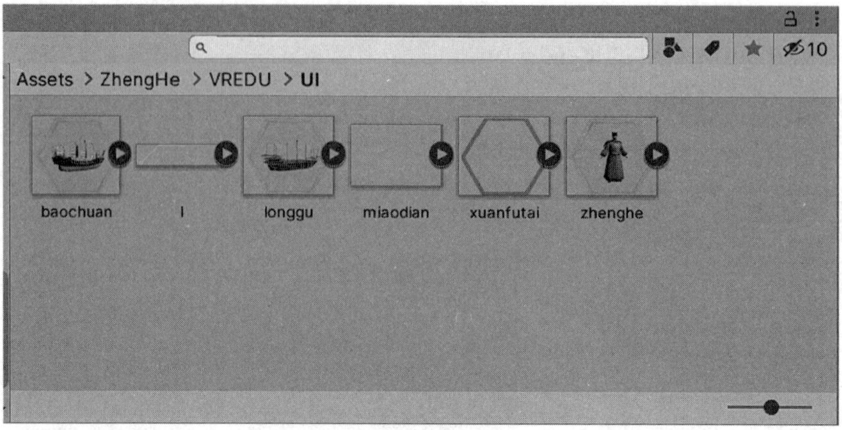

图 5-11　Image 对应图片

步骤 8：将三个 Progress 的 Image Type 设置为 Filled 模式，并将 Fill Amount 设置为 0。所选游戏对象及属性设置如图 5-12 所示。

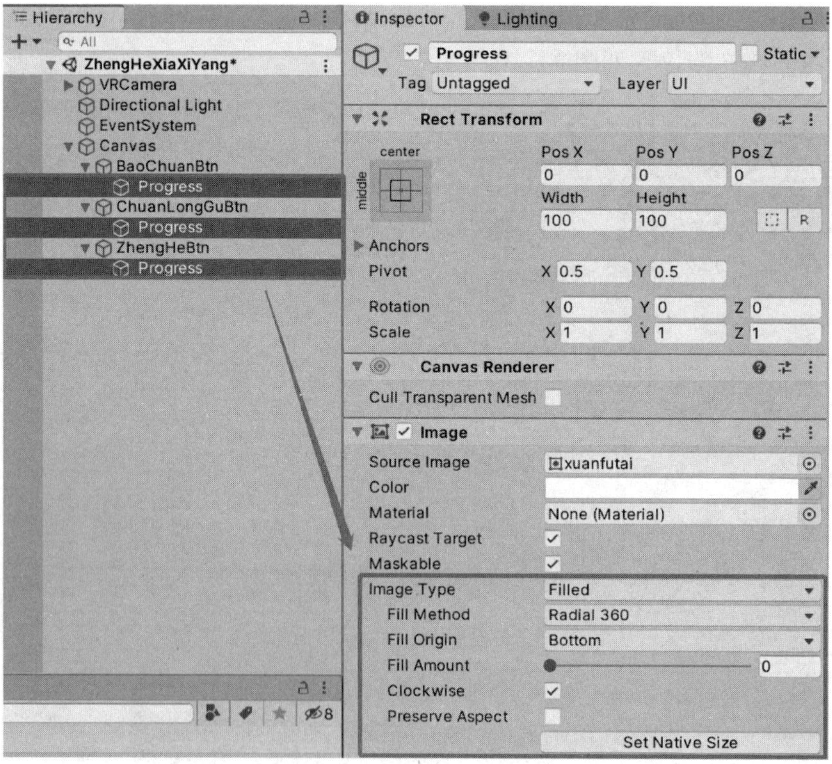

图 5-12　设置 Image Type

步骤 9：在 BaoChuanBtn、ChuanLongGuBtn、ZhengHeBtn 中添加 Box Collider 组件并调整其大小，如图 5-13 所示。

步骤 10：在脚本中编写以下代码，内容如【代码 5-1】所示。

图 5-13 在 Button 中添加 Box Collider 组件

【代码 5-1】:

```
using System.Collections;
using System.Collections.Generic;
using UnityEngine;
using UnityEngine.UI;

public class ZhunXinXuanTing : MonoBehaviour
{
    public Image BaoChuan_Progress;
    public Image ChuanLongGu_Progress;
    public Image ZhengHe_Progress;
    float BaoChuanTime;
    float ChuanLongGuTime;
    float ZhengHeTime;
    void Start() {
    }

    void Update() {
        Ray ray = new Ray(transform.position, transform.forward);
        RaycastHit hit;
        if (Physics.Raycast(ray, out hit, 1000))
        {
            if (hit.collider.name == "BaoChuanBtn")
            {
                BaoChuanTime += Time.deltaTime;
                BaoChuan_Progress.fillAmount = BaoChuanTime;
```

```
                if (BaoChuan_Progress.fillAmount == 1)
                {

                    BaoChuanTime = 1;
                    BaoChuan_Progress.fillAmount = BaoChuanTime;
                    //执行交互的功能
                }
            }
            if (hit.collider.name == "ChuanLongGuBtn")
            {
                ChuanLongGuTime += Time.deltaTime;
                ChuanLongGu_Progress.fillAmount = ChuanLongGuTime;
                if (ChuanLongGu_Progress.fillAmount == 1)
                {
                    ChuanLongGuTime = 1;
                    ChuanLongGu_Progress.fillAmount = ChuanLongGuTime;
                    //执行交互的功能
                }
            }
            if (hit.collider.name == "ZhengHeBtn ")
            {
                ZhengHeTime += Time.deltaTime;
                ZhengHe_Progress.fillAmount = ZhengHeTime;
                if (ZhengHe_Progress.fillAmount == 1)
                {
                    ZhengHeTime = 1;
                    ZhengHe_Progress.fillAmount = ZhengHeTime;
                    //执行交互的功能
                }
            }
        }
        else
        {
            BaoChuanTime = 0;
            BaoChuan_Progress.fillAmount = BaoChuanTime;
            ChuanLongGuTime = 0;
            ChuanLongGu_Progress.fillAmount = ChuanLongGuTime;
            ZhengHeTime = 0;
            ZhengHe_Progress.fillAmount = ZhengHeTime;
        }
    }
}
```

步骤 11： 将脚本添加到 ReticleRing 物体上，并将三个 Image 的加载条（Progress）拖拽到脚本的指定位置。属性设置如图 5－14 所示。

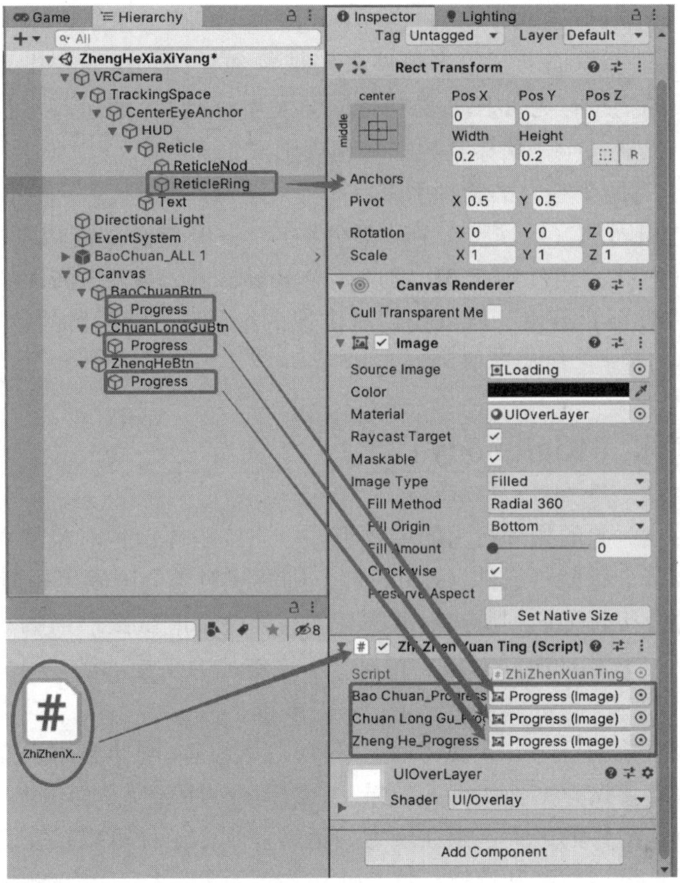

图 5－14　添加脚本

步骤 12：运行效果如图 5－15 所示。

图 5－15　运行效果

相关知识

Unity 的内置物理引擎提供了很多组件来实现物理模拟。只需要设置几个参数，就可以为物体创建真实的物理行为（比如受到碰撞会发生移动）。通过脚本控制物体的受力情况，可以让车辆、机器甚至一块布料根据物理规则发生变化。

Unity 中实际上有两个独立的物理引擎：一个用于 3D 物理，一个用于 2D 物理。两个引擎的主要概念是相同的（除了 3D 中的额外维度），但它们是使用不同的组件实现的。例如，Rigidbody（刚体）组件用于 3D 物理，而 Rigidbody 2D 用于 2D 物理。鉴于我们使用 Unity 主要是做 3D 项目开发，所以我们所讲述的组件以 3D 项目的物理系统组件为主，2D 物理系统组件使用方式基本类似。

5.1.1 刚体（Rigidbody）

刚体是实现游戏对象的物理行为的主要组件。连接刚体后，对象将立即响应重力。如果还添加了一个或多个碰撞器组件（Collider），则游戏对象会因发生碰撞而移动。

由于刚体组件会接管附加到游戏对象的运动，因此不应试图借助脚本通过更改变换属性（如位置和旋转）来移动游戏对象。相反，应该施加力来推动游戏对象并让物理引擎计算结果。

刚体可使游戏对象的行为方式受物理引擎控制。通过向刚体施力来操纵游戏对象产生的效果完全不同于直接调整变换组件的效果。

变换组件与刚体组件的最大区别在于力的运用。刚体组件可以接受力和扭矩，但变换组件不能。变换组件可以平移和旋转，这与使用物理引擎不同。亲自测试会注意到明显的差异。向刚体组件施加力或扭矩实际上会改变对象的变换组件的位置和旋转属性的值。这就是只使用其中一个组件的原因。使用物理引擎时，更改变换组件可能会导致碰撞和其他计算问题。

刚体组件的属性如图 5-16 所示，具体属性介绍见表 5-1。

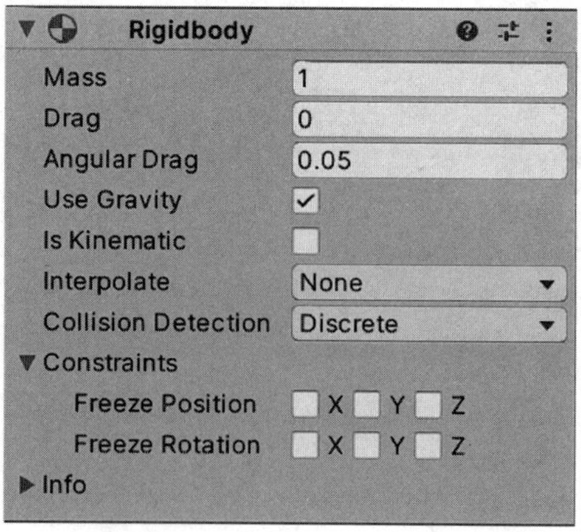

图 5-16 Rigidbody 刚体属性面板

表5-1 Rigidbody 刚体属性介绍

属性	说明
Mass	刚体的质量。如果将质量设置为 1，那么只需要给这个物体一个向上的 9.8N 的力便可以抵消重力。
Drag	阻力的方向与物体运动方向相反，用来阻碍物体的运动。Drag 参数的数值越大，物体所受到的阻力也就越大，速度的衰减也会变得越快。
Angular Drag	旋转阻力。用于模拟物体旋转时受到的空气阻力或摩擦力。数值增大：旋转速度减慢更快。0：物体旋转不受阻力影响。注意：设置过大可能导致物体难以停止旋转。
Use Gravity	勾选这个参数之后，刚体将会受到重力的影响。如果需要模拟物体在无重力环境下的运动状态，那么就需要取消勾选，这样就不会对刚体施加重力。
Is Kinematic	如果启用此选项，则对象将不会被物理引擎驱动，只能通过变换对其进行操作。对于移动平台，或者如果要动画附加 HingeJoint 的刚体，此属性非常有用。
-None	不应用插值。
-Interpolate	根据前一帧的变换来平滑变换。
-Extrapolate	根据下一帧的估计变换来平滑变换。
Collision Detection	用于防止快速移动的对象穿过其他对象，而不检测碰撞。
-Discrete	对场景中的所有其他碰撞器使用离散碰撞检测。其他碰撞器在测试碰撞时会使用离散碰撞检测。用于正常碰撞（这是默认值）。
-Continuous	用于高速运动物体的碰撞检测，避免物体穿透。对计算机的性能要求较高。
-Continuous Dynamic	用于极高速运动的刚体，提供最严格的连续碰撞检，避免穿透任何物体，性能消耗最高。
-Continuous Speculative	刚体和碰撞器使用推测性连续碰撞检测。这也是可以设置运动物体的唯一 CCD 模式。
Constraints	对刚体运动进行限制。
-Freeze Position	有选择地停止刚体沿世界 X、Y 和 Z 轴的移动。
-Freeze Rotation	有选择地停止刚体围绕局部 X、Y 和 Z 轴旋转。

Unity 引擎还为开发者提供了一些函数接口。使用这些接口，开发者可以轻松地移动和旋转刚体或者给刚体施加力。

（1）AddForce 函数用于对刚体施加一个指定方向的力，使其发生位移。函数语法如下：

```
public void AddForce( Vector3 force, ForceMode mode = ForceMode. Force);
```

（2）MovePosition 函数用于将刚体移动到指定的位置。调用该函数时，系统会根据参数将刚体移动到目标位置，使物体的位置随着刚体的移动速度更新。该方法常用于

FixedUpdate 方法中。函数语法如下：

```
public voidMovePosition( Vector3 position) ;
```

（3）MoveRotation 函数用于将刚体旋转到指定的四元数 rot。调用该函数时，系统会根据参数将刚体旋转到相应角度，使物体随刚体旋转。该方法常用于 FixedUpdate 方法中。函数语法如下：

```
public void MoveRotation( Quaternion rot) ;
```

5.1.2 碰撞器和触发器

碰撞器是 Unity 中用于游戏对象做碰撞检测的一种重要技术。Unity 内置的游戏物体（如 Cube、Sphere）默认添加了合适的碰撞器，但从 3ds Max 等模型制作软件中制作的 3D 模型默认导入后是没有碰撞器的，需要我们手工进行添加。添加方式如图 5－17 和图 5－18 所示。

碰撞器用于检测场景中的游戏对象是否互相碰撞，基本功能是使物体之间不能穿过，还可以用于检测某个对象是否碰到了另外一个对象。

触发器一般用于检测某个特定游戏对象是否进入该区域，它是碰撞器的一种属性，但在事件函数编写中，碰撞检测与触发检测是完全不同的写法。

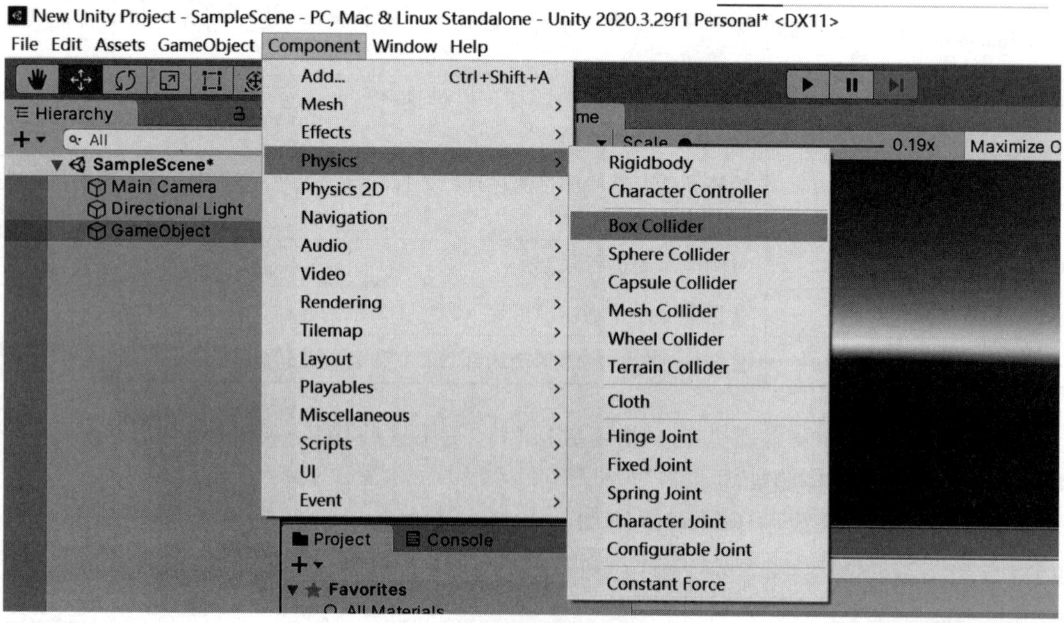

图 5－17 添加碰撞器的方式 1

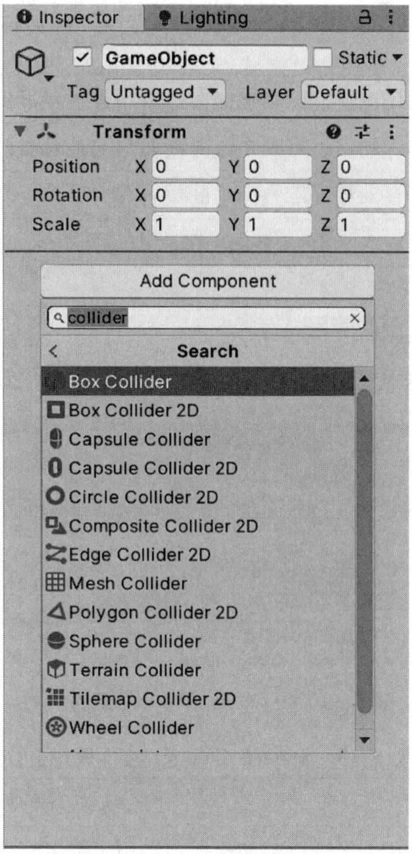

图 5－18　添加碰撞器的方式 2

5.1.3 碰撞器的分类与应用

碰撞器组件在 Unity 物理学模拟中起到非常关键的作用，主要有两点：第一，阻挡进入；第二，碰撞检测。

1. Box Collider（盒型碰撞器）

盒型碰撞器是使用广泛、节省系统资源的组件。复杂的模型一般可以由多个盒型碰撞器组成。组件属性如图 5－19 所示，属性介绍见表 5－2。

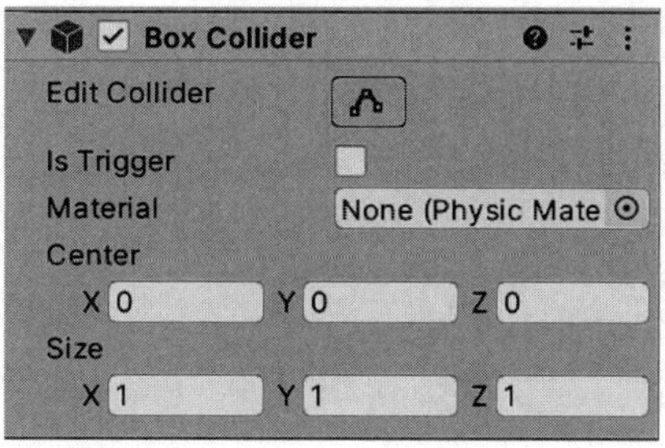

图 5－19　Box Collider 组件属性

表 5 - 2　Box Collider 组件属性介绍

属性	说明
Is Trigger	如果启用此属性，则该碰撞器将用于触发事件，并被物理引擎忽略。
Material	引用物理材质，可确定该碰撞器与其他对象的交互方式。
Center	碰撞器在对象局部空间中的位置。
Size	碰撞器在 X、Y、Z 方向上的大小。

2. Sphere Collider（球体碰撞器）

球体碰撞器主要应用于球状表面模型。组件属性如图 5 - 20 所示，属性介绍见表 5 - 3。

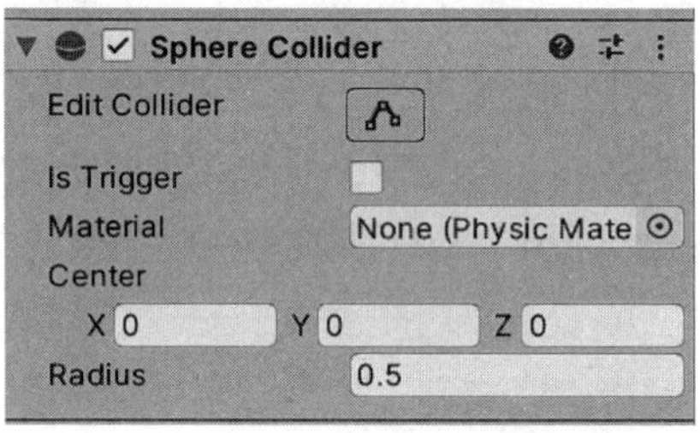

图 5 - 20　Sphere Collider 组件属性

表 5 - 3　Sphere Collider 组件属性介绍

属性	说明
Is Trigger	如果启用此属性，则该碰撞器将用于触发事件，并被物理引擎忽略。
Material	引用物理材质，可确定该碰撞器与其他对象的交互方式。
Center	碰撞器在对象局部空间中的位置。
Radius	碰撞器的大小。

3. Capsule Collider（胶囊碰撞器）

胶囊碰撞器应用于胶囊体、圆柱体等模型。胶囊碰撞器在角色控制器中用于模拟杆体，也可与其他碰撞器组合用于表现不寻常的形状。组件属性如图 5 - 21 所示，属性介绍见表 5 - 4。

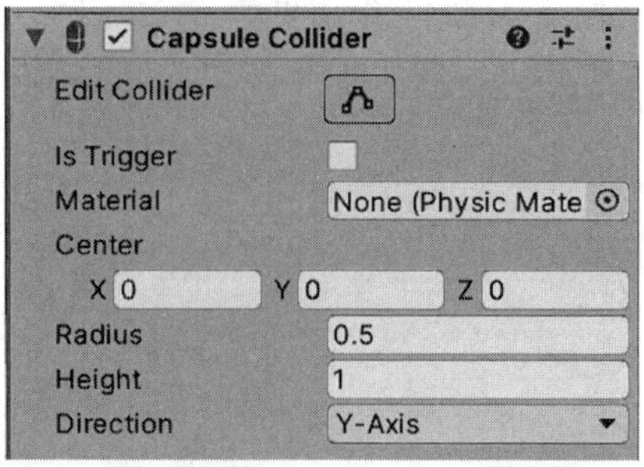

图 5 - 21　Capsule Collider 组件属性

表 5-4 Capsule Collider 组件属性介绍

属性	说明
Is Trigger	如果启用此属性，则该碰撞器将用于触发事件，并被物理引擎忽略。
Material	引用物理材质，可确定该碰撞器与其他对象的交互方式。
Center	碰撞器在对象局部空间中的位置。
Radius	碰撞器的局部宽度的半径。
Height	碰撞器的总高度。
Direction	胶囊体在对象局部空间中纵向的轴。

4. Mesh Collider（网格碰撞器）

网格碰撞器组件属性如图 5-22 所示，属性介绍见表 5-5。

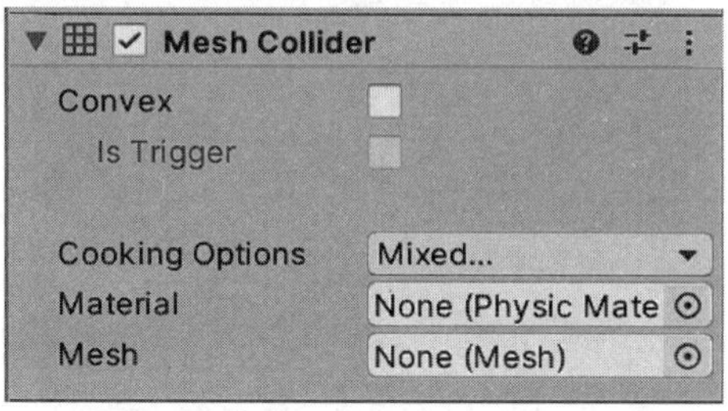

图 5-22 Mesh Collider 组件属性

Mesh Collider 使用附加到游戏对象的网格来构建碰撞体，并根据变换组件的属性正确设置位置和缩放。这样做的好处是可以使碰撞器的形状与游戏对象可见网格的形状完全相同，从而产生更精确和真实的碰撞。但是，伴随这种精度的不足之处是：与涉及原始碰撞器（例如球体、盒体和胶囊体）的碰撞相比，处理开销会更高，因此最好谨慎使用 Mesh Collider。采用网格资源并基于该网格构建其碰撞器。在进行碰撞检测时，Mesh Collider 比使用复杂网格的基元要准确得多。

表 5-5 Mesh Collider 组件属性介绍

属性	说明
Convex	选中此复选框，则使 Mesh Collider 与其他 Mesh Collider 发生碰撞。Convex Mesh Collider 最多有 255 个三角形。
Is Trigger	如果启用此属性，则该碰撞器将用于触发事件，并被物理引擎忽略。
Cooking Options	启用或禁用将影响物理引擎如何处理复杂的网格数据，启用后可以将复杂的网格数据转换成能够高效处理的碰撞几何体。
Material	引用物理材质，可确定该碰撞器与其他对象的交互方式。
Mesh	引用需要用于碰撞的网格。

5. Wheel Collider（车轮碰撞器）

车轮碰撞器组件属性如图 5-23 所示，属性介绍见表 5-6。

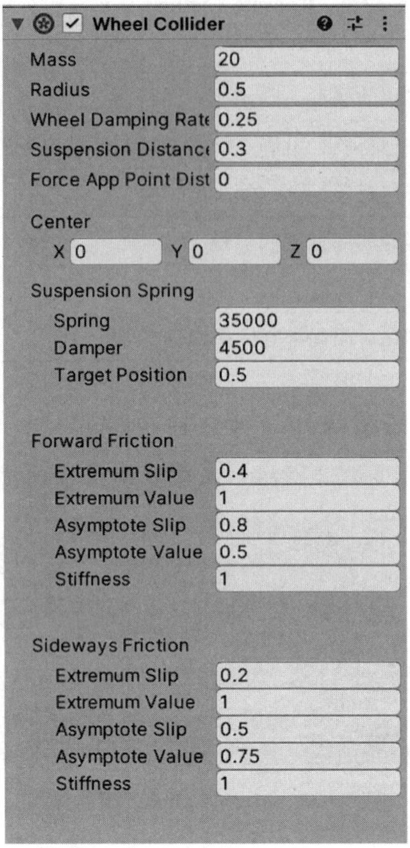

图 5-23　Wheel Collider 组件属性

车轮碰撞器一般应用在车辆、赛车等车轮模型上，但消耗的资源较多，建议根据实际情况适量应用。

表 5-6　Wheel Collider 组件属性介绍

属性	说明
Mass	车轮的质量。
Radius	车轮的半径。
Wheel Damping Rate	应用于车轮的阻尼值。
Suspension Distance	车轮悬架的最大延伸距离（在局部空间中测量）。
Force App Point Distance	此参数定义车轮上的受力点。此距离应该是距车轮底部静止位置的距离（沿悬架行程方向），以米为单位。
Center	车轮在对象局部空间中的中心位置。
Suspension Spring	悬架尝试通过增加弹簧力和阻尼力来到达目标位置（Target Position）。
-Target Position	用来控制悬架在静止状态下希望达到的压缩程度。1 对应于完全展开的悬架，0 对应于完全压缩的悬架。
Forward/Sideways Friction	车轮向前和侧向滚动时轮胎摩擦的特性。

6. Terrain Collider（地形碰撞器）

地形碰撞器仅应用于 Terrain 地形组件。组件属性如图 5 - 24 所示，属性介绍见表 5 - 7。

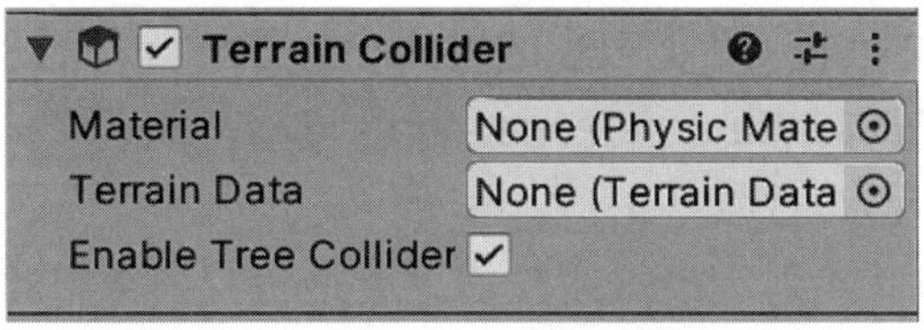

图 5 - 24　Terrain Collider 组件属性

表 5 - 7　Terrain Collider 组件属性介绍

属性	说明
Material	引用物理材质，可确定该碰撞器与其他对象的交互方式。
Terrain Data	地形数据。
Enable Tree Colliders	选中此属性时，将启用树碰撞器。

5.1.4 触发检测事件函数

如果我们想要在游戏场景中侦测特定游戏对象是否存在，则一般使用触发器，触发器取消了碰撞器的阻挡作用，但是我们依然可以使用回调函数进行事件检测。在碰撞器组件上勾选 Is Trigger 属性选项，则碰撞器组件就变成了触发器。属性位置设置如图 5 - 25 所示。

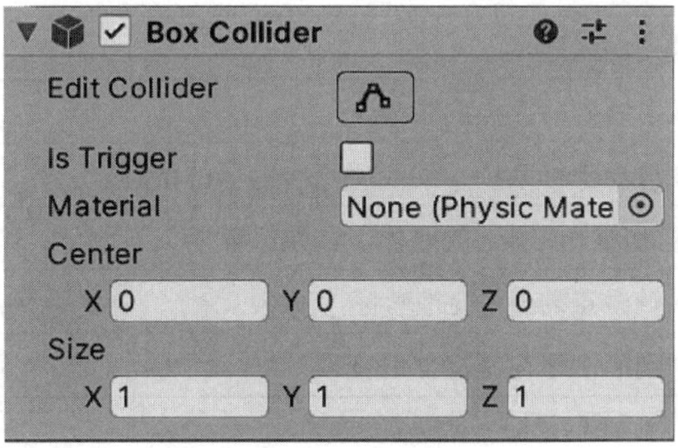

图 5 - 25　触发器

触发事件函数：

OnTriggerEnter()：进入触发检测。当碰撞体触碰到此事件函数所加载的游戏对象时触发此函数。

OnTriggerStay()：停留触发检测。当碰撞体与此事件函数所加载的游戏对象发生接触时触发此函数。

OnTriggerExit()：退出触发检测。当碰撞体与此事件函数所加载的游戏对象分离时触发此函数。

5.1.5 射线与射线检测

从一个点往一个方向发射一条无限长的射线，这条射线与场景中的其余的游戏物体的碰撞器组件相碰撞，射线即结束。由于射线可以与物理组件 Collider 相交互，所以“射线”也称为“物理射线”。

Ray 射线类和 RayCastHit 射线投射碰撞信息类是两个最常用的射线工具类。

创建一条 Ray 射线需要指明射线的起点（origin）和射线的方向（direction）。这两个参数也是 Ray 的成员变量。注意，射线的方向在设置时如果未单位化，Unity 3D 会自动进行单位归一化处理。参数介绍见表 5－8 和表 5－9。

表 5－8　Ray 构造函数参数介绍

参数	说明
origin	在世界坐标系中射线的起始点
direction	射线的方向
distance	射线的长度
hit	使用 C# 中 out 关键字传入一个空的碰撞信息类，然后碰撞后赋值，可以得到碰撞物体的 transform、rigidbody、point 等信息。
layerMask	只选定 layerMask 层内的碰撞器，其他层内碰撞器忽略。

表 5－9　RayCastHit 类属性介绍

属性	说明
collider	碰到的碰撞器。
distance	从射线到碰撞点的距离。
point	在世界坐标系中，射线碰到碰撞器的接触点。
rigidbody	碰到该碰撞器上的刚体。如果碰撞器没有刚体，则返回 null。
textureCoord	在触碰点的 UV 纹理坐标。
transform	碰到的刚体与碰撞器的变换。

5.1.6 物理材质

物理材质是控制游戏对象的摩擦力和反弹系数等属性的一种资源。在菜单栏中依次选择“Assets”→“Create”→“Physic Material”即可创建物理材质，然后将物理材质从 Project 窗口拖到场景中的碰撞器处。物理材质的组件属性如图 5－26 所示，物理材质属性介绍见表 5－10。

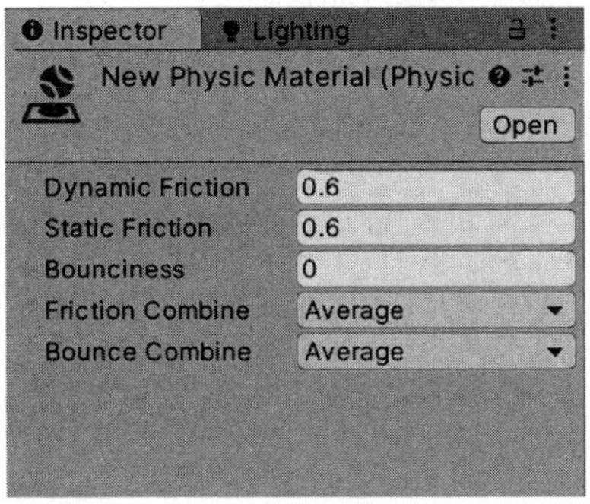

图 5-26　物理材质

表 5-10　物理材质属性介绍

属性	说明
Dynamic Friction	在移动时使用的摩擦力，数值通常在 0 到 1 之间。值为 0 就像冰一样，值为 1 则使对象迅速静止（除非用很大的力或重力推动对象）。
Static Friction	当对象静止在表面上时使用的摩擦力，数值通常在 0 到 1 之间。值为 0 就像冰一样，值为 1 则很难使对象移动。
Bounciness	表面的弹性如何？值为 0 将不会反弹，值为 1 将在反弹时不产生任何能量损失，预计会有一些近似值，但可能只会给模拟增加少量能量。
Friction Combine	两个碰撞对象的摩擦力的组合方式。
-Average	对两个摩擦值求平均值。
-Minimum	使用两个值中的最小值。
-Maximum	使用两个值中的最大值。
-Multiply	两个摩擦值相乘。
Bounce Combine	两个碰撞对象的弹性的组合方式。其模式与 Friction Combine 模式相同。

摩擦力是防止表面彼此滑落的力量。尝试堆加对象时，此值非常重要。摩擦力有两种形式，分别为动态摩擦力和静态摩擦力。物体静止时使用静态摩擦力，它会阻止物体移动。如果足够大的力施加到物体上，它将开始移动。此时动态摩擦力起作用，动态摩擦力会尝试在该物体与另一个物体接触时减慢该物体的速度。当两个物体接触时，根据所选的模式对它们施加相同的弹性力和摩擦力。当两个接触碰撞器设置不同的组合方式时，会有一个特殊情况。在这种特殊情况下，使用具有更高优先级的功能，优先顺序如下：Multiply>Minimum>Average。

注意： Nvidia PhysX 引擎中的摩擦力模型为了提升模拟的性能和稳定性，经过了特殊调整，并不完全等同于真实的物理效果。例如，当两个盒子相互叠放时，由于接触面较大，系统会计算出两个接触点，导致摩擦力加倍。此时，可以将摩擦系数乘以 0.5，以获得更接近真实的效果。

同样的逻辑适用于弹性模型。由于各种模拟细节（如位置校正），Nvidia PhysX 无法保证完美的能量守恒效果。因此，如果受重力影响的对象的弹性值为 1，并与弹性为 1 的地面碰撞，则对象的弹跳高度应该会高于初始位置。

5.1.7 角色控制器

在 Unity 开发环境中，角色控制器以组件的形式被应用于程序中，也就是说，在需要使用的游戏对象上挂载角色控制器组件，Unity 引擎为开发人员提供了组件中各个参数的接口，使开发人员能够在脚本中动态修改角色控制器的参数以及调用其功能方法。该组件的属性如图 5－27 所示。

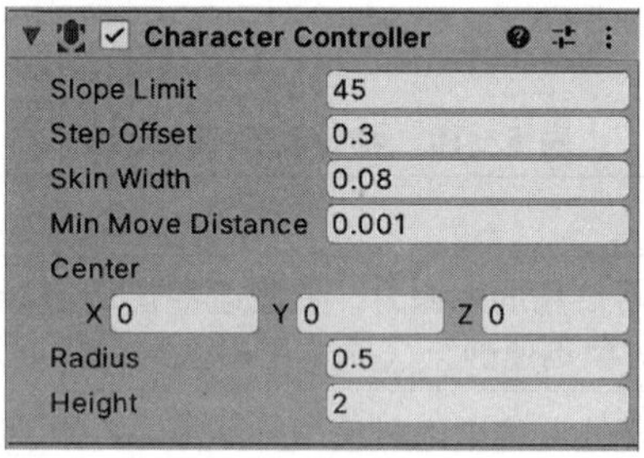

图 5－27　角色控制器

选中需要添加角色控制器的游戏对象，然后依次选择菜单栏中“Component”→“Physics”→“Character Controller”命令，完成角色控制器的添加，在 Inspector 窗口中可以看到角色控制器组件的设置面板。角色控制器组件的属性介绍见表 5－11。

表 5－11　角色控制器组件属性介绍

属性	说明
Slope Limit	角色能够行走的最大斜坡角度。它的作用是防止角色控制器在过于陡峭的表面上滑动或卡住。
Step Offset	仅当角色比指示值更接近地面时，角色才会升高一个台阶。该值不应该大于角色控制器的高度，否则会产生错误。
Skin Width	两个碰撞器可以穿透彼此且穿透深度最多为皮肤宽度（Skin Width）。较大的皮肤宽度可减少抖动。较小的皮肤宽度可能导致角色卡住。合理设置是将此值设为半径的 10%。
Min Move Distance	如果角色试图移动到指示值以下，则无法移动。此设置可以用来减少抖动。在大多数情况下，此值应保留为 0。
Center	此设置使胶囊碰撞器在世界空间中发生偏移，并且不会影响角色的枢转方式。
Radius	胶囊碰撞器的半径长度。此值本质上是碰撞器的宽度。
Height	胶囊碰撞器的高度。更改此设置将在正方向和负方向沿 Y 轴缩放碰撞器。

角色控制器只是一个胶囊形状的碰撞器，可以通过脚本来命令这个碰撞器朝某个方向移动。然后，控制器将执行运动，但会受到碰撞的约束。控制器将沿着墙壁滑动，走上楼梯（如果低于 Step Offset 值），并走上 Slope Limit 设置范围内的斜坡。但角色控制器本身不会对力作出反应，也不会自动推开刚体。如果要通过角色控制器来推动刚体或对象，可

以编写脚本通过 OnControllerColliderHit() 函数对与角色控制器碰撞的任何对象施力。

另一方面，如果玩家角色需要受到物理组件的影响，那么可能更适合使用刚体，而不是角色控制器。

Skin Width 属性是最重要的属性之一。如果角色被卡住，那么很可能是因为 Skin Width 设置过小。Skin Width 允许对象轻微穿透角色控制器，可以消除抖动并防止被卡住。所以最好是让 Skin Width 的值至少大于 0.01，并比 Radius 的值大 10%。

5.1.8 弹簧关节

弹簧关节（Spring Joint）将两个刚体连接在一起，但允许两者之间的距离改变，就好像它们通过弹簧连接一样。Spring Joint 组件属性如图 5-28 所示，Spring Joint 组件属性介绍见表 5-12。

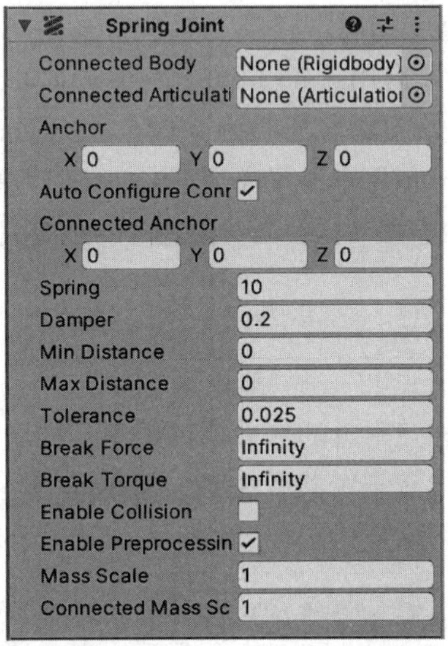

图 5-28 Spring Joint 组件属性

表 5-12 Spring Joint 组件属性介绍

属性	说明
Connected Body	包含弹簧关节的对象连接的刚体对象。如果未指定对象，则弹簧将连接空间中的固定点。
Anchor	关节在对象的局部空间中所附加到的点。
Auto Configure Connected Anchor	自动计算连接锚点的位置。
Connected Anchor	关节在连接对象的局部空间中所附加到的点。
Spring	弹簧的强度。
Damper	弹簧为活性状态时的压缩程度。
Min Distance	弹簧不施加任何力的距离范围的下限。

续表

属性	说明
Max Distance	弹簧不施加任何力的距离范围的上限。
Tolerance	更改容错。允许弹簧具有不同的静止长度。
Break Force	为破坏此关节而需要施加的力。
Break Torque	为破坏此关节而需要施加的扭矩。
Enable Collision	启用两个连接对象之间的相互碰撞。
Enable Preprocessing	禁用预处理有助于稳定无法满足的配置。

弹簧就像一块弹性物，试图将两个锚点一起拉到完全相同的位置。拉力的强度与两个点之间的当前距离成比例，其中每单位距离的力由 Spring 属性设定。为了防止弹簧无休止振荡，可以设置 Damper 值，从而根据与两个对象之间的相对速度按比例减小弹簧力。Damper 值越高，振荡消失的速度越快。

可以手动设置锚点，但如果启用 Auto Configure Connected Anchor，Unity 将自动设置连接锚点，以保持它们之间的初始距离（定位对象时，在 Scene 窗口中设置的距离）。

Min Distance 和 Max Distance 值用于设置弹簧不施加任何力的距离范围。例如，可以使用该距离范围允许对象进行少量的独立移动，但当对象之间的距离太大时，会将它们拉到一起。

5.1.9 固定关节

固定关节是模拟刚体之间相互附着的一种物理想象，如墙上的钉子与粘贴物等。它的效果有些类似于游戏对象之间的“父子对象”关系，但不同的是可以在较大外力的作用下破坏这种附着关系。Fixed Joint 组件属性如图 5-29 所示，Fixed Joint 组件属性介绍见表 5-13。

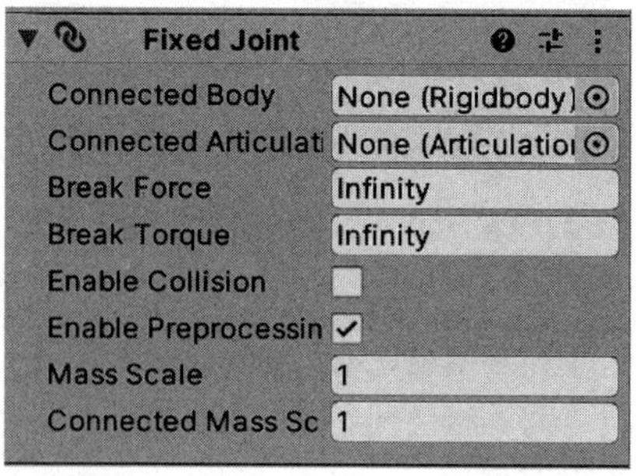

图 5-29　Fixed Joint 组件属性

表 5-13　Fixed Joint 组件属性介绍

属性	说明
Connected Body	对关节所依赖的刚体的引用（可选）。如果未设置，则关节连接到世界坐标系中。
Break Force	为破坏此关节而需要施加的力。

续表

属性	说明
Break Torque	为破坏此关节而需要施加的扭矩。
Enable Collision	启用两个连接对象之间的相互碰撞。
Enable Preprocessing	禁用预处理有助于稳定无法满足的配置。

在游戏中，有时希望对象永久或暂时粘在一起。固定关节可能是比较适用于这些情况的组件，因为不必通过脚本更改对象的 Hierarchy 窗口来实现所需的效果。代价是所有使用固定关节的对象都必须使用刚体。

如果想破坏关节，可使用 Break Force 和 Break Torque 属性来设置关节强度的限制。如果这些值小于无穷大，并对该对象施加大于这些限制的力或扭矩，则其固定关节将被破坏并摆脱束缚。

5.1.10 布料模拟

Unity 的物理模拟包括两种：刚体与柔体。刚体在运动中形状不会发生改变，柔体相对于刚体而言，它的运动会影响物体的自身形状，如衣服等。布料（Cloth）组件与带蒙皮的网格渲染器（Skinned Mesh Renderer）协同工作，从而提供基于物理的面料模拟解决方案。此组件是专为角色服装设计的，仅对蒙皮网格有效。如果向非蒙皮网格中添加 Cloth 组件，则 Unity 会删除非蒙皮网格并添加蒙皮网格。Cloth 组件属性如图 5－30 所示，Cloth 组件属性介绍见表 5－14。

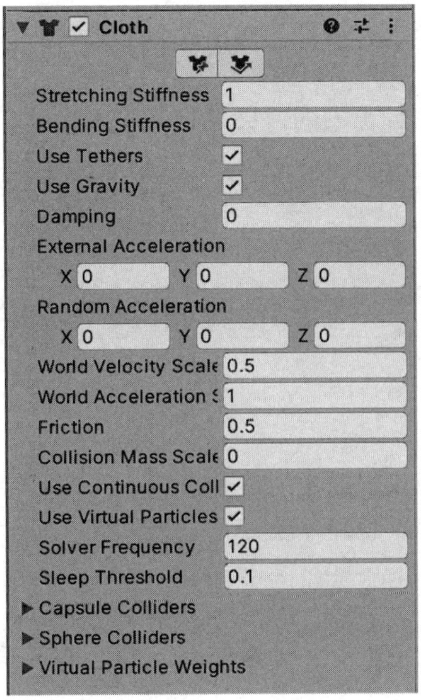

图 5－30　Cloth 组件属性

表 5-14　Cloth 组件属性介绍

属性	说明
Stretching Stiffness	布料的拉伸刚度。
Bending Stiffness	布料的弯曲刚度。
Use Tethers	施加约束以防止移动的布料粒子离开固定粒子的距离太远。此属性有助于减少过度拉伸。
Use Gravity	对布料施加重力。
Damping	运动阻尼系数。
External Acceleration	施加在布料上的恒定外部加速度。
Random Acceleration	施加在布料上的随机外部加速度。
World Velocity Scale	角色在世界空间中的移动速度对布料顶点的影响程度。
World Acceleration Scale	角色在世界空间中的加速度对布料顶点的影响程度。
Friction	布料与角色碰撞时产生的摩擦力。
Collision Mass Scale	碰撞粒子的质量增加量。
Use Continuous Collision	启用连续碰撞来提高碰撞稳定性。
Use Virtual Particles	每个三角形添加一个虚拟粒子，从而提高碰撞稳定性。
Solver Frequency	解算器每秒迭代次数。
Sleep Threshold	布料的睡眠阈值。
Capsule Colliders	应与此 Cloth 实例碰撞的 CapsuleCollider 的数组。
Sphere Colliders	应与此 Cloth 实例碰撞的 ClothSphereColliderPairs 的数组。

布料不响应场景中的任何碰撞器，也不会将力反射回世界。添加 Cloth 组件后，该组件完全不会响应和影响任何其他实体。因此在手动将碰撞器从世界添加到 Cloth 组件之前，布料和世界无法识别或看到彼此。即使执行了此操作，模拟仍是单向的（布料可以响应实体，但不会反向施力）。

此外，只能对布料使用三种类型的碰撞器，分别为球体、胶囊体以及使用两个球形碰撞器构造而成的圆锥胶囊碰撞器。

任务 5.2　UI 填充加载与打字机出字

任务描述

如图 5-31 所示，实现当用户通过射线单击第一张郑和宝船图片的按钮并完成进度加载后，触发打字机显示文字的功能。

UI 填充加载与打字机出字

任务实施

步骤 1：使用 Unity Hub 创建一个新的项目，并储存在合适的位置，如图 5-32 所示。

图5-31　打字机出字功能的实现

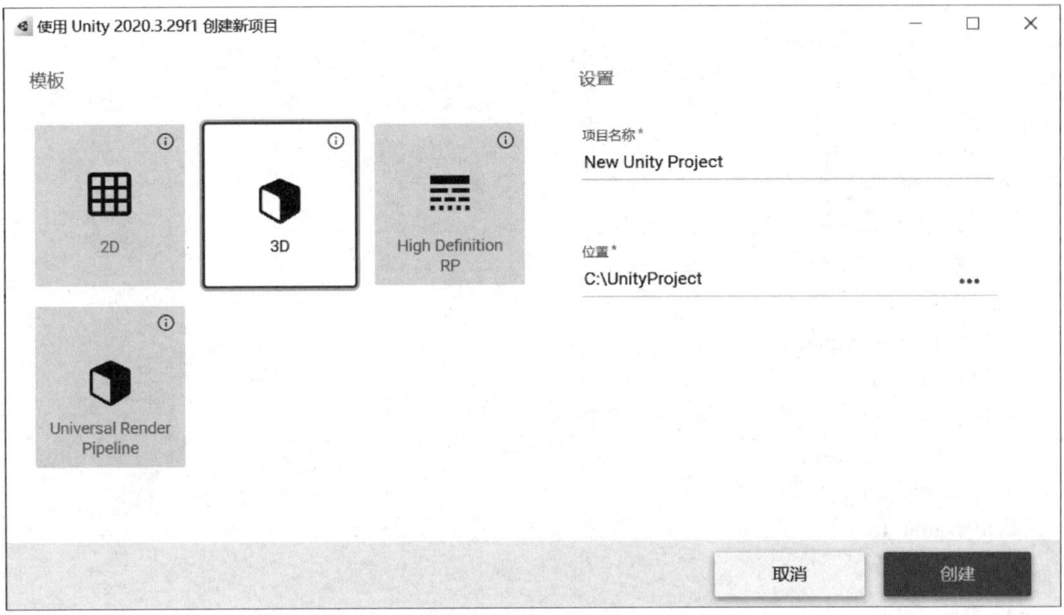

图5-32　使用 Unity Hub 创建新项目

步骤2：使用 Unity 3D 打开新建项目后，分别导入两个 UnityPacker 资源包，一个是基础资源包，一个是本项目所需资源包，资源包如图5-33所示。

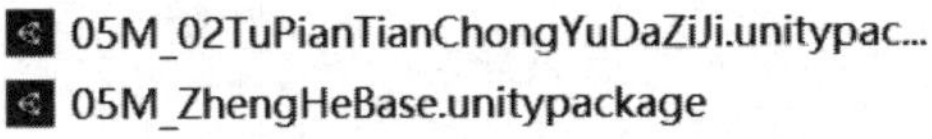

图5-33　项目任务所需资源包

步骤3：导入完成后打开本项目所需要资源包内05M_02TuPianTianChongYuDaZiJi文件夹下的05M_02TuPianTianChongYuDaZiJi场景，如图5－34所示。

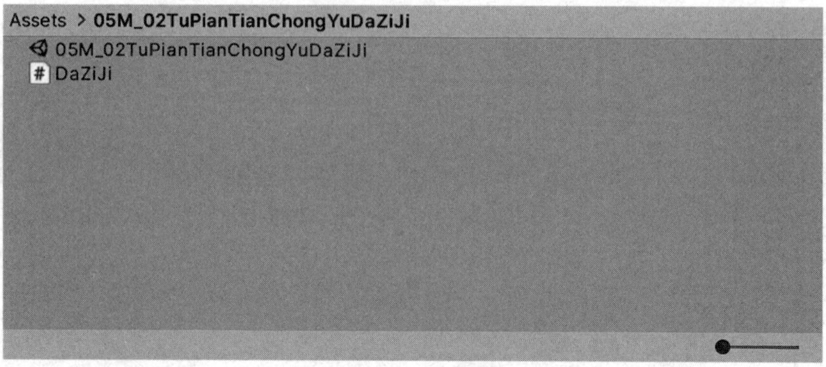

图5－34　打开05M_02TuPianTianChongYuDaZiJi场景

步骤4：在Project窗口右击创建一个C#脚本，并双击打开，编写一个响应事件的处理脚本，代码内容如【代码5－2】所示。

【代码5－2】：

```
using System.Collections;
using System.Collections.Generic;
using UnityEngine;
using UnityEngine.UI;

public class DaZiJi : MonoBehaviour
{
    public Image arrow;
    public Image frame;
    public Text text;
    string textInfo;
    bool IsRun = false;
    float arrow_time;
    float frame_time;
    float textCount;

    void Start()
    {
        textInfo = text.text;
        text.text = "";
        IsRun = true;
    }

    void Update()
```

```
    {
        if (IsRun)
        {
            arrow_time += Time.deltaTime;
            arrow.fillAmount = arrow_time;
            if (arrow.fillAmount == 1)
            {
                frame_time += Time.deltaTime;
                frame.fillAmount = frame_time;
                if (frame.fillAmount == 1)
                {
                    if (text.text.Length < textInfo.Length)
                    {
                        textCount += Time.deltaTime * 2;
                        if ((int)textCount < textInfo.Length)
                        {
                            text.text = textInfo.Substring(0, (int)textCount + 1);
                        }
                    }
                }
            }
        }
    }
}
```

步骤5：在 Hierarchy 窗口中右击，依次选择"UI"→"Image"和"UI"→"Text"，建立两个图像控件和一个文本控件（文本控件要充当其中一个图像控件的子类）。Hierarchy 菜单结构如图 5-35 所示，在 Text 游戏对象中，Text 属性的文字内容可以自由填写。

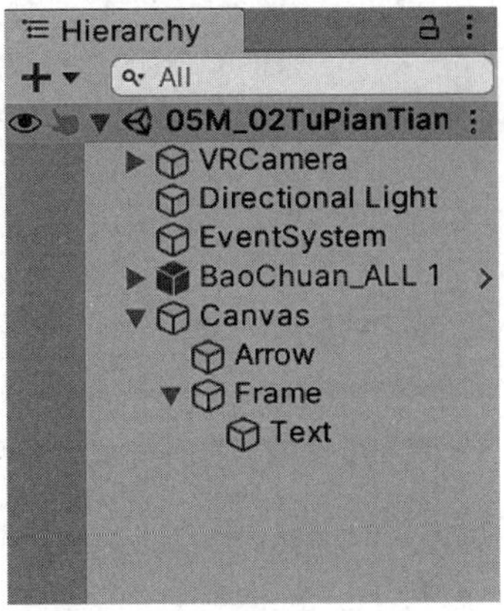

图 5-35 场景视图 UI 控件

步骤 6：将 Canvas 中的 Render Mode 设置为 World Space 模式，其位置（Transfrom）X、Y、Z 分别设置为 0、0、0，如图 5-36 所示。

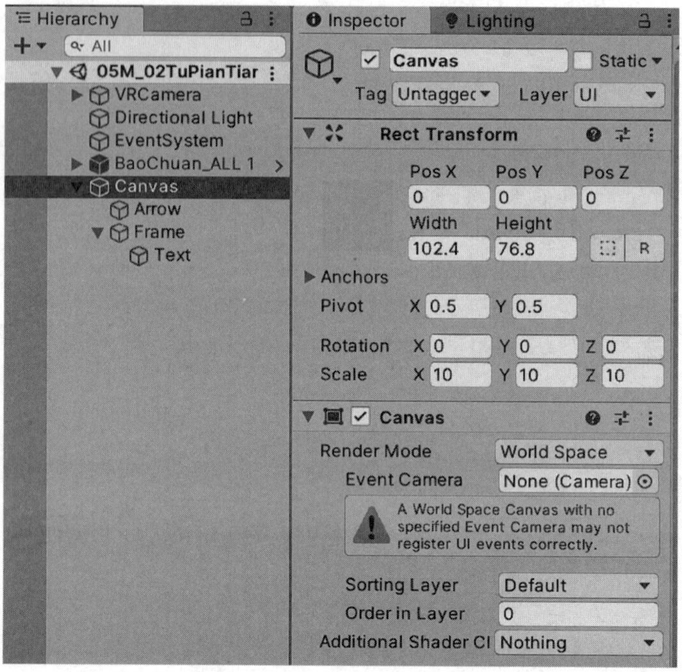

图 5-36　设置 Canvas 控件

步骤 7：调整图像控件与文本控件的位置（Transfrom）、旋转（Rotation）与大小（Scale）以达到最佳视觉效果，并修改图像控件中 Image Type 为 Filled 模式。调整的区域如图 5-37 所示。

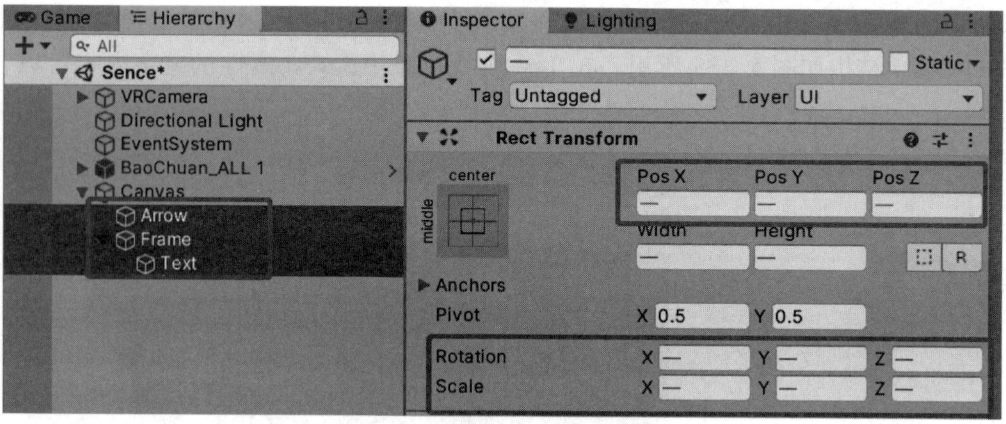

图 5-37　设置图像控件与文本控件

步骤 8：将编写好的脚本（DaZiJi）拖拽到 VRCamera 上面，并将所需的参数（Arrow、Frame、Text）拖拽到指定的脚本参数上。具体操作如图 5-38 所示。

步骤 9：运行结果如图 5-39 所示。

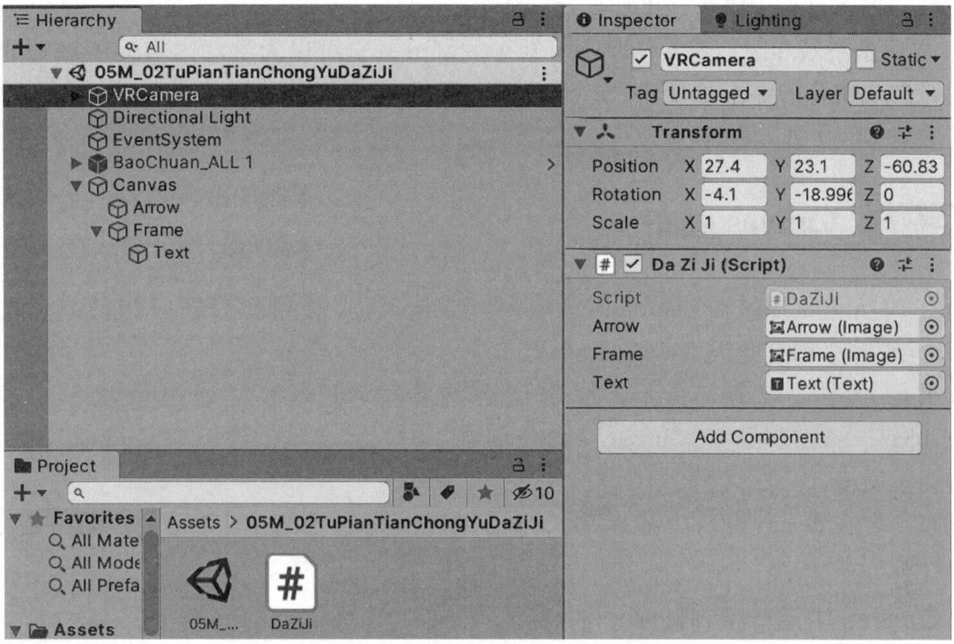

图 5－38　将脚本挂载到 VRCamera 上

图 5－39　运行结果

相关知识

Unity UI 是一个 UI 工具包，可为游戏和应用程序开发用户界面。它是基于游戏对象的 UI 系统，使用组件和 Game 视图对用户界面进行排列、定位和样式设置。不能将 Unity UI 用于创建或更改 Unity 编辑器中的用户界面。

UGUI 是 Unity 官方在 4.6 版本以后推出的一套 UI 组件，相对于之前的 GUI 进行了大幅度改变，采用可视化操作，更加便捷、省心。

UI 界面是游戏和虚拟现实作品不可缺少的部分，它可以为游戏内容提供重要的信息，同时也是游戏美化的一个重要手段。目前游戏开发中绝大部分所采用的是 UGUI 的方式，本书着重对 UGUI 进行讲解。

5.2.1 Canvas 画布

所有 UI 元素都应该在 Canvas 的区域内。Canvas 是一个带有 Canvas 组件的游戏对象，所有 UI 元素都必须是此类 Canvas 的子级。

如果场景中还没有 Canvas，使用创建的新的 UI 元素（通过依次单击菜单中“GameObject”→“UI”→“Image”命令创建）时，会自动创建一个 Canvas，并将该 UI 元素作为子元素。

画布区域在 Scene 窗口中显示为矩形，这样可以轻松定位 UI 元素，无须始终显示 Game 视图。

1. Canvas 中元素绘制顺序

画布中的 UI 元素按照它们在 Hierarchy 中窗口显示的顺序绘制。首先绘制第一个子项，然后绘制第二个子项，以此类推。如果两个 UI 元素重叠，则后一个元素将显示在前一个元素之上。

要更改元素的显示顺序，只需在 Hierarchy 窗口中拖动元素进行重新排序。

2. Canvas 属性讲解

Canvas 在场景中创建所有的控件都会自动成为 Canvas 对象的子对象，若场景中没有 Canvas 对象，在创建 UI 控件的时候该对象会被自动创建。下面就围绕 Canvas 详细介绍其组件部分。

Canvas 控件自带 4 个组件：Rect Transform、Canvas、Canvas Scaler（Script）、Graphic Raycaster（Script）。组件具体样式如图 5-40 所示。

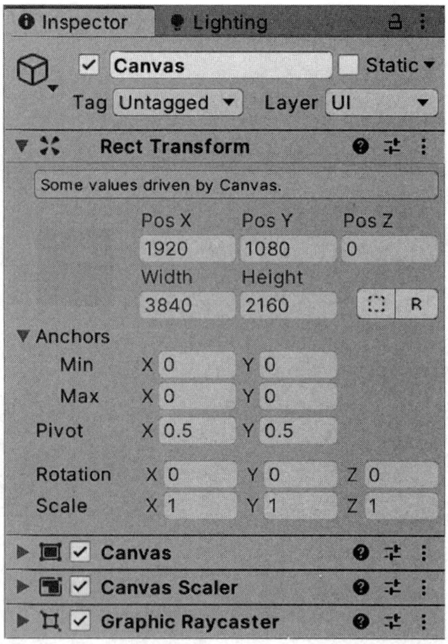

图 5-40 Canvas（画布）组件概览

Rect Transform 与普通的 3D 模型的 Transform 相对应，主要是针对 UGUI 界面专门提供的界面参数组件，包含 UI 界面的大小、旋转、锚点设置等。

Canvas 组件提供画布的渲染模式（Render Transform）、像素完善（Pixel Perfect）、画布排序（Sort Order）等功能。其中，渲染模式为最重要的参数。可选属性参数如图 5-41 所示。

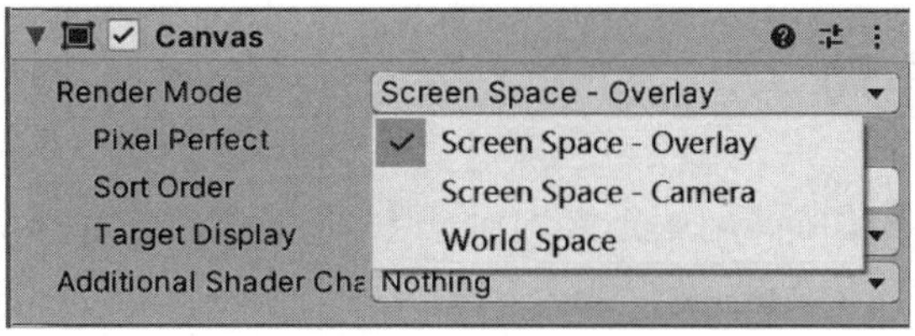

图 5-41 Canvas 渲染模式

Screen Space-Overlay 相当于 OnGIU 模式，此渲染模式将 UI 元素放置在场景顶部渲染的屏幕上。如果调整屏幕大小或更改分辨率，Canvas 将自动更改大小进行匹配。

Screen Space-Camera 与 Screen Space-Overlay 类似，但在此渲染模式中，Canvas 被放置在指定的 Camera 前面的给定距离处。UI 元素由这个相机渲染，这意味着相机设置会影响 UI 的外观。如果 Camera 设置为 Perspective，则 UI 元素将使用透视进行渲染，并且透视失真的量可以由 Camera Field of View 控制。如果屏幕大小调整、分辨率改变或相机视锥体改变，画布也会自动改变大小进行匹配。

Word Space 是将 Camera 作为一个游戏对象，在这种渲染模式下，Canvas 的行为与场景中的任何其他对象一样。可以使用 Rect Transform 手动设置 Canvas 的大小，并且 UI 元素将根据 3D 位置呈现在场景中其他对象的前面或后面。这对于旨在成为世界一部分的 UI 很有用。

EventSystem 控件主要负责 UI 界面总体的事件管理器，分别由"UI 事件系统（Event System(Script)）""输入模块系统（StandaloneInputModule(Script)）"两个组件组成。组件样式如图 5-42 所示。

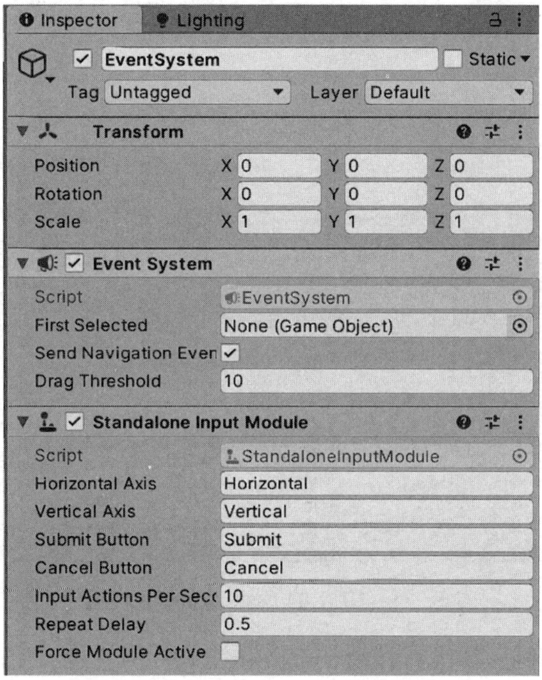

图 5-42 EventSystem 事件系统控件

5.2.2 基本布局

接下来，我们将介绍如何将 UI 元素相对于 Canvas 进行定位。可以依次单击菜单中的“GameObject”→“UI”→“Image”命令创建一个 Image。

1. 矩形工具

出于布局目的，每个 UI 元素都表示为一个矩形。可以使用工具栏中的矩形工具在 Scene 窗口中操作此矩形。矩形工具用于 Unity 的 2D 功能和 UI，实际上甚至可以用于 3D 对象。工具栏按钮如图 5-43 所示。

图 5-43 矩形工具的工具栏按钮

使用矩形工具可对 UI 元素进行移动、大小调整和旋转。选择 UI 元素后，可通过单击矩形内的任意位置并拖动对元素进行移动。通过单击边或角并拖动，可调整元素大小。若要旋转元素，可在稍微远离 UI 元素的四个角的位置悬停光标，直到鼠标光标看起来像旋转符号。然后单击，并向任一方向拖动来进行旋转。

与其他工具一样，矩形工具使用工具栏中设置的当前场景中的轴心模式和空间。使用 UI 时，通常最好将这些设置保持为 Pivot 和 Local。按钮如图 5-44 所示。

图 5-44 将工具栏按钮设置为 Pivot 和 Local

2. 矩形变换

Rect Transform 是一个新的转换组件，用于所有 UI 元素，而不是常规的 Transform 组件。组件样式如图 5-45 所示。

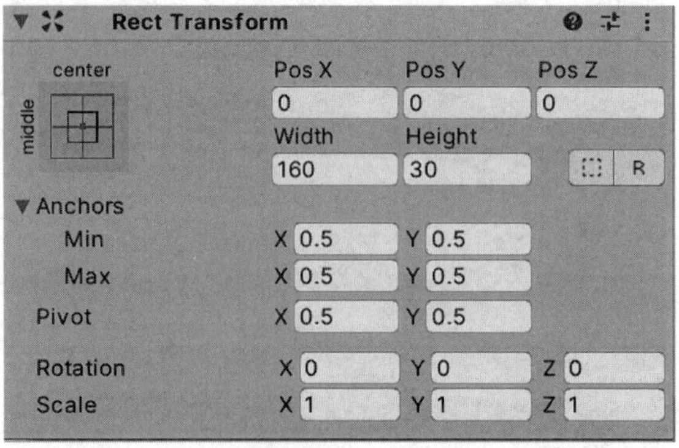

图 5-45 UI 上的 Rect Transform 组件

矩形变换与常规变换一样具有移动、旋转和缩放，但它也具有宽度和高度，用于指定矩形的尺寸。

3. 调整大小与缩放

当使用矩形工具改变物体的大小时，对于2D系统中的Sprites和3D物体，它通常会改变物体的局部比例。但是，当它用于带有Rect Transform的对象时，它将更改宽度和高度，保持局部比例不变。这种调整不会影响字体大小、图像的边框等。

4. 轴心

旋转、调整大小和缩放修改都是围绕轴心进行的，因此轴心的位置会影响旋转、调整大小或缩放的结果。当工具栏中的Pivot按钮设置为轴心模式时，可在Scene窗口中移动矩形变换的轴心。轴心样式如图5-46所示。

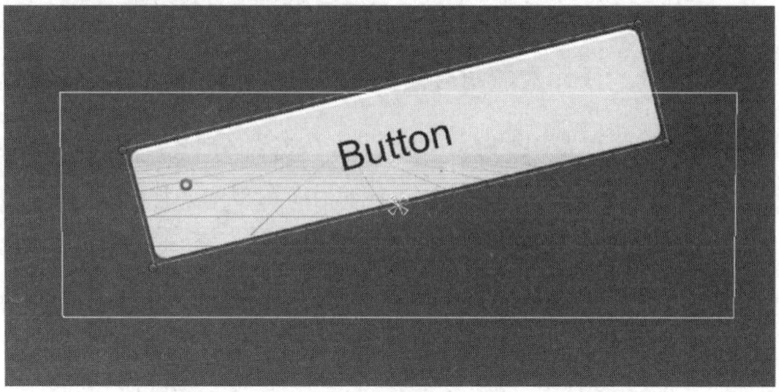

图5-46 轴心

5. 锚点

矩形变换包含一种称为锚点的布局概念。锚点在Scene窗口中显示为4个小三角形控制柄，锚点信息也会显示在Inspector窗口中。

如果矩形变换的父项也是矩形变换，则子矩形变换还可通过各种方式锚定到父矩形变换。例如，子项可以锚定到父项的中心，或锚定到一个角。锚点使用方式如图5-47和图5-48所示。

图5-47 UI元素保持到中心的固定偏移

图5-48 UI元素保持到右下角的固定偏移

通过锚定还可以让子项随父项的宽度或高度一起拉伸。矩形的每个角与其对应的锚点都有一个固定的偏移，即矩形的左上角与左上角锚点有一个固定的偏移，以此类推。因此，矩形的不同角可以锚定到父矩形中的不同点。锚定方式如图5-49所示。

图 5-49 UI 元素的角与其各自的锚点保持固定的偏移量

锚点的位置以父矩形宽度和高度的一个比例（或百分比）定义。0.0（0%）对应左边或下边，0.5（50%）对应中间，1.0（100%）对应右边或上边。但是，锚点不仅限于侧边和中间，它们可以锚定到父矩形内的任何点。

可以单独拖动每个锚点，如果这些锚点在一起，可以通过单击这些锚点的中间位置拖动锚点。如果在拖动锚点时按住 Shift 键，矩形的相应角将与锚点一起移动。

锚点控制柄可以自动贴靠到同级矩形的锚点，从而进行精确定位。

6. 锚点预设

在 Inspector 窗口中，可在矩形变换组件的左上角找到 Anchor Presets 按钮。单击该按钮将显示 Anchor Presets 下拉选单。从此选单中可以快速选择一些最常用的锚定选项。可将 UI 元素锚定到父项的侧边或中间，或者与父项大小一起拉伸。水平锚定和垂直锚定是独立的。锚点预设的样式如图 5-50 所示。

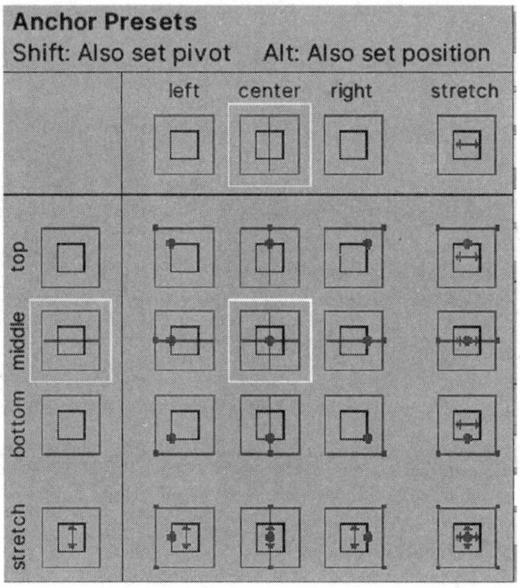

图 5-50 UI 锚点的预设

Anchor Presets 按钮将显示当前所选的预设选项（如果有）。如果水平轴或垂直轴上的锚点设置为与任何预设不同的位置，则会显示自定义选项。

5.2.3 Text 控件

Text 控件是 UI 中负责显示文字的控件，主要由“Text(Script)”组件构成。Text 控件样式如图 5－51 所示，有关属性的介绍见表 5－15。

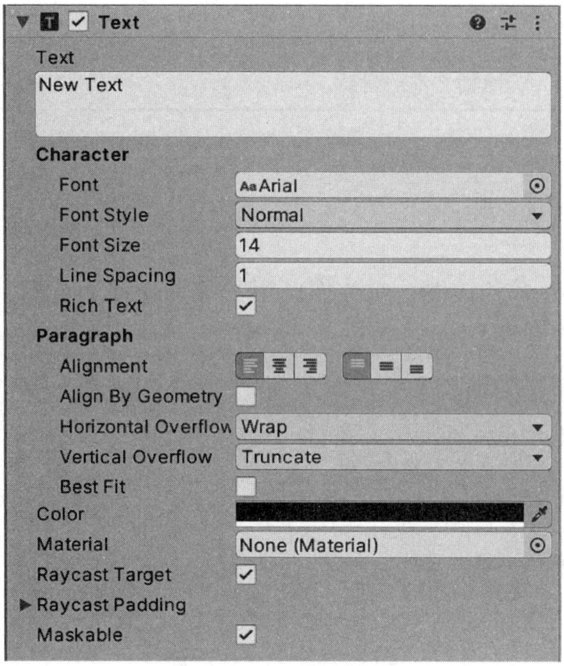

图 5－51 Text 控件

表 5－15 Text 控件属性介绍

属性	功能
Text	控件显示的文本。
Font	用于显示文本的字体。
Font Style	应用于文本的样式。选项包括 Normal、Bold、Italic 和 Bold And Italic。
Font Size	用于显示文本的大小。
Line Spacing	文本行之间的垂直间距。
Rich Text	文本中的标记元素是否应解释为富文本样式。
Alignment	文本的水平和垂直对齐方式。
Align By Geometry	使用字形几何形状的范围执行水平对齐。
Horizontal Overflow	用于处理文本太宽而无法放入矩形内的情形。提供的选项为 Wrap 和 Overflow。

续表

属性	功能
Vertical Overflow	用于处理换行文本太高而无法放入矩形内的情形。提供的选项为 Truncate 和 Overflow。
Best Fit	Unity 应该忽略大小属性并尝试直接将文本放入控件的矩形内。
Color	用于渲染文本的颜色。
Material	用于渲染文本的材质。

5.2.4 Image 控件

Image 控件是非交互式的控件，此控件可用于装饰或作为图标，还可以从脚本更改图像以便反映其他控件的更改。Image 控件样式如图 5－52 所示，有关属性介绍见表 5－16。

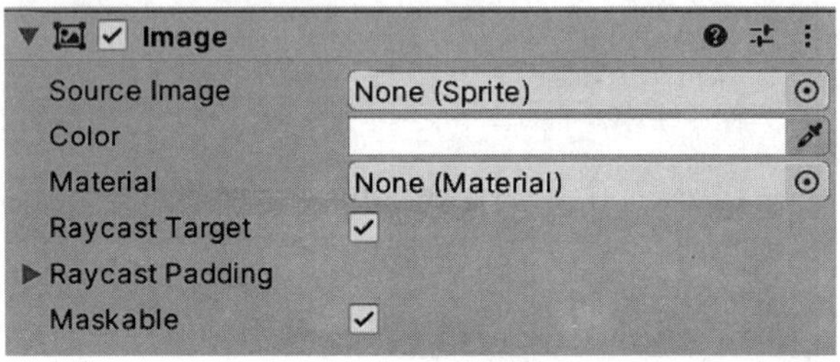

图 5－52　Image 控件

表 5－16　Image 控件属性介绍

属性	功能
Source Image	表示要显示的图像的纹理。
Color	要应用于图像的颜色。
Material	用于渲染图像的材质。
Raycast Target	如果希望 Unity 将图像视为射线投射的目标，请启用 Raycast Target。

该控件类似于 RawImage 控件，但为动画化图像和准确填充控件矩形提供了更多选项。但是，图像控件要求其纹理为 Sprite 格式，而原始图像可以接受任何纹理。开发过程中如果需要将图片类型修改为 Sprite，可以进行如下操作。

选中图片，在属性面板中将 Texture Type 参数修改为 Sprite（2D and UI），然后单击“Apply”按钮即可完成调整。可调整的类型如图 5－53 所示。

接下来就是对 Image 组件中的“Source Image”属性赋值，当对此属性赋值完成之后，Image 组件会出现“Image Type”属性，共有四个选项，具体样式如图 5－54 所示，有关的属性介绍见表 5－17。

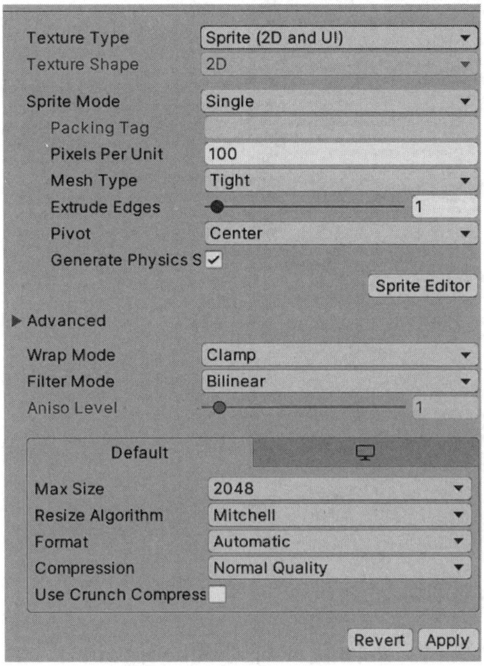

图5-53　修改图片类型

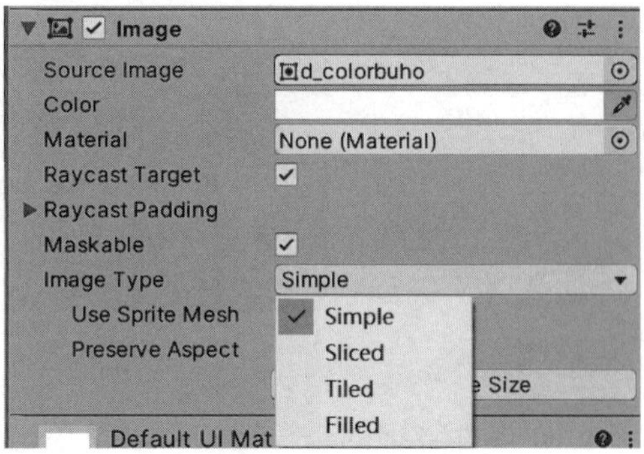

图5-54　Image Type 属性

表5-17　Image Type 属性介绍

属性	功能
Simple	普通精灵类型。
Sliced	切片。切片精灵具备良好的 UI 显示性能，因为当图像缩放后其边界保持不变。
Tiled	平铺。图片保持原始大小，重复多次可填补空白。
Filled	填充。填充类型可以用于制作各种特殊贴图特效。

5.2.5 Button 控件

Button 控件是在游戏界面比较常用的控件之一，每个游戏界面中都会有交互式的 Button 控件，它是一个简单的复合控件，Button 控件可响应用户的单击操作，用于启动或确认，熟悉的示例包括 Web 表单上使用的 Submit 和 Cancel 按钮。按钮上的文字由“Text”负责展示，按钮的外观由“Image”负责显示，按钮的行为和事件由“Button（Script）”组件构成。Button 控件效果如图5-55所示，控件样式如图5-56所示。

图5-55　在场景中默认显示效果

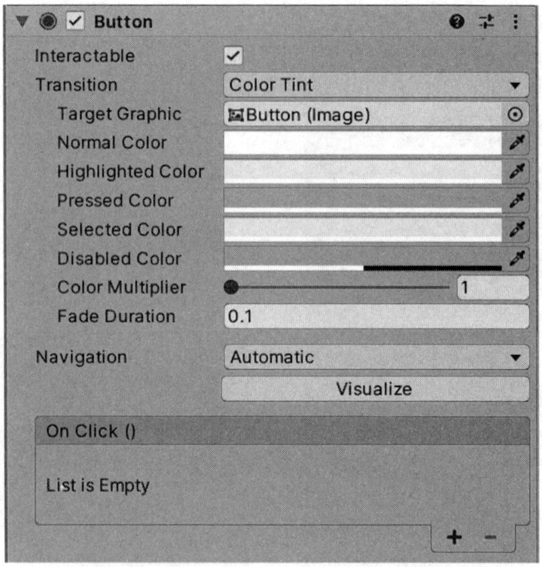

图 5-56 Button 控件

Button 控件管理的是按钮监听以及单击后的变化。下面就针对“Button(Script)”组件的属性进行讲解。有关属性的介绍见表 5-18 和表 5-19。

表 5-18 Button 控件属性介绍

属性	功能
Interactable	如果想要交互状态，请启用 Interactable。
Transition	确定控件以何种方式对用户操作进行可视化响应的属性。
Navigation	确定控件顺序的属性。

表 5-19 Transition 属性可选过渡选项讲解

过渡选项	功能
None	此选项用于使按钮完全没有状态效果。
Color Tint	根据按钮所处的状态更改按钮的颜色。可为每个单独的状态选择颜色，还可在不同状态之间设置 Fade Duration 属性。数字越大，颜色之间的淡入淡出越慢。
Sprite Swap	允许根据按钮当前的状态显示不同的精灵，并可自定义精灵。
Animation	允许根据按钮的状态产生动画，必须存在动画器组件才能使用动画过渡。要创建动画控制器，单击“Generate Animation”按钮，并确保动画控制器添加到按钮的动画器组件上。

每个过渡选项（None 除外）均提供了用于控制过渡的附加选项。我们将在下面各个部分详细介绍 Button 的三种重要状态的过渡设定。

Color Tint：Color Tint 过渡设定方式如图 5-57 所示。

Sprite Swap：Sprite Swap 过渡设定方式如图 5-58 所示，相关属性的介绍见表 5-20。

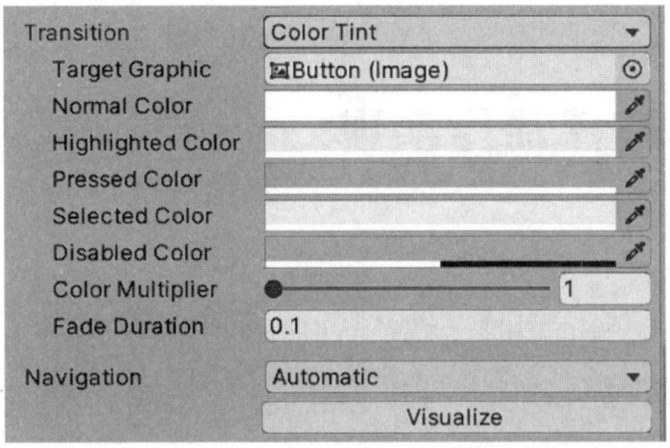

图 5－57　Color Tint 过渡设定

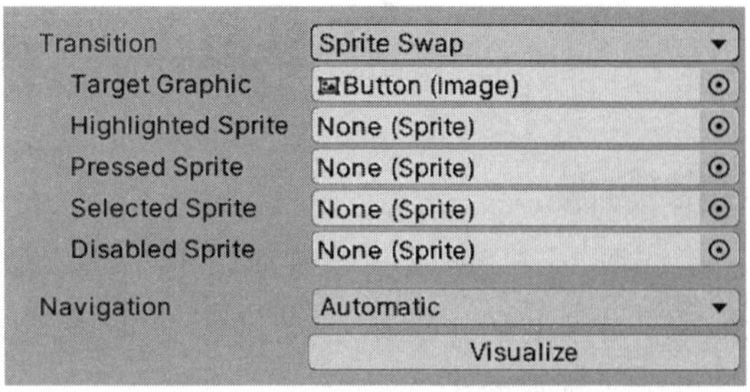

图 5－58　Sprite Swap 过渡设定

表 5－20　Sprite Swap 属性可选过渡选项讲解

属性	功能
Target Graphic	用于交互组件的图形
Normal Color	控件的正常颜色
Highlighted Color	控件突出显示时的颜色
Pressed Color	控件按下时的颜色
Disabled Color	控件禁用时的颜色
Color Multiplier	通过将 Color Multiplier 的值与过渡颜色相乘，可以使图像中不是纯白色或完全不透明的部分变得更亮
Fade Duration	从一个状态淡入淡出到另一个状态所需的时间（以秒为单位）

Animation：Animation 过渡设定方式如图 5－59 所示，属性介绍见表 5－21。

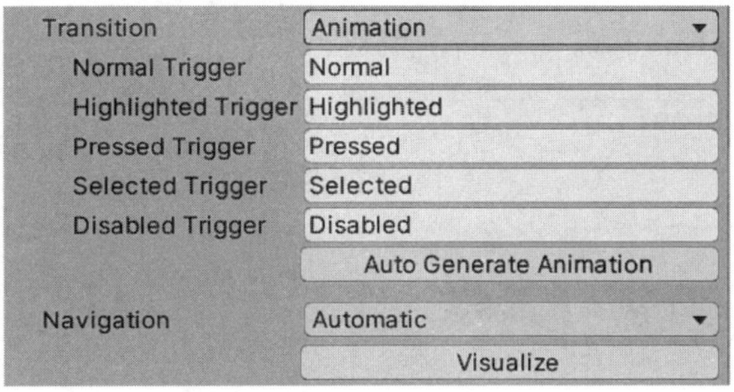

图 5－59　Animation 过渡设定

表 5－21　Animation 属性可选过渡选项讲解

属性	功能
Normal Trigger	要使用的正常动画触发器
Highlighted Trigger	控件突出显示时要使用的触发器
Pressed Trigger	控件按下时要使用的触发器
Disabled Trigger	控件禁用时要使用的触发器

任务 5.3 郑和指挥动作实现

任务描述

如图 5-60 所示，实现当准心瞄准右侧任一选择面板时，触发面板背景框准心进度条，待准心进度条读取完毕，完成交互功能，即可观看到郑和指挥舰队前进的动作。

郑和指挥动作实现

图 5-60 准心悬停实现交互功能

任务实施

步骤 1：使用 Unity Hub 创建一个新的项目，并在合适的位置储存，如图 5-61 所示。

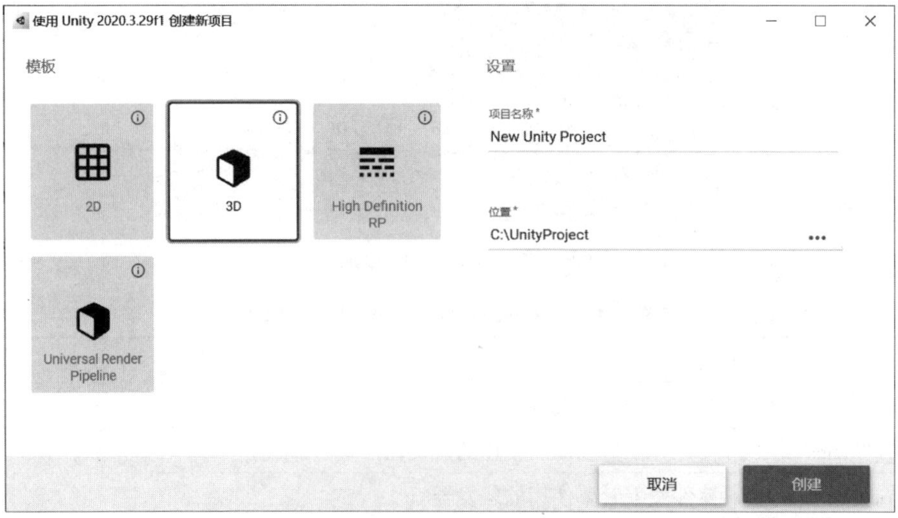

图 5-61 使用 Unity Hub 创建新项目

步骤2：当使用 Unity 3D 打开新建项目后，分别导入两个 UnityPacker 资源包，一个是基础资源包，一个是本项目所需资源包，资源包如图 5-62 所示。

步骤3：导入完成后，打开本项目所需要资源包内 05M_03ZhengHeZhiHui 文件夹下的 05M_03ZhengHeZhiHui 场景，如图 5-63 所示。

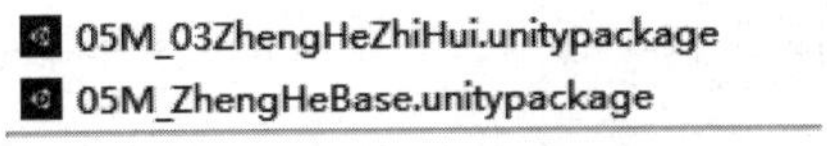

图 5-62　项目任务所需资源包

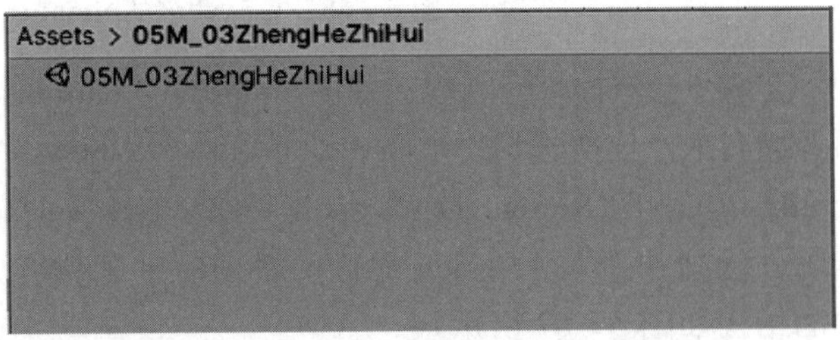

图 5-63　打开 05M_03ZhengHeZhiHui 场景

步骤4：在 Project 窗口中，在"05M_03ZhengHeZhiHui"下空白处右击，依次选择"Create"→"Animator Controller"创建 Animator Controller 文件，并将其命名为 ZhengHe，操作步骤如图 5-64 和图 5-65 所示。

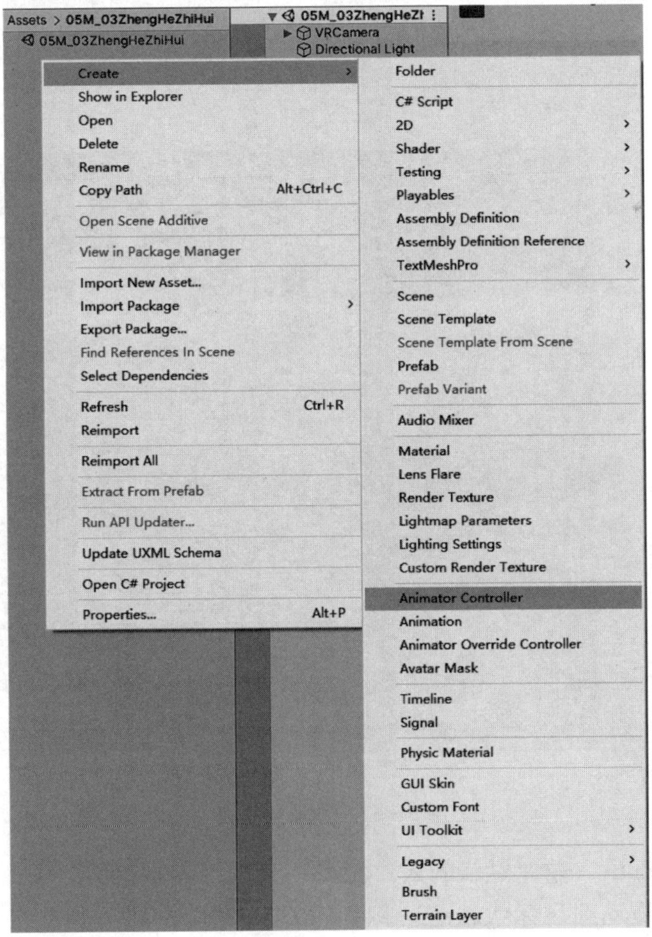

图 5-64　创建 Animator Controller 文件

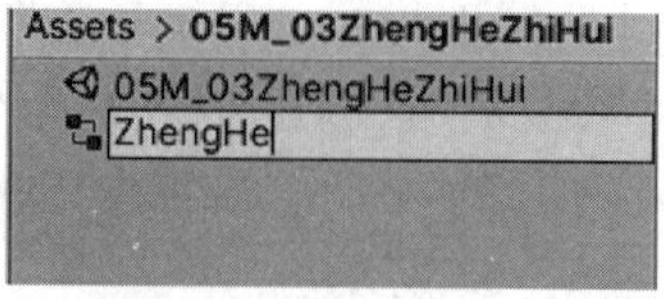

图 5-65　重新命名 Animator Controller 文件

步骤 5：双击打开刚创建好的 Animator Controller（ZhengHe）文件，在 Animator 编辑窗口界面右击，依次选择“Create State”→“Empty”创建两个状态机，并命名为 TiaoWang、ZhanLi。在 NDVRresources \ SceneRcs \ ZhengHeXiaXiYang \ Animations \ Peoples 目录下找到 ZhiHui 动画并拖入 Animator 界面。ZhiHui 动画位置如图 5-66 所示，在 Animator 编辑窗口中的结构如图 5-67 所示。

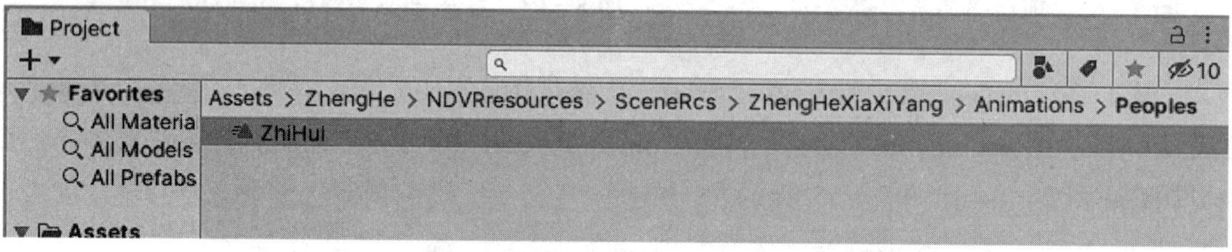

图 5-66　ZhiHui 动画在 Project 窗口的位置

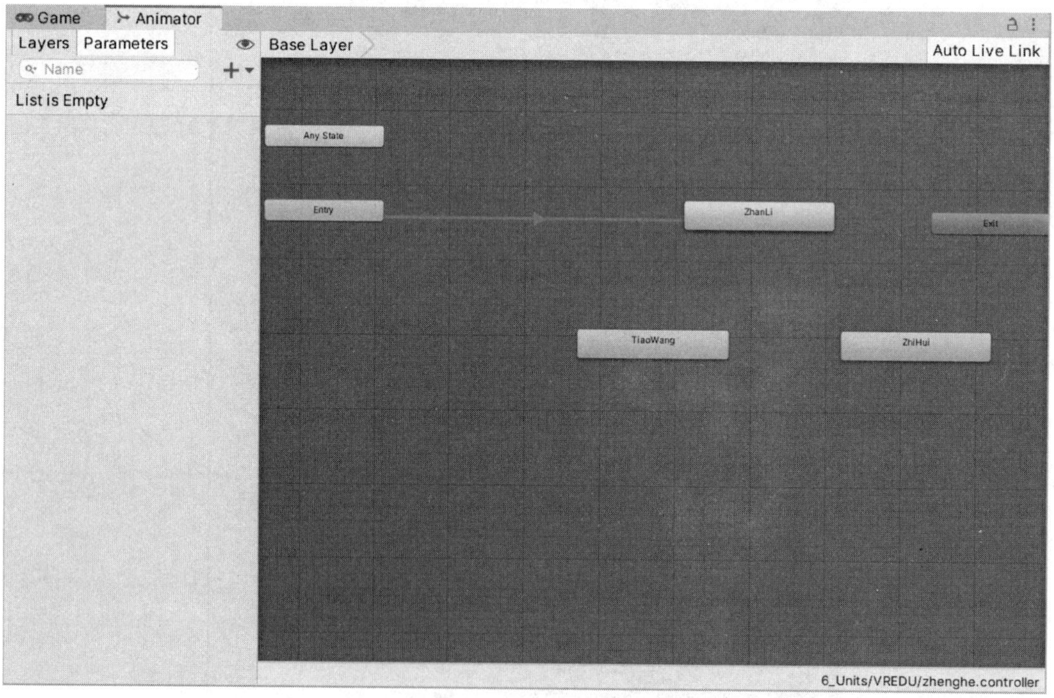

图 5-67　添加状态机

步骤 6：右击 Entry（这是默认的入口状态）并选择 Make Transition，会出现一条连接线。将这条连接线拖动到目标状态上（例如“ZhanLi”），松开鼠标，这样 Entry 就和目标状态连接起来了。

按同样的方法，右击 Entry（例如“ZhanLi”）并选择 Make Transition，将连接线拖动到下一个目标状态（例如“ZhiHui”）。继续创建其他状态的连接，如从“ZhiHui”到“TiaoWang”，再从“TiaoWang”回到“ZhanLi”。

检查连接路径：完成所有连接后，观察 Animator 窗口，确保各个状态之间的连接符合逻辑。连接线代表动画状态的流向，如图 5－68 所示。

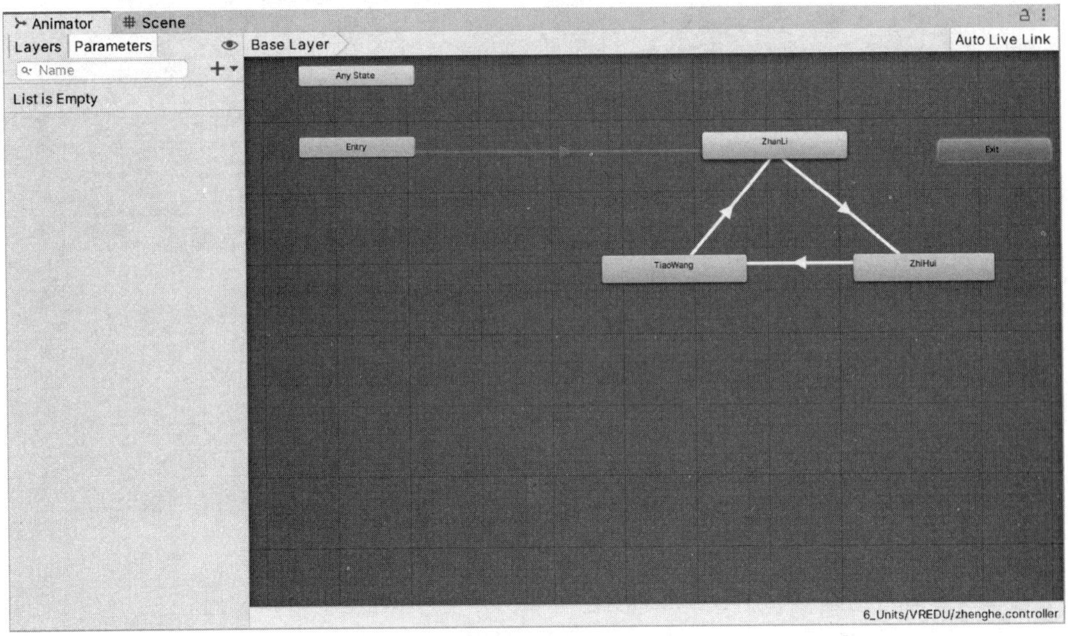

图 5－68　连接状态机

步骤 7：单击“ZhiHui”与“TiaoWang”的连接线，参数设置如图 5－69 所示（可以不更改并保持默认动作，因为站立和眺望这两个动作如果没有添加上，更改参数设置也不会有效果）。

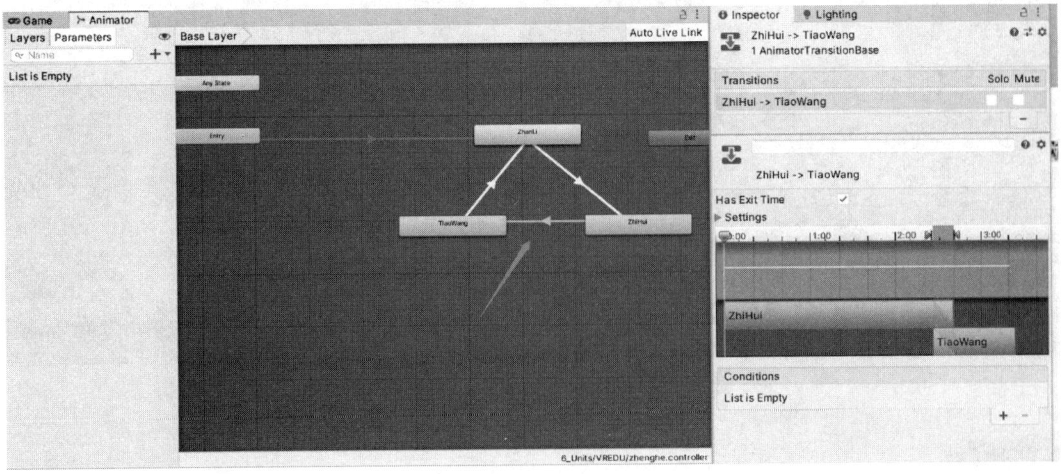

图 5－69　设置状态机

步骤 8：找到场景中的郑和（ZhengHe）模型并添加 Animator 组件。将新建的 Animator Controller（ZhengHe）拖到 Controller 上。在 NDVRresources\SceneRcs\ZhengHeXiaXiYang\Models\Peoples 目录下找到 ZhengHeAvatar 并拖到组件的 Avatar 上。配置结果如图 5－70 所示。

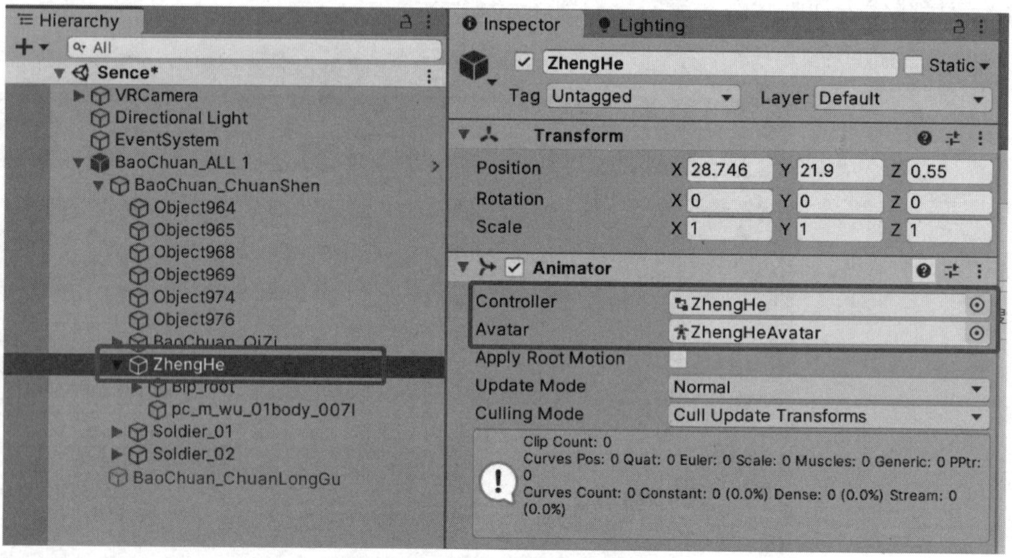

图 5－70　**Animator 设置**

步骤 9：运行结果，如图 5－71 所示。

图 5－71　**运行结果**

相关知识

Unity 的 Mecanim 动画系统提供了一整套强大的工具，用于创建高质量的角色动画。它支持动画重定向、实时权重控制、动画事件触发、复杂的动画状态机管理以及面部混合形状动画。掌握 Mecanim 是在 Unity 中能够制作专业级角色动画的关键。

5.3.1 Animation

Animation Clip 是 Unity 动画的最小构成元素。它代表了一个单独的运动，例如 RunLeft、Jump 或 Crawl，并且可通过各种方式进行操作和组合，从而产生生动的效果。除了可以从导入的 FBX 数据中选择 Animation Clip 之外，还可以通过 Animation 的录制窗口去选择对应的游戏对象进行关键帧录制。动画组件的样式如图 5 – 72 所示。

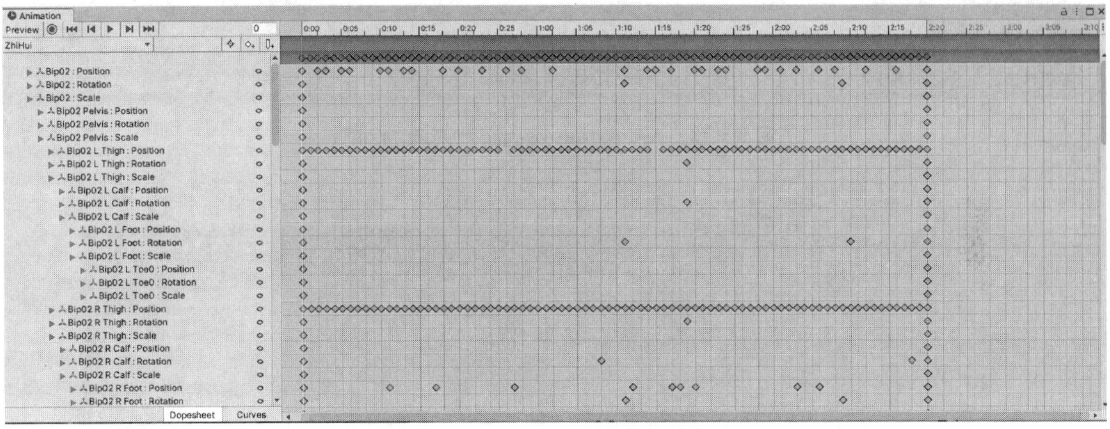

图 5 – 72 Animation 动画组件

Animation 视图用于预览和编辑 Unity 中已动画化的游戏对象的 Animation Clip。在 Unity 中打开 Animation 视图，需要依次选择“Window”→“Animation”。Animation 窗口与 Hierarchy 窗口、Project 窗口、Scene 窗口和 Inspector 窗口相关联。与 Inspector 窗口一样，Animation 窗口显示当前所选游戏对象或动画剪辑资源的动画时间轴和关键帧。可以使用 Hierarchy 窗口或 Scene 窗口来选择游戏对象，或使用 Project 窗口来选择动画剪辑资源。

在图 5 – 73 中，Animation 视图（左）显示当前所选游戏对象及其子游戏对象（如果它们也受此动画控制）所使用的动画。Scene 窗口和 Hierarchy 窗口在右侧，展示了 Animation 视图中已附加到当前所选游戏对象的动画。

Animation 视图的左侧列出动画的属性。在尚未录制任何动画的新建剪辑中，此列表为空，具体显示效果如图 5 – 74 所示。

开始动画化此剪辑中的各种属性时，已动画化的属性将显示在此处。如果该动画控制多个子对象，列表中还将包括每个子对象的动画属性的分层子列表。

此外，每个属性都可折叠和展开以显示每个关键帧记录的确切值。如果回放头（白线）位于关键帧之间，则值字段显示插值结果，可以直接编辑这些字段。如果在回放头位于关键帧之上的情况下进行了更改，则会修改该关键帧的值。如果在回放头位于关键帧之间的情况下进行了更改（因此显示的值是插值），则会在该点使用输入的新值来创建新的关键帧。新建关键帧后的样式如图 5 – 75 所示。

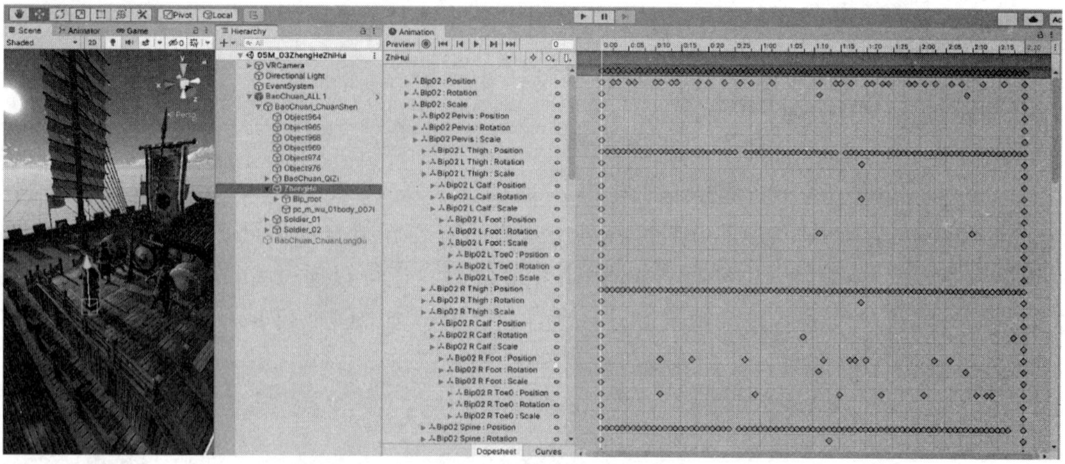

图 5－73　Animation 所选游戏对象的动画

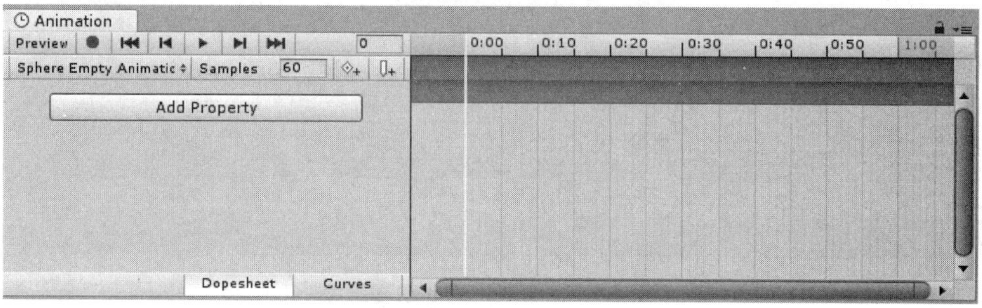

图 5－74　Animation 动画属性栏

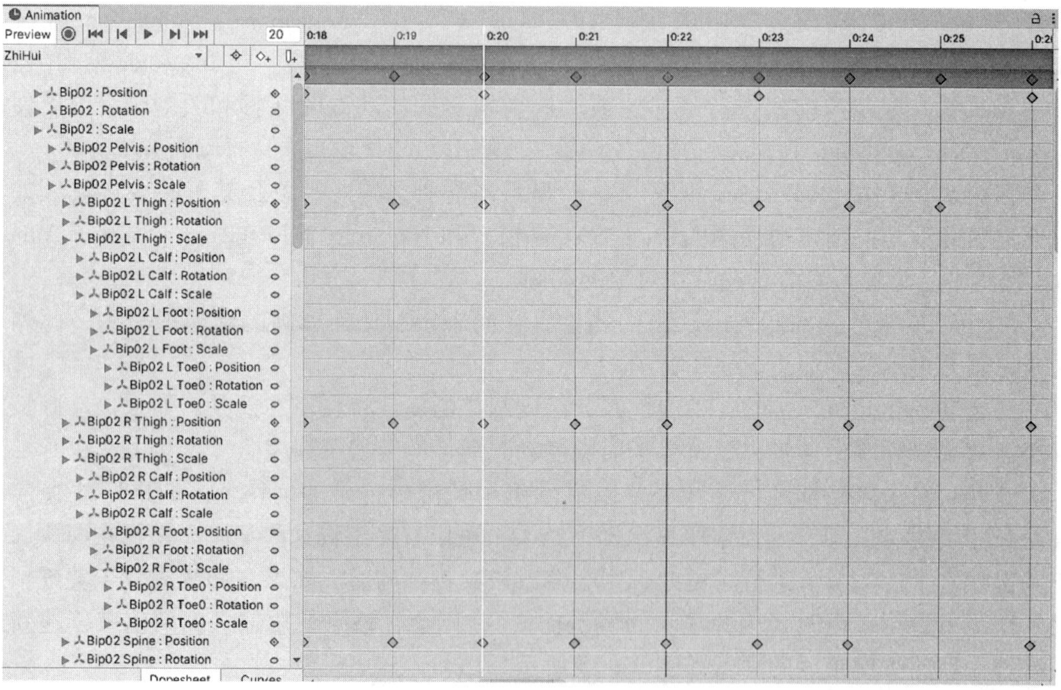

图 5－75　新建 Animation 的关键帧

要控制动画剪辑的回放，请使用 Animation 视图左上方的回放控制按钮，如图 5 - 76 所示。

图 5 - 76 Animation 控制预览按钮

从左到右，这些控制按钮分别是：

- 预览模式（切换开/关）；
- 录制模式（切换开/关），注意：如果打开录制模式，则预览模式也会始终打开；
- 将回放头移到剪辑的开头；
- 将回放头移到上一关键帧；
- 播放动画；
- 将回放头移到下一关键帧；
- 将回放头移到剪辑的结尾。

创建新的 Animation Clip，需要在场景中选择一个游戏对象，然后打开 Animation 窗口（在顶部菜单依次选择"Window"→"Animation"→"Animation"）。如果游戏对象尚未分配任何动画剪辑，则会在 Animation 窗口时间轴区域的中心位置显示"Create"按钮，显示效果如图 5 - 77 所示。

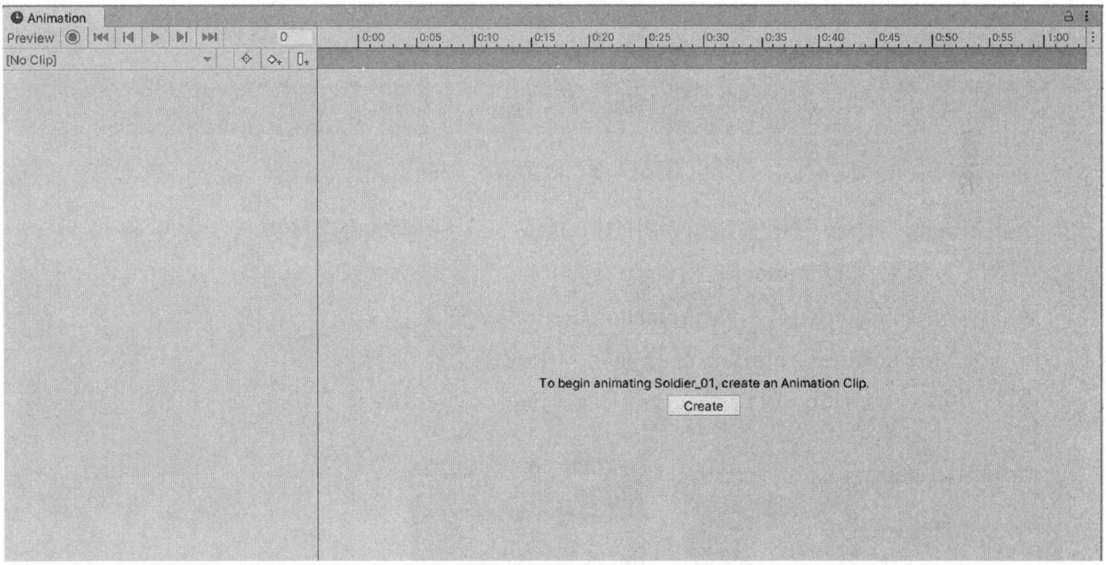

图 5 - 77 Animation Clip 动画组件

单击"Create"按钮，Unity 会提示：将新的空动画剪辑保存在 Assets 文件夹中。保存这个新的空动画剪辑时，Unity 会执行以下操作：

- 创建新的 Animator Controller 资源；
- 将新剪辑以默认状态添加到 Animator Controller 中；
- 将 Animator 组件添加到要应用动画的游戏对象；

● 为 Animator 组件分配新的 Animator Controller。

现在已设置好动画系统所有必需的元素，接下来开始动画化游戏对象。

在包含现有动画的游戏对象上创建新的动画剪辑，需要在此菜单中选择 Create New Clip。Unity 将再次提示：保存新的空动画剪辑，然后才能处理该动画剪辑。显示样式如图 5－78 所示。

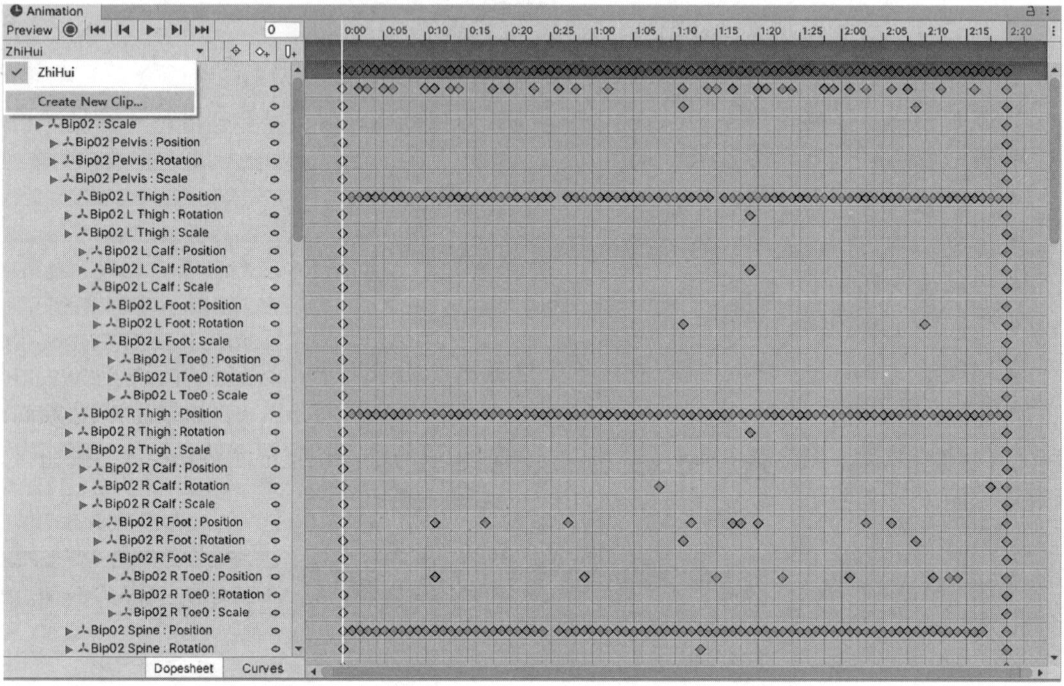

图 5－78　创建新的 Clip

上述步骤会自动设置相关组件和引用。但是，了解部件的连接方式十分重要。

● 游戏对象必须有 Animator 组件；

● 必须为 Animator 组件分配 Animator Controller 资源；

● 必须为 Animator Controller 资源分配一个或多个动画剪辑。

图 5－79 以 Animation 窗口中创建新动画剪辑为起点，展示了 Unity 如何分配这些部件。

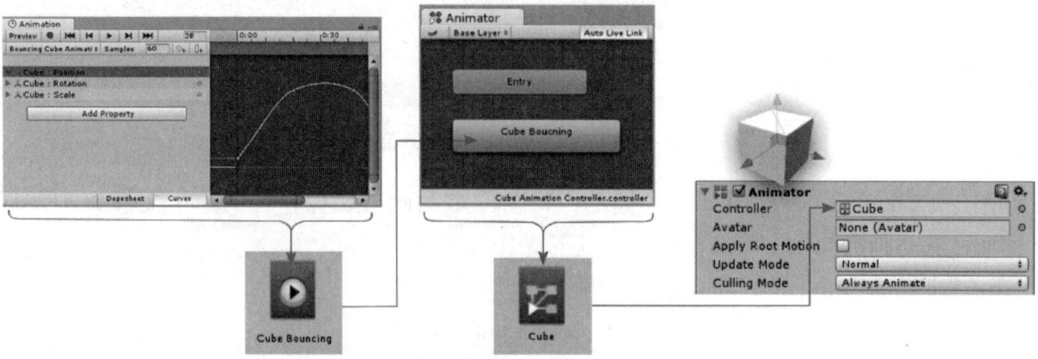

图 5－79　Animation 部件的连接方式

保存新的动画剪辑资源后，即可开始向剪辑添加关键帧。可以使用两种不同方法（录制模式和预览模式）在 Animation 窗口中对游戏对象进行动画化。

录制模式（也称为自动关键点模式）：在录制模式下，当移动、旋转或以其他方式修改动画游戏对象的任何动画属性时，Unity 会自动在回放头处创建关键帧。按下带有红色圆圈的按钮即可启用录制模式。在录制模式下，Animation 窗口时间轴显示为红色。效果如图 5－80 所示。

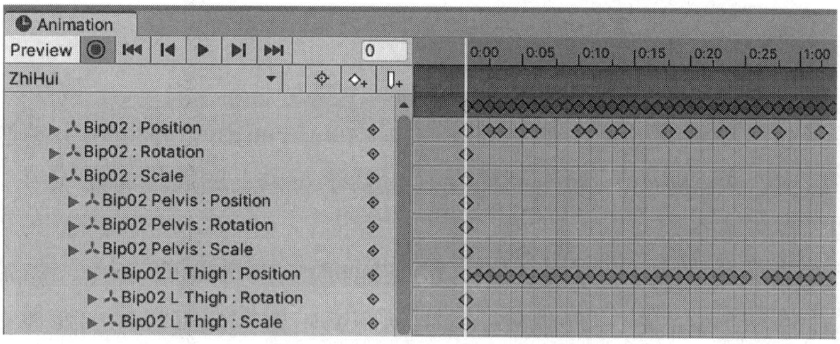

图 5－80　Animation 录制模式

预览模式：在预览模式下，修改动画游戏对象不会自动创建关键帧。每次将游戏对象修改为所需的新状态（例如移动或旋转）时，必须手动创建关键帧。按下“Preview”按钮即可启用预览模式。在预览模式下，Animation 窗口时间轴显示为蓝色。样式如图 5－81 所示。

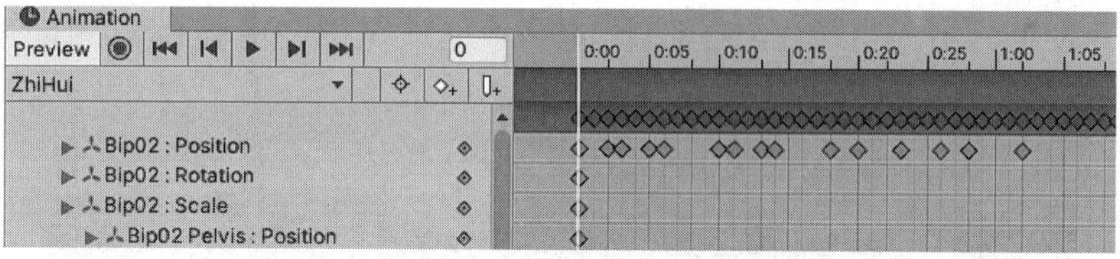

图 5－81　Animation 预览模式

要开始录制所选游戏对象的关键帧，单击“Animation Record”按钮。随后将进入动画录制模式。在此模式中，对游戏对象的更改将被录制到动画剪辑中。

进入录制模式后，通过将白色的回放头设置到动画时间轴中需要创建关键帧的位置，然后将游戏对象修改为希望它在该时间点所处的状态。

对可以被记录的动画属性（例如移动或旋转）进行的任何更改，都会在 Animation 窗口中生成该属性的关键帧。当单击或拖动时间轴时，播放头会移动，并显示当前时间点的动画状态。在图 5－82 中，可以看到录制模式下的 Animation 窗口，时间轴栏显示为红色，表示处于录制模式，动画属性在 Inspector 窗口中以红色背景显示。

可以通过再次单击“Record”按钮，随时停止录制模式。停止录制模式时，Animation 窗口将切换到预览模式，因此仍然可以根据动画时间轴看到游戏对象处于当前位置。

在动画录制模式下，通过操作游戏对象的任何属性来动画化该属性。移动、旋转或缩放游戏对象会为动画剪辑中的这些属性添加相应关键帧。在录制模式下，直接在游戏对象的 Inspector 窗口中调整值也会添加关键帧。此情况适用于 Inspector 窗口中的任何可动画化

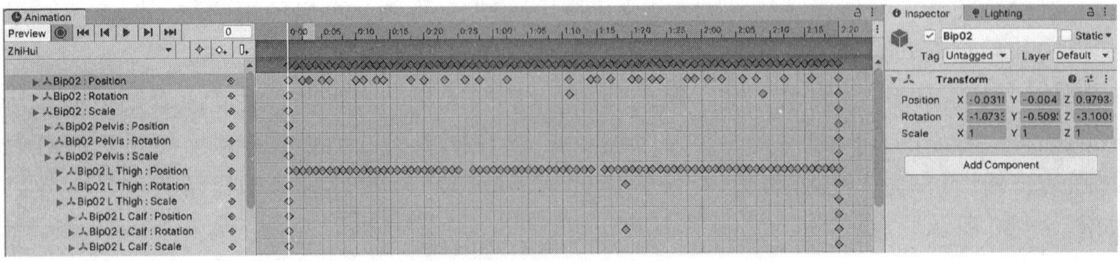

图 5－82　在场景中对动画属性的更改

属性，包括数值、复选框、颜色和大多数其他值。

游戏对象当前已动画化的所有属性都显示在 Animation 窗口左侧。未动画化的属性不会显示在此窗口中。要动画化的所有新属性（包括子对象上的属性）都会在开始动画化时被立即添加到属性列表区域。

在预览模式或录制模式下，白色竖线显示当前预览的动画剪辑帧。Inspector 和 Scene 窗口会显示处于该动画剪辑帧的游戏对象。该帧的动画属性值也将显示在属性名称右侧的列中。在动画模式中，白色竖线显示当前预览的帧。

5.3.2 Animator

Animator 即动画控制器，是指 Mecanim 动画系统中为了使开发者更加方便地完成动画的制作而引入的一种工具。动画控制器可以把大部分动画的开发工作与代码分离，动画师仅需在 Unity 开发工具中通过单击和拖拽就能够独立地完成动画控制器的创建，不涉及任何代码。Animator 控制人物动作的效果如图 5－83 所示。

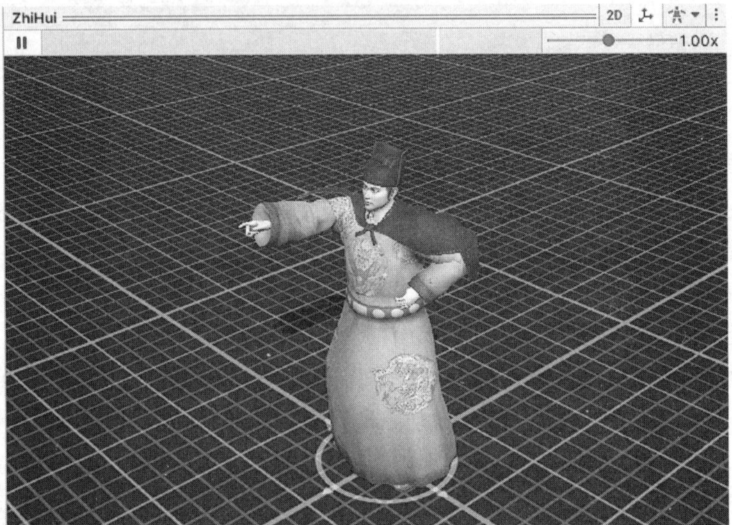

图 5－83　Animator 控制人物动作

1. Animator Controller 的创建步骤

在 Project 窗口中空白处右击，创建 Animator Controller 并且为其重新命名，双击该动画控制器，进入动画控制器编辑窗口。命令位置如图 5 - 84 所示，创建后打开的编辑窗口菜单如图 5 - 85 所示。

状态机的基本思想是使角色在某一给定时刻进行一个特定的动作。动作类型可因游戏类型的不同而不同，常用的动作包括空闲、行走、跑步、跳跃等，其中每一个动作被称为一种状态。在某种意义上，角色处于行走、空闲或者其他的状态中。一般来说，角色从一个状态立即切换到另一个状态是需要一定的限制条件的。比如角色只能从跑步状态切换到跑跳状态，而不能直接由静止状态切换到跑跳状态。角色从当前状态进入下一个状态的选项被称为状态过渡条件。状态集合、状态过渡条件以及记录当前状态的变量放在一起，形成了一个状态机。

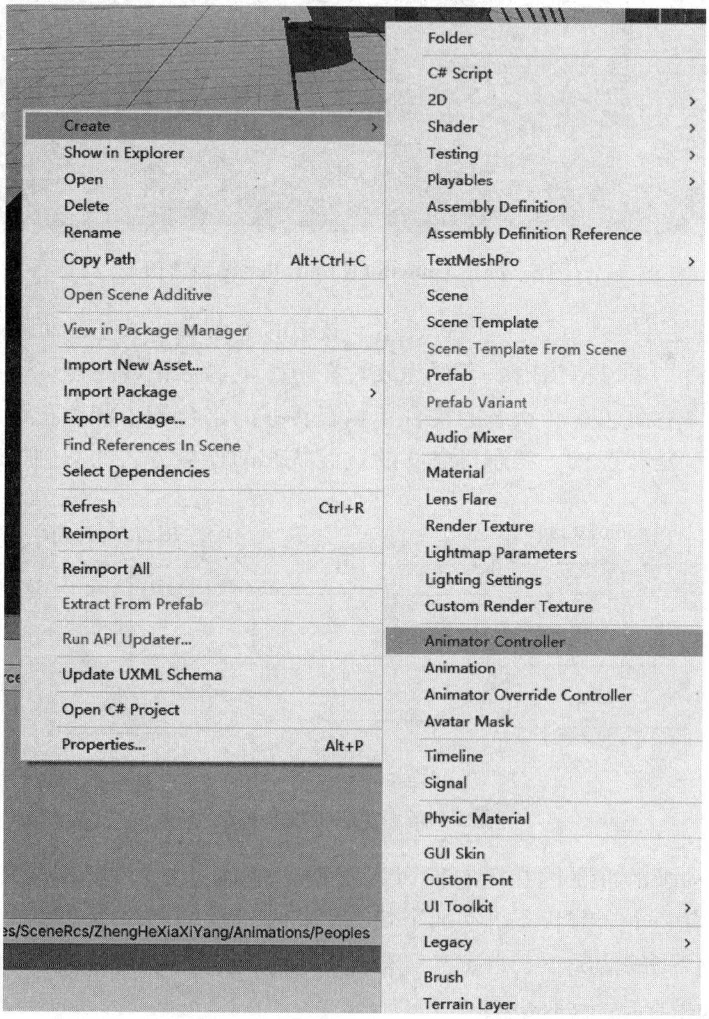

图 5 - 84 创建 Animator Controller

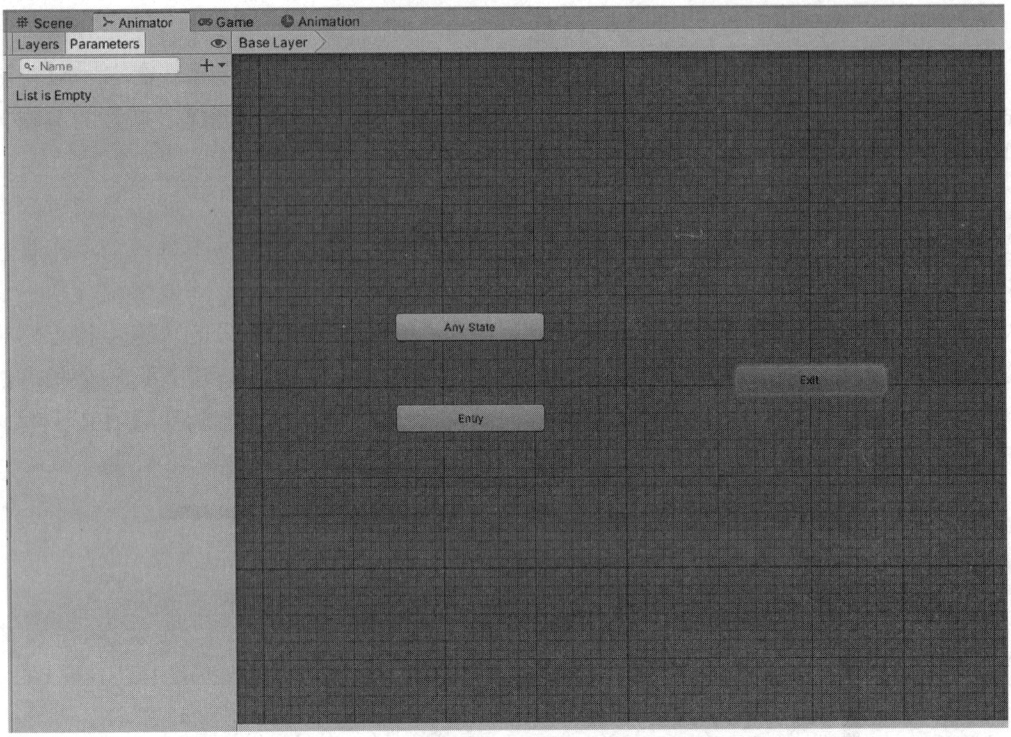

图 5-85　Animator Controller 编辑窗口

状态及其过渡条件可以通过图形来表达，其中的节点表示状态，而弧线（节点间的箭线）表示状态过渡。可以将当前状态视为放置在节点上的标记或亮点，然后只沿箭线跳转到另一个节点。将上面这些（状态的集合、状态转移的集合和一些用于记录正确状态的变量等）整合起来就是状态机。状态机之间的过渡状态的连接方式的案例如图 5-86 所示。

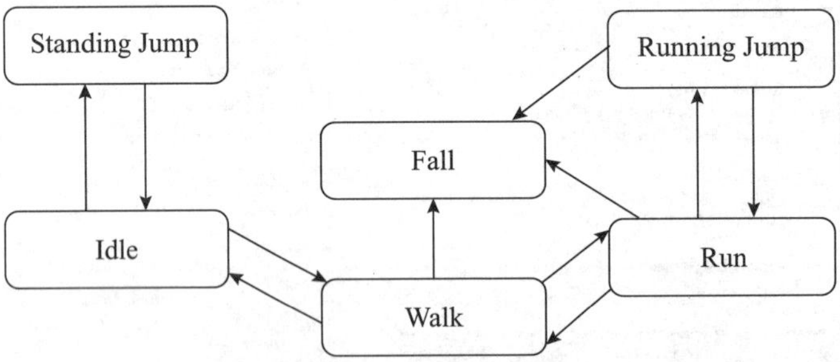

图 5-86　状态机状态过渡

状态机对于动画的重要性在于它们可以很简单地通过相对较少的编码完成设计和更新。每个状态都有一个当前状态机在那个状态下将要播放的动作集合。这将允许动画师和设计师在不使用代码的情况下，自定义（创造）角色动画的动作序列。

2. 动画状态机和动画过渡条件

一个角色在游戏中的不同状态下可以做出不同的动作。例如，一个角色可以在等待时呼吸或者摇摆，在得到命令时行走或者从一个平台掉落时惊慌地伸手。当这些动画进行播放时，使用脚本控制它们是一个潜在的复杂工作。为了优化这个问题，Unity 提供了动画状态机来更加方便地控制角色动画。

每一个动画控制器中的状态机有不同的颜色，每一个动画状态机都对应一个动作，每一个动画状态机都会默认含有 Any State、Entry、Exit 三种动画状态。其中只有一个黄色的节点代表默认状态，其余为灰色。

状态机中的每个子状态都被视为一个独立且完整的状态机，因此通过使用这些进入和退出节点，可以更简练地控制从顶级状态机到其子状态机的流程。不同过渡条件如图 5-87 所示。

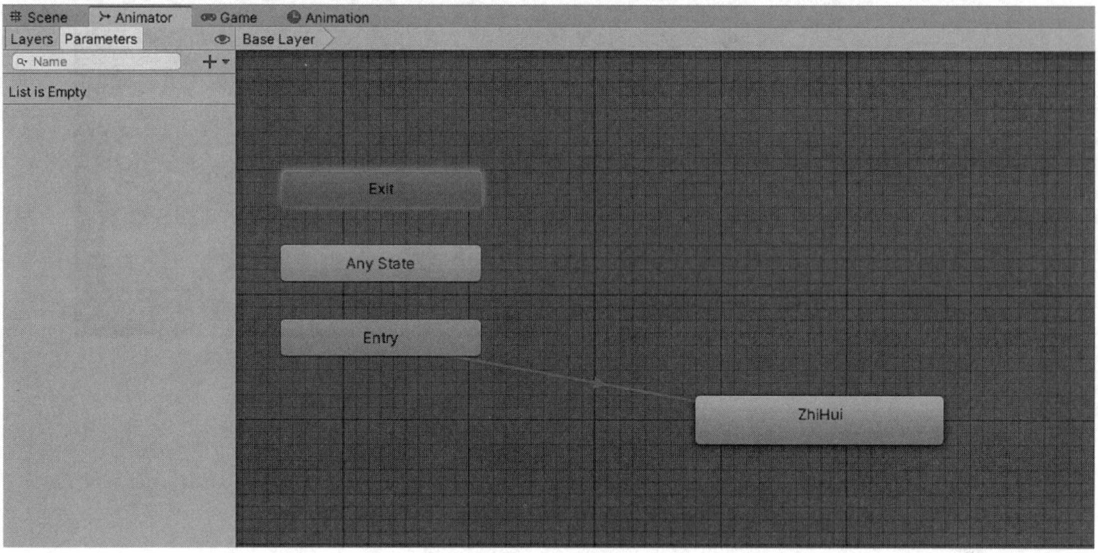

图 5-87 过渡条件

每一个动画控制器都可以有若干个动画层，每个动画层都是一个动画状态机，动画状态机中可以同时包含若干个动画状态单元或子动画状态机。

通过创建状态转移来进行两个动画之间的连接，选择 Make Transition，创建动画过渡条件，并再次单击另一个动画状态单元，完成动画过渡条件的连接。创建连接线的方式如图 5-88 所示。

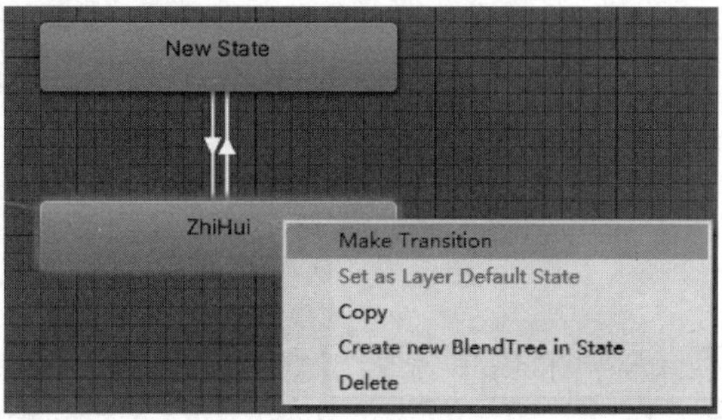

图 5-88 创建状态转移

3. 过渡条件参数设置

过渡条件用于实现各个动画片段之间的逻辑，开发者通过控制过渡条件即可实现对动画的控制。想要对过渡条件进行控制就需要创建多个参数来实现，Mecanim 动画系统支持的过渡参数类型有 Float、Int、Bool、Trigger 四种。

创建过渡条件参数的方法：在动画状态机窗口左侧中的 Parameters 窗口，单击右上角的“+”号可选择需要添加的参数类型，添加完参数后可以为参数重命名，并为其设置初始值。可设置的参数如图 5-89 所示

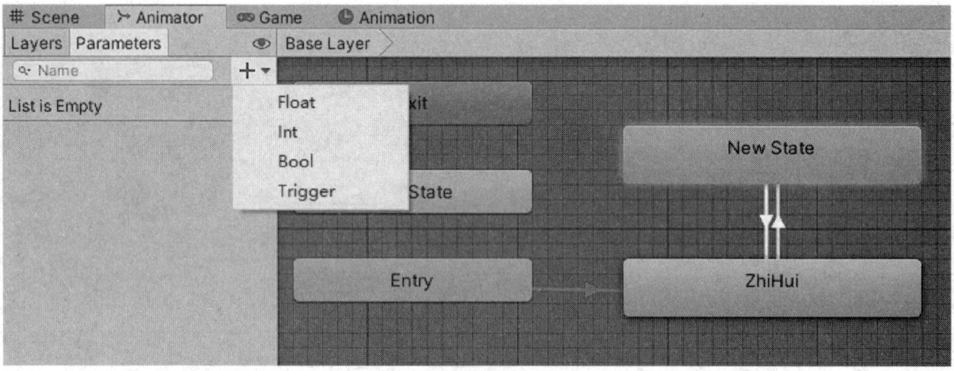

图 5-89　新建参数

- Int：整数。
- Float：带小数部分的数字。
- Bool：true 或 false 值（由复选框表示）。
- Trigger：当被过渡使用时，由控制器重置的布尔值参数（以圆形按钮表示）。

可以使用 Animator 类中的函数，从脚本为参数赋值（SetFloat、SetInteger、SetBool、SetTrigger 和 ResetTrigger）。

单击想要添加参数的过渡条件，然后在 Inspector 窗口中的 Conditions 列表单击“+”号创建参数，选择所需参数，然后为参数添加对比条件，不同类型的参数对比条件不同，如 Float 类型的参数对于条件有大于和小于。在 Conditions 属性中选择参数及比较方式（如大于或小于），并设置具体数值来控制动画状态的切换，如图 5-90 所示。

只有在满足对比条件的情况下，才会从一个动画状态跳转至另一个动画状态。若存在多个对比条件的话，需要满足所有对比条件。开发者可以根据这个特性在代码中控制参数的大小以实现动画播放控制的效果。

项目小结

在本项目中，我们深入研究了 Unity 游戏引擎的核心系统，构建了一个关于郑和下西洋的 VR 场景，特别关注了物理、UI 和动画系统的应用。首先，我们了解了 Unity 中的 VR 技术，为打造沉浸式体验奠定了基础。在物理系统部分，我们掌握了刚体、碰撞器和触发器的使用，实现了准心悬停和交互触发功能，利用射线检测技术选中和操作游戏对象。在

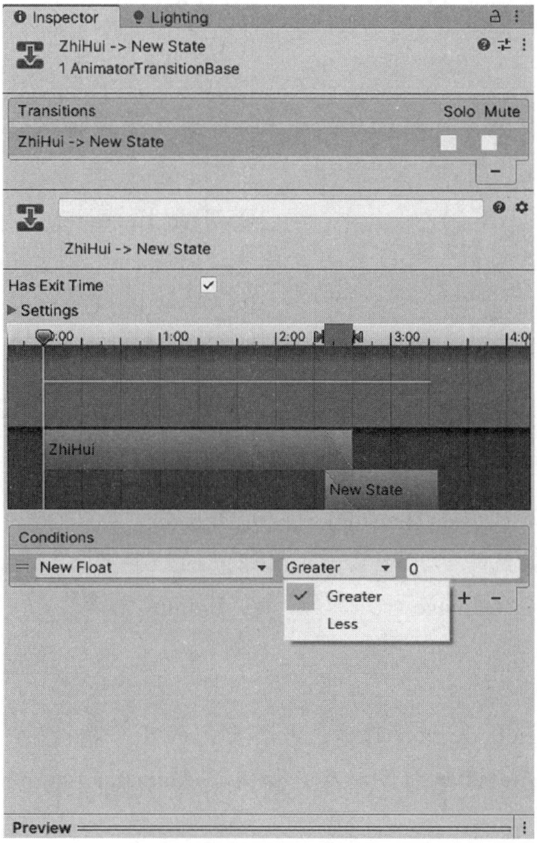

图 5-90 设置参数

UI 界面，我们深入学习了 Unity 的 UGUI 系统，探讨了各种控件的应用，学习了如何实现 UI 交互和动态效果。在动画系统的学习中，我们专注于创建和编辑 Animation Clip、管理 Animator 组件以及实现动画状态机，运用动画事件增强游戏的互动性。通过本项目，我们提升了 Unity 游戏开发技能，理解了各系统在增强玩家体验方面的重要性。

课后习题

一、选择题

1. 在 Unity 的物理系统中，用于增加物体碰撞检测的组件是（　　）。

A. Rigidbody　　B. Collider　　C. Transform　　D. Mesh Renderer

2. 在 Unity 中，哪个组件可以使游戏对象受到物理力的作用并进行真实的物理模拟？（　　）

A. Rigidbody　　B. Collider　　C. Transform　　D. Camera

3. 如果想要创建一个可以单击的按钮，需要添加哪个组件？（　　）

A. Text　　B. Button　　C. Image　　D. Canvas

4. 在 Unity 的动画系统中，控制动画状态和过渡的组件是（　　）。

A. Animator　　B. Animation　　C. Rigidbody　　D. Mesh Renderer

5. 在 Unity 中，如果想正常显示 UI 则必须存在的组件为（　　）。

A. RectTransform　　B. Canvas

C. GridLayoutGroup　　D. HorizontalLayoutGroup

6. 在 Unity 中，控制游戏对象物理材质，如摩擦力和弹力的组件是（　　）。

A. Rigidbody　　B. Collider

C. Physics Material　　D. Mesh Renderer

7. 在 Unity 的动画系统中，可以用来在动画之间进行平滑过渡的功能是（　　）。

A. Animation Clip　　B. Animation Override

C. Animator Controller　　D. CrossFade

8. 在 Unity 的 UI 系统中，哪个组件可以用来捕获和处理用户输入？（　　）

A. EventSystem　　B. Canvas　　C. InputField　　D. Event Trigger

9. 在 Unity 中，用于在 3D 空间中渲染 2D UI 元素的组件是（　　）。

A. Canvas　　B. RectTransform　　C. Image　　D. Camera

10. 在 Unity 的 UI 系统中，用于显示文本信息的组件是（　　）。

A. Text　　B. Image　　C. Button　　D. Slider

二、简答题

1. 描述 Unity 中 Rigidbody 组件的作用及其常用的几个属性。

2. 描述 Unity 中的 Animator 组件以及它如何与 Animator Controller 配合使用来控制游戏对象的动画。

项目 6

制作 VR 项目《悯农》

项目概述

在本项目中，我们将学习如何利用 Unity 游戏引擎的 VR 技术和场景搭建方法，将《悯农》中的农田场景全方位地呈现出来，让用户以全新的方式体验农民的辛勤劳动。这不仅可以帮助用户更深入地理解《悯农》的内容，从而更好地理解和欣赏中国古代文学的魅力，而且可以让用户以全新的方式体验中国从封建社会到全面建设小康社会的历史变迁。这不仅可以帮助用户更深入地理解中国的历史和文化，而且可以让他们更直观地感受到中国特色社会主义现代化建设的伟大成就。

"锄禾日当午，汗滴禾下土。谁知盘中餐，粒粒皆辛苦。"这些诗句充满了对农民辛勤劳动的敬意，同时也揭示了他们的艰难生活。这首诗以其质朴的语言、和谐的音节和生动的细节，成功地揭示了封建社会的社会矛盾和阶级剥削。

如今，中国已经全面建成小康社会。农民的生活得到了前所未有的改善，他们不再像封建时代那样生活在贫困和困苦中，而是享受到了社会主义现代化建设的成果。项目运行效果如图 6－1 和图 6－2 所示。

学习目标

知识目标

- 学习使用 Unity 中的音频系统和粒子系统，包括音频源、音频剪辑、音频监听器、粒子发射器和粒子系统模拟器等；
- 了解如何在 Unity 中实现游戏中的视频播放和特效烟雾效果；
- 掌握音频混合器和粒子系统中各种模块的使用，以实现对游戏音频和特效的更精细控制。

技能目标

- 能够使用音频监听器、粒子系统中的各种模块控制音频播放效果和特效的表现和行为；

图 6-1　项目运行效果截图 1

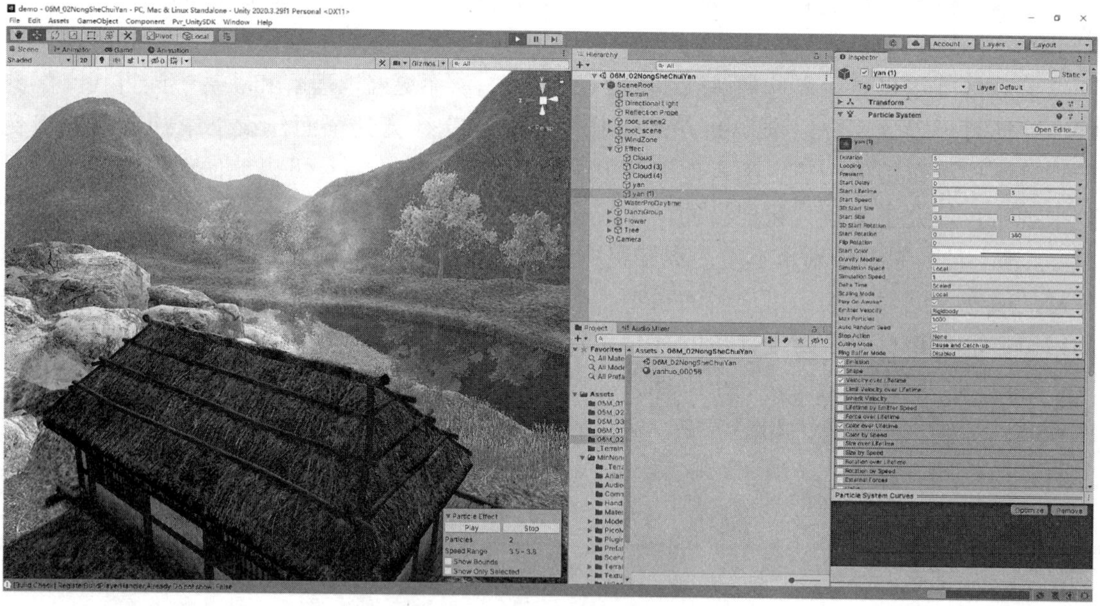

图 6-2　项目运行效果截图 2

- 能够在脚本中控制音频源、使用粒子系统实现音频和特效的交互；
- 能够优化粒子系统性能，提高游戏运行效率。

素养目标

- 养成创新意识，学会运用创新方法解决问题；
- 养成自主学习能力，能够主动学习新技术和新知识，不断提高专业素养。

任务6.1　音频与诗句同步出现

任务描述

如图6－3所示，实现程序进入场景中时，UI诗句图片随着《悯农》古诗的音频的播放同步显示。请按照要求编写代码及布置场景，完成所要求的功能。

音频与诗句同步出现

图6－3　UI与音频同步输出

任务实施

步骤1：使用Unity Hub创建一个新的项目，并储存在合适的位置，如图6－4所示。

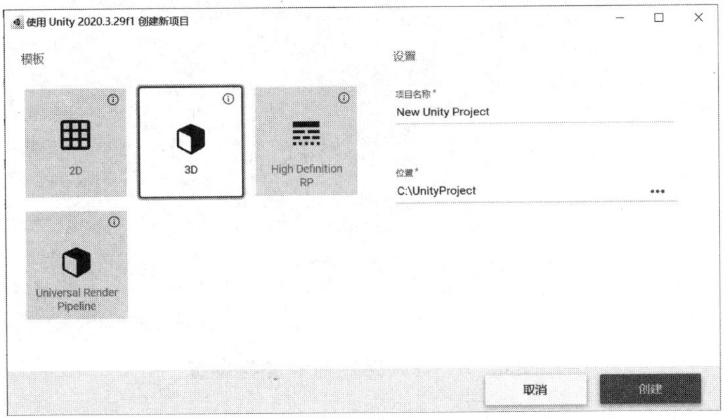

图6－4　使用Unity Hub创建新项目

步骤 2：当使用 Unity 3D 打开新建项目后，分别导入两个 UnityPacker 资源包，一个是基础资源包，一个是本项目所需资源包，资源包如图 6－5 所示。

步骤 3：导入完成后，打开本项目所需要资源包内 06M_01YinPinYuGuShi 文件夹下的 06M_01YinPinYuGuShi 场景，如图 6－6 所示。

图 6－5　项目任务所需资源包

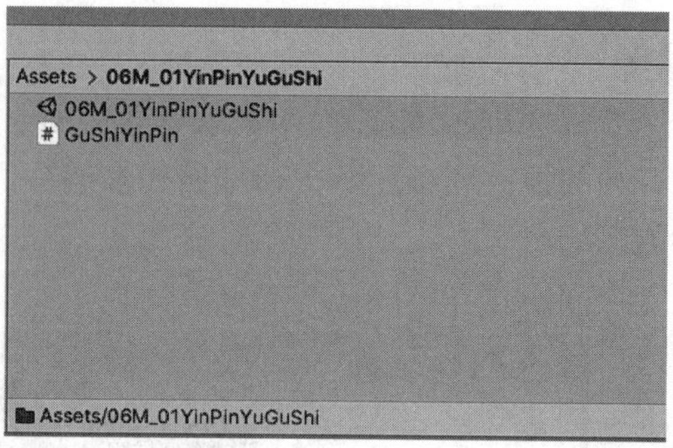

图 6－6　打开 06M_01YinPinYuGuShi 场景

步骤 4：打开场景，在 Hierarchy 窗口空白处右击，依次选择“Audio”→“AudioSource”并重命名为 Audio。在 AudioClip 属性栏中找到 Poem 音频并添加。调整其位置到农田。属性配置方式如图 6－7 所示。

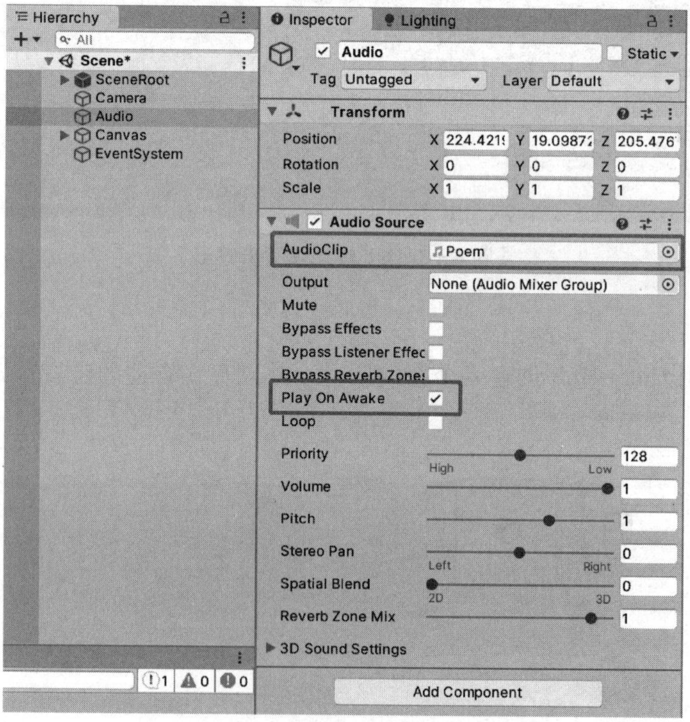

图 6－7　音频组件的添加与设置

步骤 5：在场景中，新建 6 个 Image，并在每个 Image 下面新建 Text 子类。设置每个 Image 的 Source Image 为 shuimo05。具体层级列表与父子关系如图 6－8 所示。

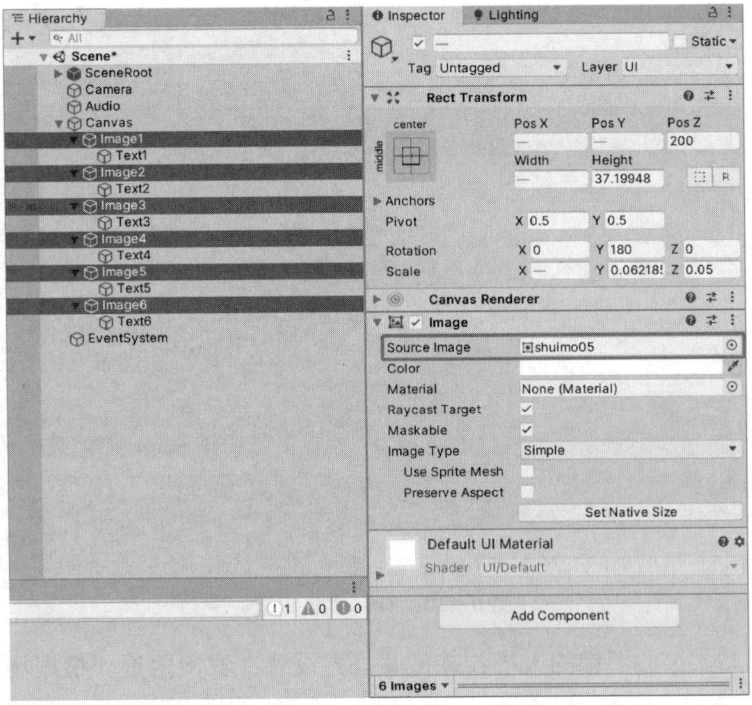

图 6-8 UI 组件的设置与游戏对象的添加

步骤 6：设置 Canvas 的 Render Mode 为 World Space 模式，并设置 Dynamic Pixels Per Unit 为 10，其 Transfrom 中 X、Y、Z 都为 0。属性设置如图 6-9 所示。

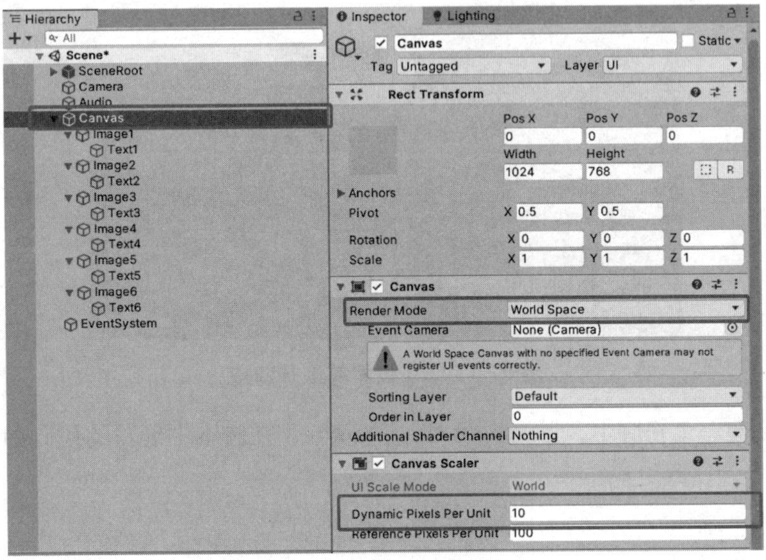

图 6-9 修改渲染模式

步骤 7：单击 Text 组件，在组件中输入需要的诗句，根据需要的文字字号来调整 Font Size，并将 Color 设置为白色。确保 6 个“Text”组件的格式一致。每个 Text 组件中的 Text 属性设置应与图 6-10 所示一致。

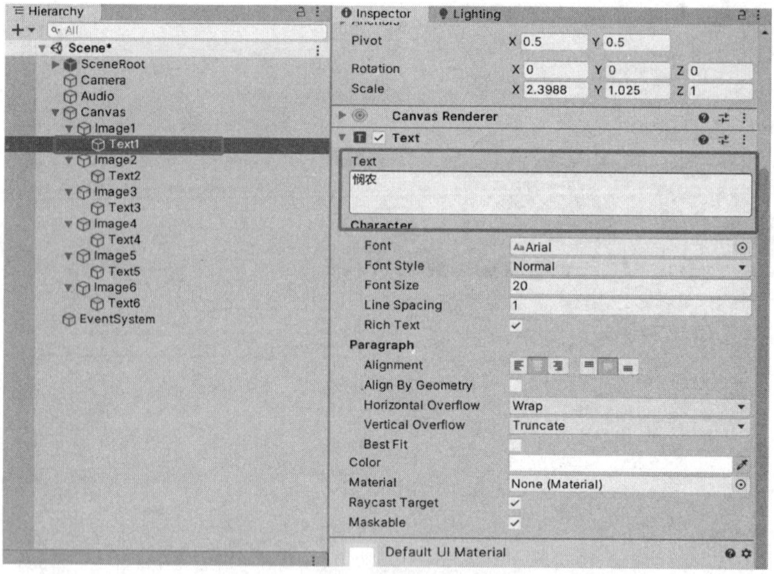

图 6-10 Text 属性设置

步骤 8：调整文字、图像的大小，并将其位置设置在农田附近。根据场景要求或个人喜好调整后显示位置如图 6-11 所示。

图 6-11 UI 位置等细节调整

步骤 9：创建一个新脚本，并命名为 GuShiYinPin，在脚本中编写的代码如【代码 6-1】所示。

【代码 6-1】：

```
using System. Collections;
using System. Collections. Generic;
using UnityEngine;
using UnityEngine. UI;
```

```
public class GuShiYinPin : MonoBehaviour
{
    public Image Image1;
    public Image Image2;
    public Image Image3;
    public Image Image4;
    public Image Image5;
    public Image Image6;
    bool MoveImage1;
    bool MoveImage2;
    bool MoveImage3;
    bool MoveImage4;
    bool MoveImage5;
    bool MoveImage6;
    float speed1;
    float speed2;
    float speed3;
    float speed4;
    float speed5;
    float speed6;

    void Start()
    {
        MoveImage1 = true;
    }


    void Update()
    {
        if (MoveImage1)
        {
            speed1 += Time.deltaTime/5;
            Image1.transform.localPosition = Vector3.MoveTowards(Image1.transform.localPo-
            sition, new Vector3(224.231f, 26.36f, 200), speed1);
            StartCoroutine(delayTime1());
        }
        if (MoveImage2)
        {
            speed2 += Time.deltaTime /5;
            Image2.transform.localPosition = Vector3.MoveTowards(Image2.transform.localPo-
            sition, new Vector3(224.08f, 23.44f, 200), speed2);
            StartCoroutine(delayTime2());
        }
        if (MoveImage3)
        {
            speed3 += Time.deltaTime /5;
```

```
            Image3. transform. localPosition = Vector3. MoveTowards( Image3. transform. localPo-
            sition, new Vector3( 223. 762f, 20. 7f, 200), speed3);
            StartCoroutine( delayTime3( ) ) ;
        }
        if ( MoveImage4)
        {
            speed4 += Time. deltaTime /5;
            Image4. transform. localPosition = Vector3. MoveTowards( Image4. transform. localPo-
            sition, new Vector3( 223. 762f, 18. 36f, 200), speed4);
            StartCoroutine( delayTime4( ) ) ;
        }
        if ( MoveImage5)
        {
            speed5 += Time. deltaTime /5;
            Image5. transform. localPosition = Vector3. MoveTowards( Image5. transform. localPo-
            sition, new Vector3( 223. 762f, 16. 13f, 200), speed5);
            StartCoroutine( delayTime5( ) ) ;
        }
        if ( MoveImage6)
        {
            speed6 += Time. deltaTime /5;
            Image6. transform. localPosition = Vector3. MoveTowards( Image6. transform. localPo-
            sition, new Vector3( 223. 762f, 13. 9f, 200), speed6);
            StartCoroutine( delayTime6( ) ) ;
        }
    }
    IEnumerator delayTime1( )
    {
        yield return new WaitForSeconds( 2. 5f) ;
        MoveImage2 = true;
        MoveImage1 = false;
    }
    IEnumerator delayTime2( )
    {
        yield return new WaitForSeconds( 4. 5f) ;
        MoveImage3 = true;
        MoveImage2 = false;
    }
    IEnumerator delayTime3( )
    {
        yield return new WaitForSeconds( 4. 5f) ;
        MoveImage4 = true;
        MoveImage3 = false;
    }
    IEnumerator delayTime4( )
```

```
    {
        yield return new WaitForSeconds(4.5f);
        MoveImage5 = true;
        MoveImage4 = false;
    }
    IEnumerator delayTime5()
    {
        yield return new WaitForSeconds(4.5f);
        MoveImage6 = true;
        MoveImage5 = false;

    }
    IEnumerator delayTime6()
    {
        yield return new WaitForSeconds(4.5f);
        MoveImage6 = false;
    }
}
```

步骤 10：将编写好的代码（GuShiYinPin）添加到 Canvas 组件中，在脚本上将 Image 添加到所对应的地方。组件中属性配置如图 6－12 所示。

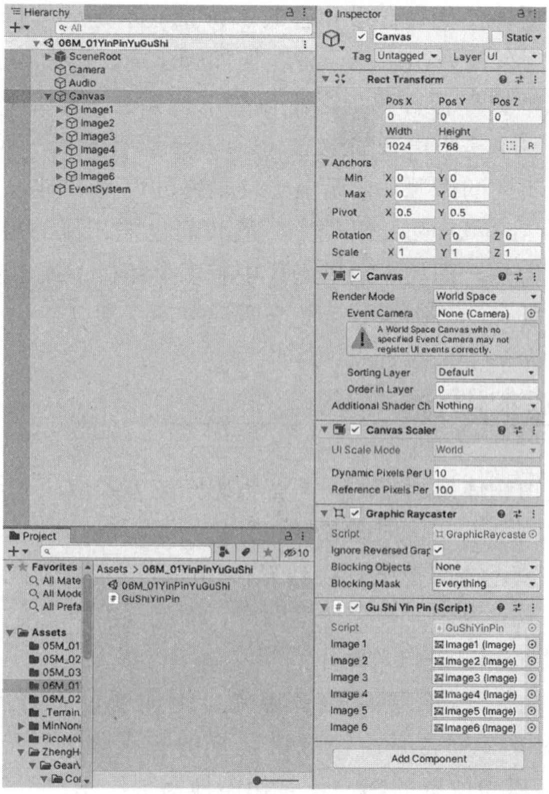

图 6－12　脚本组件属性的配置

步骤 11：运行结果如图 6－13 所示。

图 6－13　程序运行结果

相关知识

游戏中的音频分为两种：背景音乐和音效。背景音乐是持续播放的音乐或者背景声；音效一般是由某些事件触发所发出来的声音，比如脚步声、枪声等。

在现实世界中，想听到声音有两个必不可少的因素：一个是发声源（Source），也就是发出声音的地方；另一个是听声音的地方（Listener 监听器），一般是我们的耳朵，也可能是录音时的麦克风。不同的声源和监听器会使最终的声音不同。

相机上默认会带有 AudioListener 组件。一般我们也把相机的摄像头当作我们的眼睛，所以将耳朵也放在相机上是合理的。如果场景中有多个相机，或者相机需要切换，需要注意 AudioListener 组件的处理，否则音效可能会听起来不正常。

6.1.1 音频基本理论

人们听到的声音是由物体发出来的。声音被感知的方式取决于许多因素。倾听者可以粗略地分辨出声音来自哪个方向，根据音量和音色判断距离。由于多普勒效应，快速移动的声源（如坠落的炸弹或过往的警车）会随着移动而改变音高。此外，周围环境也会影响声音的反射方式，因此洞穴内的声音会产生回声，但相同的声音在露天环境中却不会产生回声。音频系统工作原理如图 6－14 所示。

为了模拟位置的影响，Unity 要求声音源来自附加到对象的音频源。然后，发出的声音由附加到另一个对象（通常是主摄像机）上的音频监听器拾取。Unity 可以模拟音频源与监听器之间的距离和位置的影响，并相应地播放给用户，还可以使用源对象和监听器对象的相对速度来模拟多普勒效应以增加真实感。Unity 无法仅根据场景几何体来

图 6-14 音频系统工作原理

计算回声，但可以通过向对象添加音频滤波器来模拟回声。例如，可以针对应该来自洞穴内的声音应用“回声”滤波器。如果对象在具有猛烈回声的地方来回移动，可以在场景中添加混响区（Reverb Zone）。例如，游戏中驾车穿过隧道，如果在隧道内放置一个混响，那么汽车的发动机声音会在汽车驶入时开始回响，当汽车从另一侧驶出时，回声会消失。

6.1.2 音频片段与 Unity 支持的音频格式

一个项目没有游戏背景和音效是极其不完整的。Unity 的音效系统是灵活的、强大的，表 6-1 列出了 Unity 所支持的多种音频格式。

表 6-1 Unity 所支持的音频格式

格式	扩展名
MPEG layer 3	.mp3
Ogg Vorbis	.ogg
Microsoft Wave	.wav
音频交换文件格式	.aiff /.aif
Ultimate Soundtracker 模块	.mod
Impulse Tracker 模块	.it
Scream Tracker 模块	.s3m
FastTracker 2 模块	.xm

音频片段又可称为音频剪辑（Audio Clip），音频剪辑包含音频源使用的音频数据。Unity 支持单声道、立体声和多声道音频资源（最多八声道）。Unity 可以导入的音频文件格式包括：.aif、.wav、.mp3 和 .ogg。Unity 还能够导入 .xm、.mod、.it 和 .s3m 格式的音轨模块。打开导入的音频后会在 Inspector 窗口查看详细信息，音频片段在属性面板显示效果如图 6-15 所示，其属性及配置介绍见表 6-2。

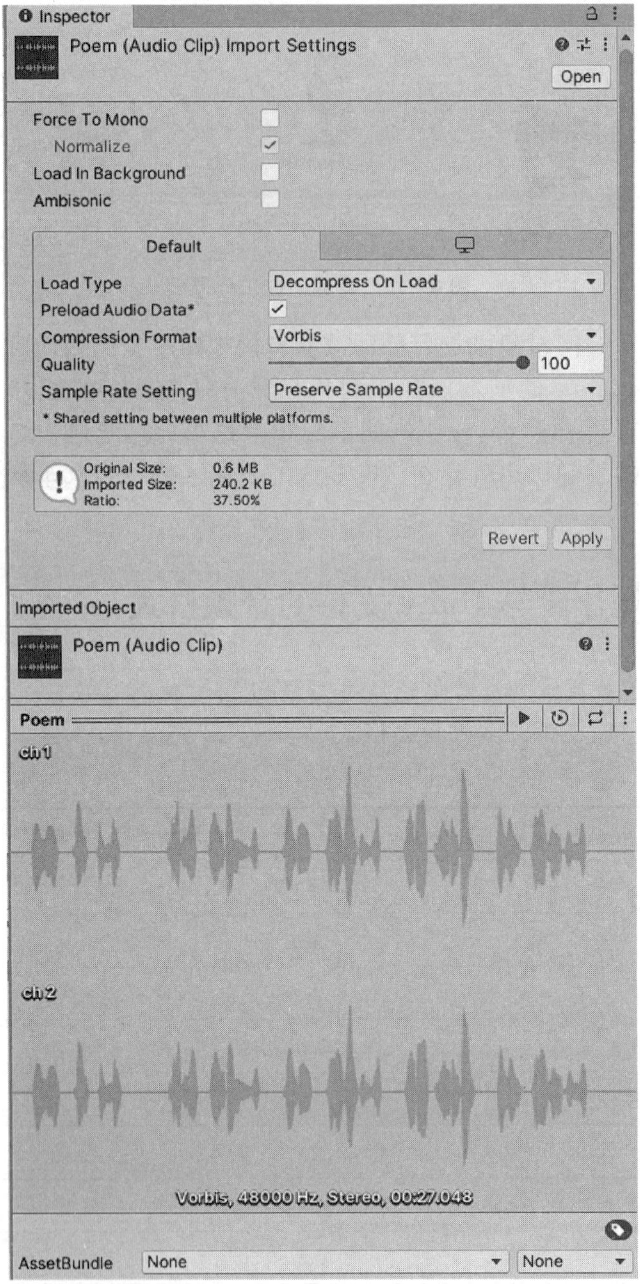

图 6-15　音频片段

表 6-2　音频片段属性栏中可配置选项

属性	功能
Force To Mono	启用此选项后，多声道音频将在打包前混合为单声道。
Normalize	启用此选项后，音频将在“Force To Mono”（强制为单声道）混合过程中被标准化。

续表

属性	功能
Load In Background	启用此选项后，剪辑的加载将在单独的线程上延时进行，不会阻止主线程。
Ambisonic	立体混响声（Ambisonic）音频源作为一种音频格式，表示听众可以听到来自各个方向的声音，包括上方和下方，从而获得更加真实和沉浸的听觉体验。
Load Type	Unity 在运行时用于加载音频资源的方法。Unity 提供了 3 种方法，分别为： （1）Decompress On Load：音频文件将在加载后立即解压缩。 （2）Compressed In Memory：保持声音压缩在内存中，当播放时才解压。 （3）Streaming：动态解码声音。
Compression Format	在运行时将用于声音的特定格式。请注意，可用选项取决于当前选定的构建目标。 （1）PCM：PCM 格式提供了更高的音质，但文件大小会相应增大。由于其高质量特性，PCM 更适用于短音频片段。 （2）Vorbis/MP3：压缩导致更小的文件，但是与 PCM Audio 相比，质量有所下降，可以通过 Quality 滑块配置压缩量，更适合中等长度的音效。 （3）ADPCM：对于包含相当多的噪音并且需要大量播放的声音非常有用，比如脚步声、撞击声、武器声。
Sample Rate Setting	PCM 和 ADPCM 压缩格式允许自动优化或手动降低采样率。 （1）Preserve Sample Rate：此设置保持采样率不被修改（默认）。 （2）Optimize Sample Rate：此设置根据分析的最高的频率内容自动优化采样率。 （3）Override Sample Rate：此属性允许用户手动覆盖默认的采样率设置。启用后，可以自定义采样率，以便更有效地控制和优化内容的播放频率。
Preload Audio Data	如果启用此选项，则在加载场景时提前加载音频剪辑文件。在默认情况下，此选项为开启状态以反映 Unity 标准模式，即在场景开始播放时所有音频剪辑文件都已完成加载。
Quality	确定要应用于压缩剪辑的压缩量。不适用于 PCM、ADPCM、HEVAG 格式。

6.1.3 核心组件——音频源

音频源（Audio Source）在场景中播放音频剪辑。剪辑的音频源可通过音频监听器或者混音器播放。音频源可播放任何类型的音频剪辑，可设置以 2D、3D 或混合（Spatial Blend）模式播放。音频可在扬声器（立体声到 7.1）之间扩散，并在 3D 和 2D 之间变换。可通过衰减曲线控制传播距离。此外，如果监听器位于一个或多个混响区内，则会将混响应用于音频源。可对每个音频源应用于单独的滤波器，以获得更丰富的音频体验。音频源属性面板中的参数如图 6－16 所示，相关的属性介绍见表 6－3。

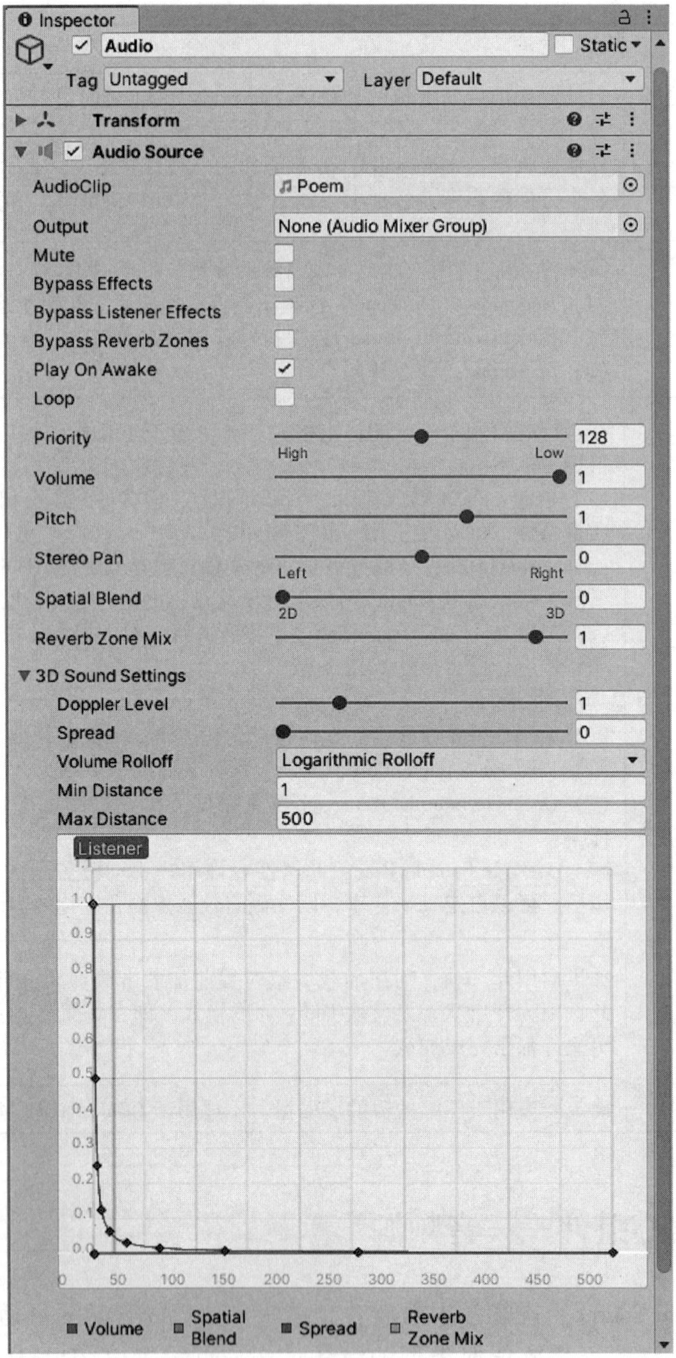

图 6-16 Audio Source 参数面板

表 6-3 Audio Source 组件属性

属性	功能
AudioClip	指定播放的音频文件。
Output	可设置声音是先通过音频混音器播放还是直接播放到音频监听器。

续表

属性	功能
Mute	静音。
Bypass Effects	音源滤波开关。
Bypass Listener Effects	监听器滤波开关。
Bypass Reverb Zones	回音混淆开关。
Play On Awake	运行启动播放开关。
Loop	循环播放开关。
Priority	播放优先级。
Volume	调节音量的大小。
Pitch	音调，当<1 时，慢速播放；当>1 时，快速播放。速度越快，音调越高。
Stereo Pan	设置 2D 声音的立体声位置。
Spatial Blend	空间混合，设置 3D 引擎对音频源的影响程度。
Reverb Zone Mix	回音混合。
3D Sound Settings	3D 音频设置与 Spatial Blend 参数成正比应用的设置。
Doppler Level	确定将对此音频源应用于多普勒效果的程度（如果设置为 0，则不应用于任何效果）。
Spread	在发声空间中将扩散角度设置为 3D 立体声或多声道。
Min Distance	在 Min Distance 内，音量将保持在最高水平。在 Min Distance 之外，音量将开始减弱。
Max Distance	音量停止衰减的距离。当声音源与监听器之间的距离超过此值后，音量将保持在 Max Distance 处的水平，不再继续衰减。

6.1.4 核心组件——监听器

音频监听器（Audio Listener）是类似于麦克风的设备。它接收来自场景中任何给定音频源的输入，并通过计算机扬声器播放声音。对于大多数应用程序，最有意义的是将监听器附加到主摄像机上。如果音频监听器位于混响区的边界内，则会将混响应用于场景中的所有可闻声音。此外，音频效果可应用于监听器，并将应用于场景中的所有可闻声音。监听器组件样式如图 6－17 所示。

图 6－17　音频监听器

音频监听器没有属性，但必须添加音频监听器才能工作。默认情况下，音频监听器将被添加到主摄像机上。

音频监听器与音频源配合使用，可为游戏营造听觉体验。当音频监听器连接到场景中的游戏对象时，任何足够接近监听器的声源都将被拾取并输出到计算机的扬声器。每个场景只能有 1 个音频监听器才能正常工作。

如果音频源是 3D，监听器将模拟 3D 世界中声音的位置、速度和方向（可以在音频源中非常详细地调整衰减和2D/3D行为)。如果选择2D模式，将忽略任何3D处理。例如，如果角色走出街道进入音乐厅，那么音乐厅的音乐可能是2D，而俱乐部中人物的个人声音应该是单声道的，其真实的定位由Unity处理。

提示：每个场景只能有一个音频监听器。要访问项目级别的音频设置，可使用Audio窗口（在主菜单中依次单击“Edit”→“Project Settings”→“Audio”）。

6.1.5 视频播放器

视频剪辑是导入的视频文件，可由视频播放器（Video Player）组件用于播放视频内容（如果视频有声音，同时播放附带的音频内容）。视频文件的典型文件扩展名包括.mp4、.mov、.webm 和 .wmv。选择视频剪辑时，Inspector 窗口会显示视频剪辑导入器（Video Clip Importer），其中包括选项、预览和详细信息。单击预览窗口右上角的“Play”按钮即可播放视频剪辑及其第一个音频轨道。

新建 Video Player 的步骤为：

（1）新建一个空白的 Video Player：依次选择菜单栏中“GameObject”→“Video”→“Video Player”命令或者在 Hierarchy 窗口上依次选择“Create”→“Video”→“Video Player”或者在 Hierarchy 窗口空白处右击，依次选择“Video”→“Video Player”。

（2）将导入的 Video Clip 直接拖入 Scene 或 Hierarchy 窗口中，生成的 Video Player 组件会自动将 Video Clip 赋值。如果场景中存在 Main Camera，Camera 属性会自动指定为 Main Camera。

（3）将导入的 Video Clip 拖动到场景中的 Camera 对象上，生成的 Video Player 组件会自动赋值 Video Clip 和 Main Camera，并且默认选择 Camera Far Plane 模式。

（4）将导入的 Video Clip 拖动到场景中的2D或3D对象上，生成的 Video Player 组件会自动赋值 Video Clip 和 Renderer，默认选择 Material Override 模式。

（5）将导入的 Video Clip 拖动到场景中的 UI 对象上，生成的 Video Player 组件会自动赋值 Video Clip，默认选择 Render Texture 模式。

其中 Video Player 组件的参数面板如图6－18所示，相关的属性介绍见表6－4。

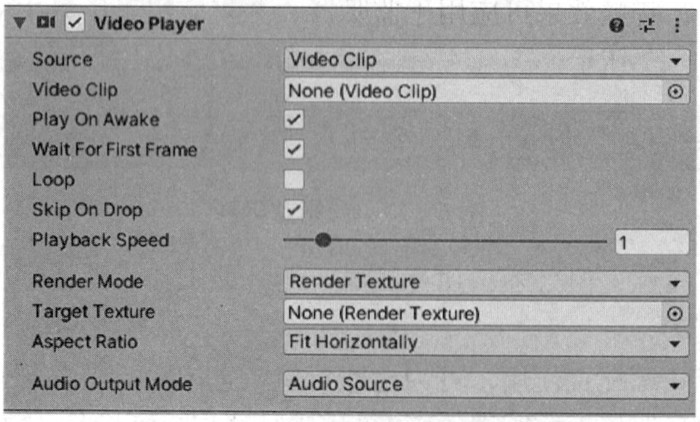

图6－18 Video Player 参数面板

表 6-4　Video Player 组件属性介绍

属性	功能
Source	选择视频源类型。 URL：输入要分配给视频播放器的视频的 URL。 Video Clip：将视频剪辑片段分配给视频编辑器。
Video Clip	将视频剪辑分配给视频编辑器。
Play On Awake	勾选 Play On Awake 复选框，可在场景启动时播放视频。如果希望在运行时的另一个点触发视频播放，请取消勾选此复选框。此情况下可使用 Play() 命令通过脚本触发视频播放。
Wait For First Frame	如果勾选 Wait For First Frame 复选框，Unity 将在游戏开始前等待源视频的第一帧准备显示。如果取消勾选此复选框，可能会丢弃前几帧使视频时间与游戏的其余部分保持同步。
Loop	勾选 Loop 复选框，使视频播放器组件在源视频到达结尾时循环播放视频。
Playback Speed	此滑动条和数字字段表示播放速度的乘数，为 0 到 10 之间的值。在默认情况下，该字段设置为 1（正常速度）。如果该字段设置为 2，则视频以其正常速度的两倍进行播放。
Render Mode	使用下拉菜单来定义视频的渲染方式。 Camera Far Plane：在摄像机的远平面上渲染视频。 Camera Near Plane：在摄像机的近平面上渲染视频。 Render Texture：将视频渲染到渲染纹理中。 Material Override：通过游戏对象渲染器的材质将视频渲染到游戏对象的选定纹理属性中。 API Only：将视频渲染到 VideoPlayer. texture 脚本 API 属性中。必须使用脚本将纹理分配给其预期目标。
Aspect Ratio	在使用相应的渲染模式（Render Mode）时，用于填充摄像机近平面（Camera Near Plane）、摄像机远平面（Camera Far Plane）或渲染纹理（Render Texture）的图像的宽高比。
Audio Output Mode	定义如何输出源的音频轨道。
Controlled Tracks	视频中的音频轨道数量。
Track Enabled	勾选相关复选框进行启用后，关联的音频轨道将用于播放。 Audio Source：用于播放音频轨道的音频源。目标音频源也可以播放音频剪辑。 Mute：将关联的音频轨道静音。在 Audio Source 模式中，将使用音频源的控件。 Volume：关联音频轨道的音量。在 Audio Source 模式中，将使用音频源的音量。

Unity 支持许多不同格式的视频文件。Unity 将导入的视频文件存储为视频剪辑（Video Clip）资源。

为了让 Unity 正确预览视频文件，这些视频文件必须与 Editor 平台（运行 Unity 的平台）兼容。还必须确保文件与构建项目时运行项目的目标平台兼容。其中，不同平台所支持的文件格式见表 6-5。

表 6-5　Unity 所支持的视频文件格式

扩展名	Windows	MacOSX	Linux
.asf	√		
.avi	√		
.dv	√	√	
.m4v	√	√	
.mov	√	√	
.mpg	√	√	
.mpeg	√	√	
.ogv	√	√	√
.vp8	√	√	√
.webm	√	√	√
.wmv	√		

视频文件轨道也必须使用支持的编解码器进行编码。每个平台都支持编解码器的特定子集，该子集因平台的版本而异。

使用不受支持的编解码器编码的轨道会在 Editor 中触发错误消息，必须先使用兼容的编解码器对轨道进行转换/重新编码，然后才能使用。

对于大部分平台，H. 264（通常采用 .mp4、.m4v 或 .mov 格式）是支持性最佳的视频编解码器，因为它提供最佳的跨平台兼容性。

对于 Linux，最佳编码通常是 .webm 格式，其中的视频轨道使用 VP8 编解码器进行编码，而音频则使用 Vorbis 编解码器进行编码。

任务 6.2　农舍炊烟效果实现

任务描述

如图 6-19 所示，当完成古诗加载后，会进入新的场景，在此场景中可以看到若干房屋上有袅袅炊烟，请通过粒子系统实现这一效果。

农舍炊烟效果实现

任务实施

步骤 1： 使用 Unity Hub 创建一个新的项目，并储存在合适的位置，如图 6-20 所示。

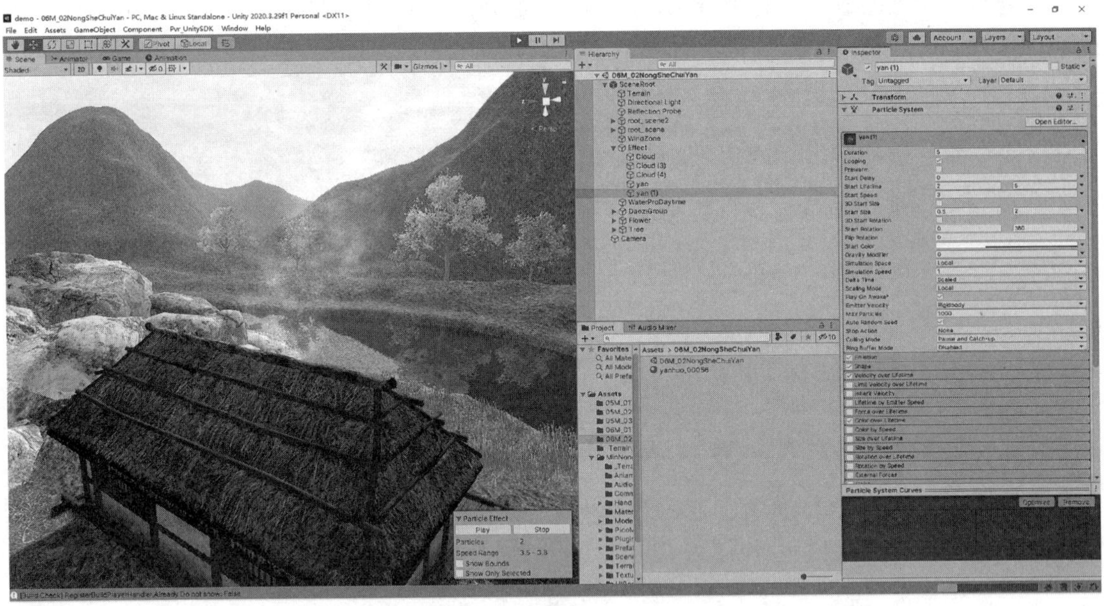

图 6－19　房屋上的炊烟

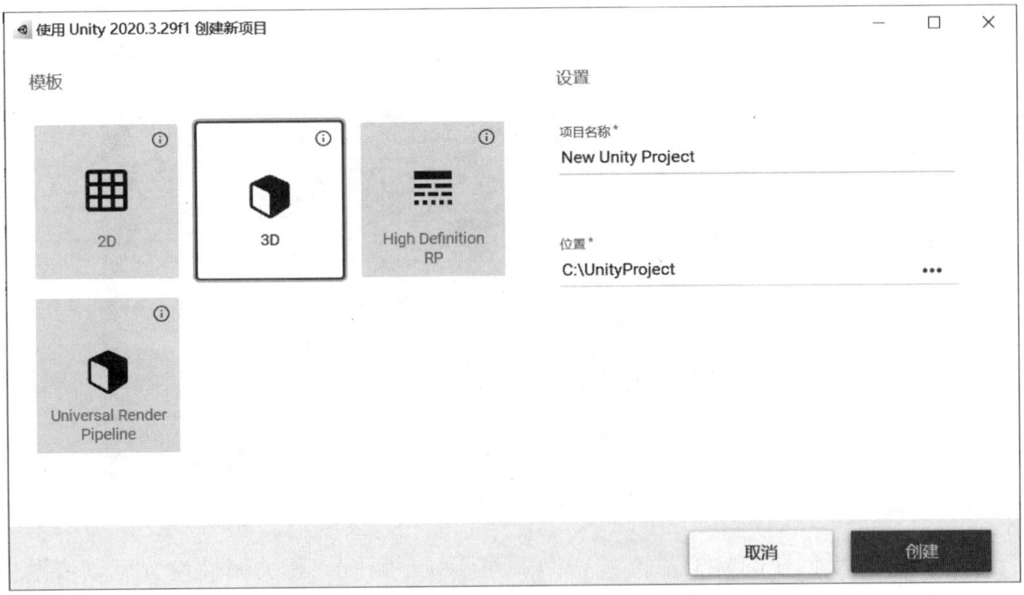

图 6－20　使用 Unity Hub 创建新项目

步骤 2： 当使用 Unity 3D 打开新建项目后，分别导入两个 UnityPacker 资源包，一个是基础资源包，一个是本项目所需资源包，资源包如图 6－21 所示。

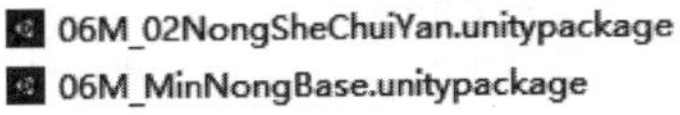

图 6－21　项目任务所需资源包

步骤 3：导入完成后，打开本项目所需要资源包内 06M_02NongSheChuiYan 文件夹下的 06M_02NongSheChuiYan 场景，如图 6－22 所示。

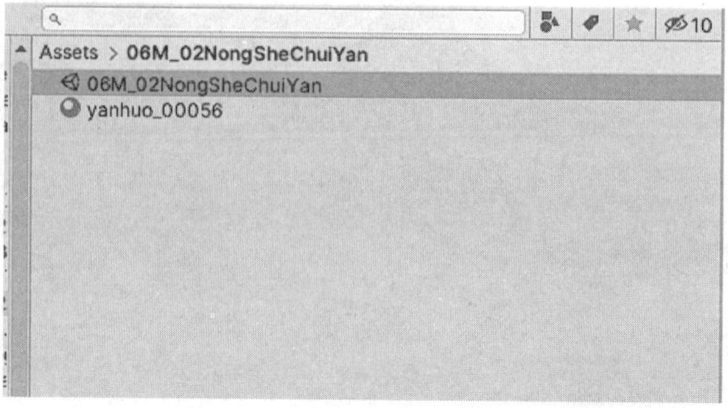

图 6－22　打开 06M_02NongSheChuiYan 场景

步骤 4：如图 6－23 所示，在 Hierarchy 窗口空白处右击，依次选择“Effects”→“Particle System”，创建一个粒子系统并命名为 Yan。

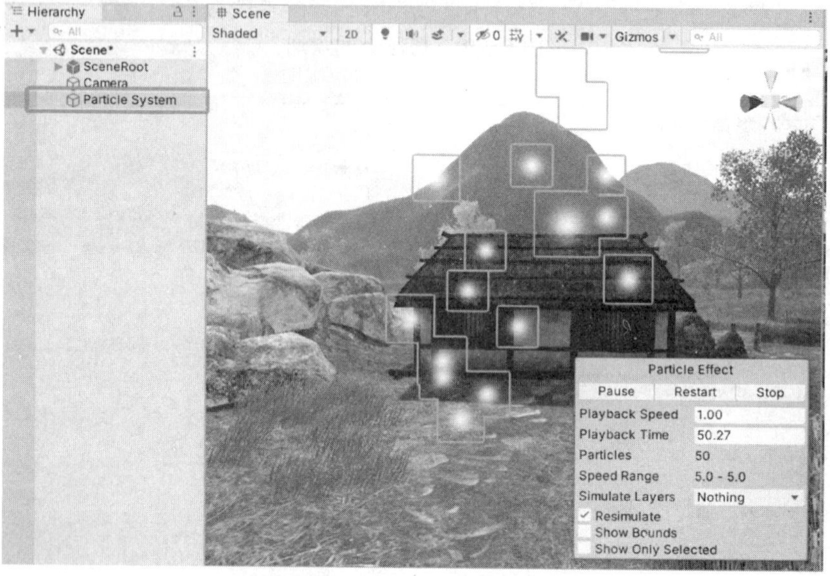

图 6－23　创建默认的粒子系统

步骤 5：单击新创建的粒子系统（Yan），对于粒子系统，相关属性设置可以依据个人喜好进行调整，下面提供一些参考属性配置。单击 Start Lifetime 右边的下拉箭头，设置为 Random Between Two Constants 模式。根据上述方法将 Start Size、Start Rotation 都设置为 Random Between Two Constants 模式。设置完成后，填写参数，其中 Start Color 填写 RGBA 参数，具体参数设置如图 6－24 和图 6－25 所示。

步骤 6：设置粒子系统(Yan) 的 Emission 参数（需先勾选 Emission 方可设置），如图 6－26 所示。

步骤 7：设置粒子系统(Yan) 的 Shape 参数（需先勾选 Shape 方可设置），如图 6－27 所示。

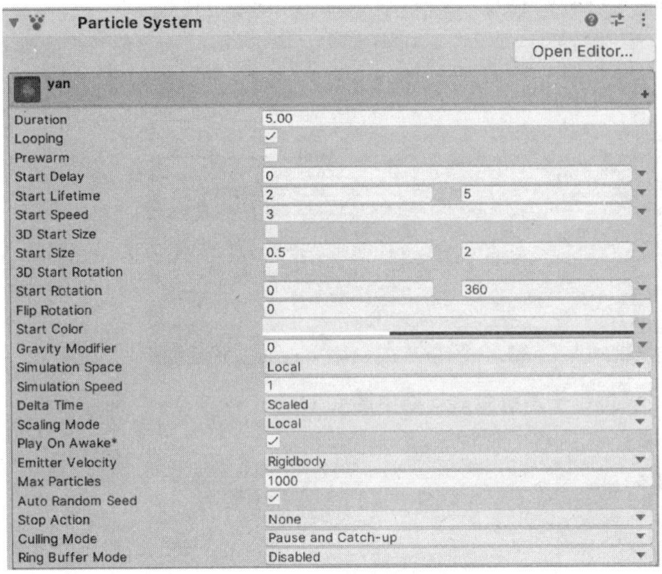

图 6－24　粒子系统参数设置

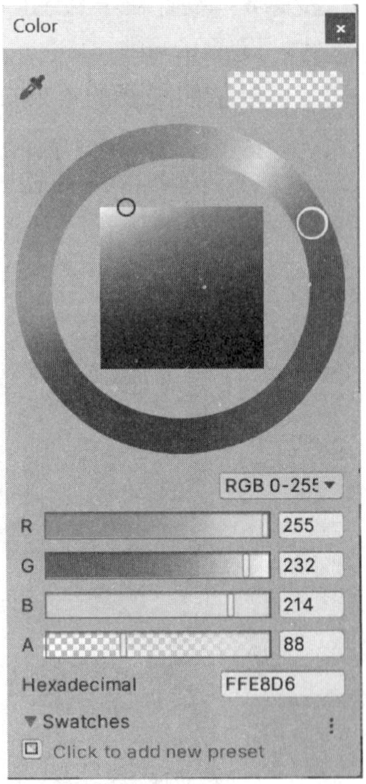

图 6－25　粒子系统设置颜色参数

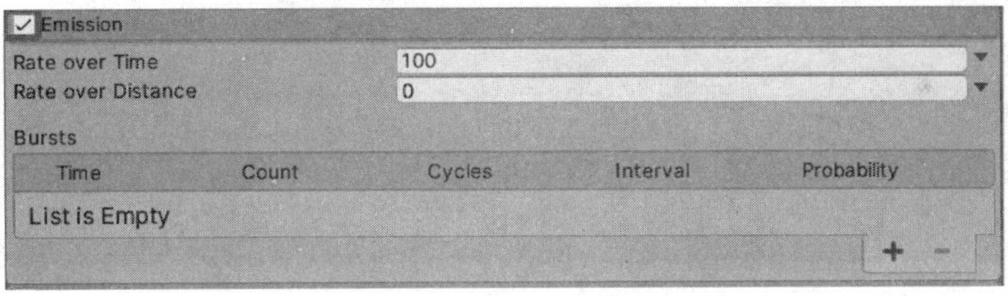

图 6－26　设置 Emission 参数

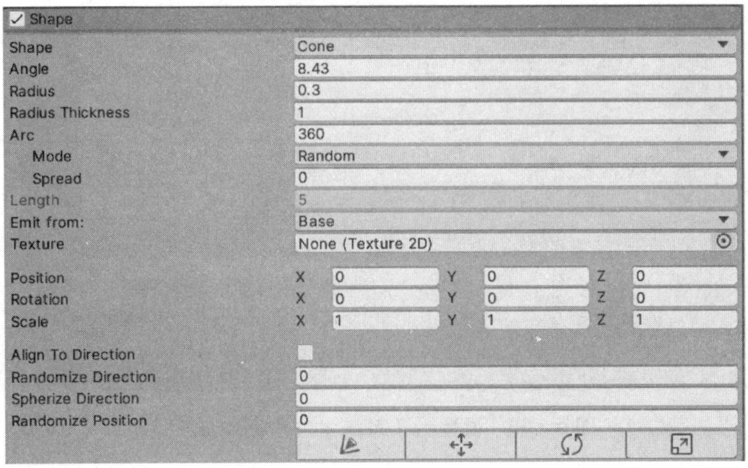

图 6－27　设置 Shape 参数

步骤 8：设置粒子系统（Yan）的 Velocity over Lifetime 参数（需先勾选 Velocity over Lifetime 才可设置），单击 Linear 最右边的下拉菜单，选择 Curves 模式。数值曲线不需要一模一样，可以依照想要的效果自行更改，根据如图 6-28、图 6-29 和图 6-30 来设置。

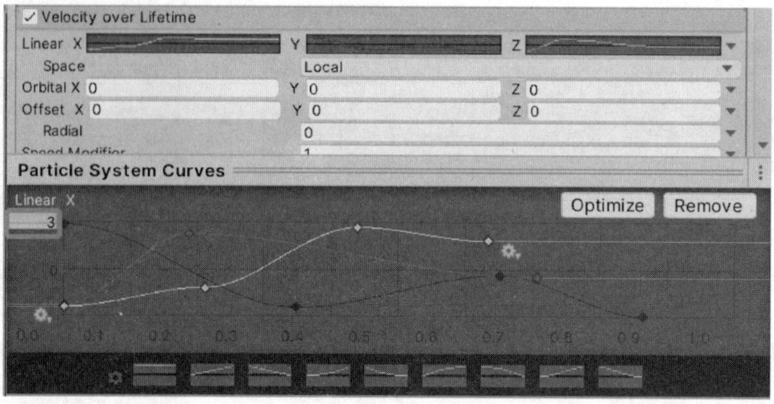

图 6-28　设置粒子系统生命周期中速度 1

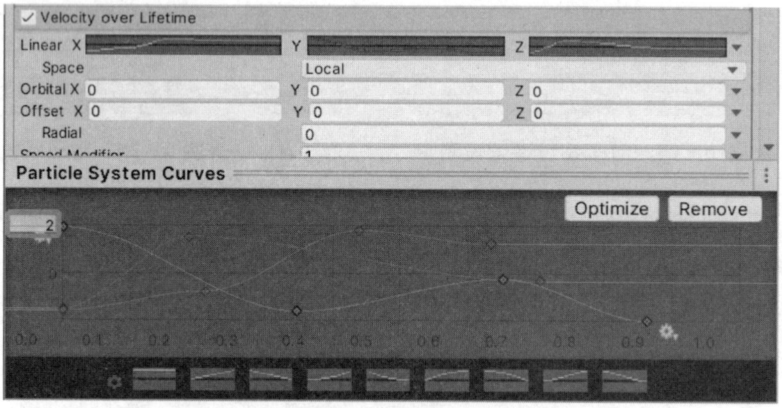

图 6-29　设置粒子系统生命周期中速度 2

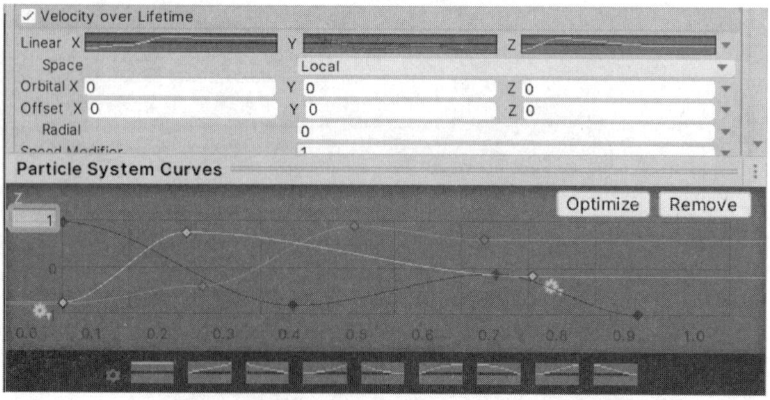

图 6-30　设置粒子系统生命周期中速度 3

步骤 9：设置粒子系统（Yan）的 Renderer 参数（需先勾选 Renderer 才可设置），找到素材中的 yanhuo_00056 材质，将其拖拽到 Material 上。添加需要的参数，如图 6 - 31 所示。

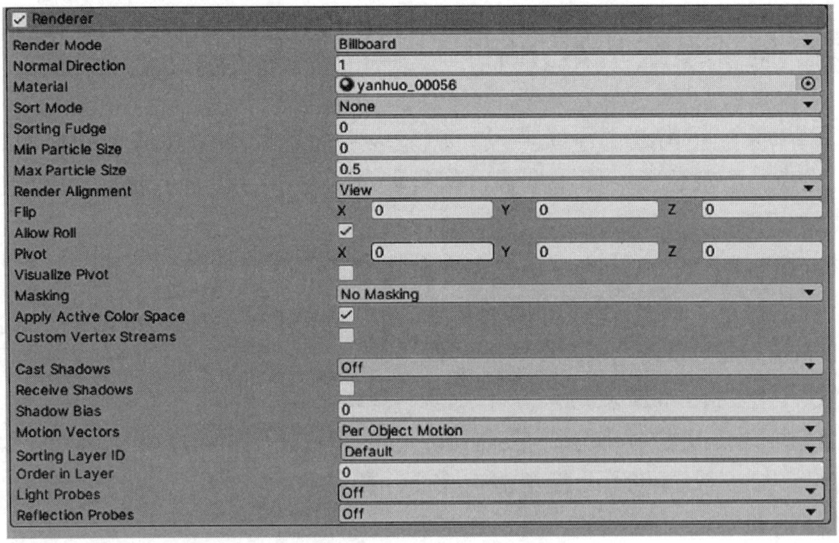

图 6 - 31　设置粒子系统渲染模块中的参数

步骤 10：调整粒子的位置到房子的上方，运行结果如图 6 - 32 所示。

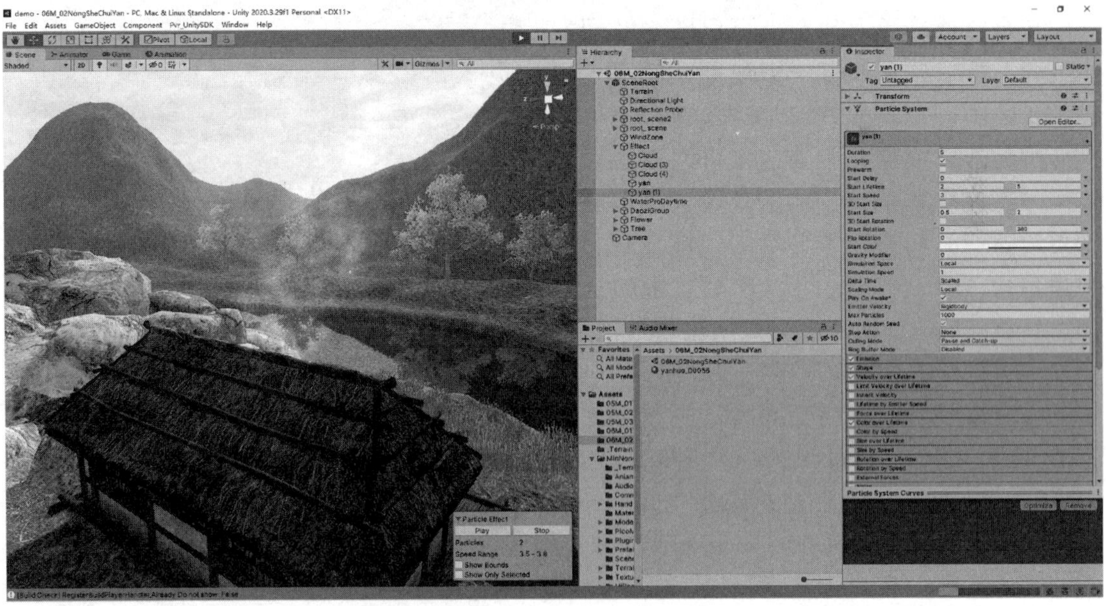

图 6 - 32　运行结果

相关知识

对于游戏中的特效(如烟雾、瀑布、火焰、魔法等)，很难用模型动画或图片表现出来，通常会用到一种技术叫做粒子系统。Unity 的粒子系统组件通过在场景中生成和动画化大量小型 2D 图像来模拟流体实体，如液体、云和火焰。

粒子系统由多个模块组成，利用这些模块可以创建各种变化多样的特效效果。除了导入的贴图外，这些特效的变化在很大程度上依赖于这些模块以及模块中的属性设置。

6.2.1 粒子系统基本介绍

粒子（Particle）是由粒子系统驱动，由一大群简单的小图片或小网格组成的。每个粒子可以类比为一个水珠或一团小烟雾，但是大量的粒子一起显示或运动就能创造出完整实体的效果。

每个粒子都会有一个预设的寿命，在寿命之内它可以发生各种变化。从粒子系统发射这个粒子开始，到这个粒子死亡的时长，是这个粒子的寿命。粒子系统可以以球、半球、圆锥等任意模型作为初始发射源。粒子系统在发射源上随机一点被发射出来，然后到寿命结束时消失。粒子系统可以设置发射速率，发射速率和粒子的寿命共同决定了同一时间会有多少粒子处于稳定状态（粒子出生和死亡的速率相同），也决定了粒子系统通过多长时间能达到这个稳定状态。

单个粒子的行为状态也可以随着时间发生变化。每个粒子都有一个速度，决定了每帧粒子运动的距离和方向。这个速度也可以被施加的外力或重力影响，也可以被地形上的风域影响。每个粒子的颜色、大小、旋转都可以随着时间或粒子自身的速度变化。颜色也包含 Alpha 通道，可以控制粒子的透明度进行淡入淡出，而不是突兀地出现或消失。图 6－33 是粒子系统的属性配置界面。

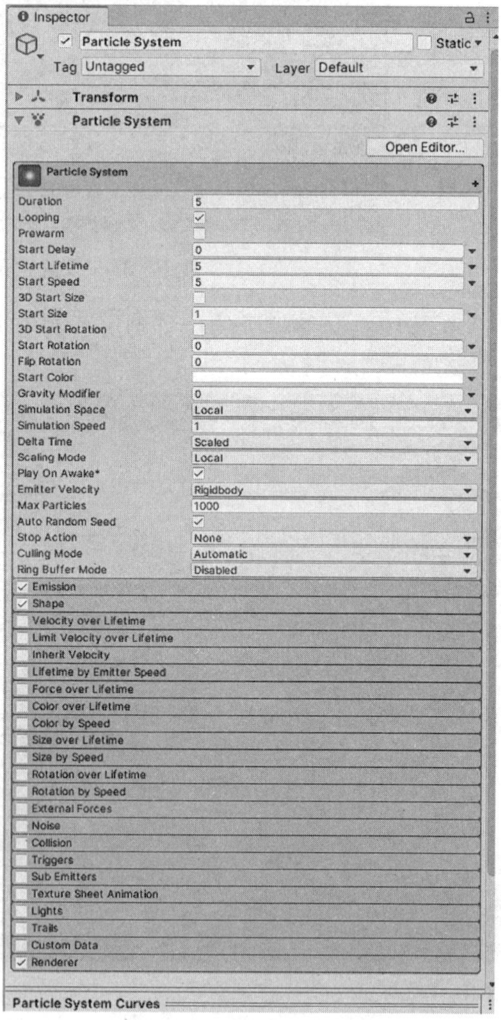

图 6－33　属性配置界面

在 Unity 里创建粒子系统可以通过依次选择菜单栏“GameObject”→“Effects”→“Particle System”命令创建，或者在 Hierarchy 窗口空白处右击，选择 Effects 进行创建，如图 6－34 所示。

在创建以后，选中该粒子系统，就能看到 Scene 窗口中粒子开始模拟运动，Inspector 窗口中显示 Particle System 组件的相关信息，如图 6－35 所示。

由于粒子系统的组件很复杂，该组件的参数被划分为很多模块（Module）。可以启用一个或多个模块来达到想要的效果。

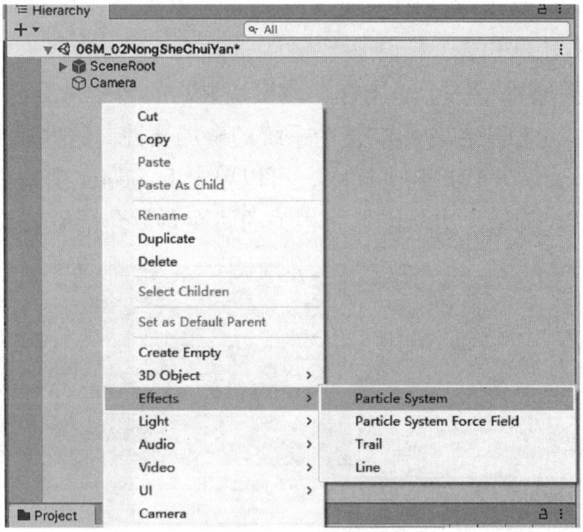

图6－34 创建包含粒子系统组件的游戏对象

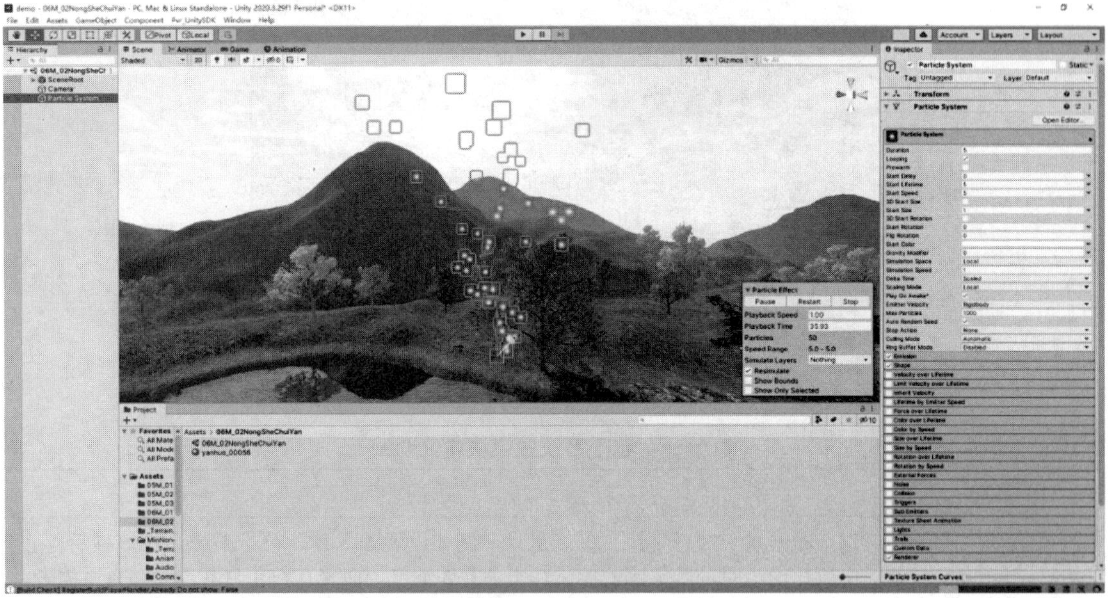

图6－35 默认状态下粒子系统

6.2.2 核心模块——主模块

粒子系统的模块及属性非常多，能创建非常复杂的粒子效果。属性设置也有多种方式，可以根据需要设置为常量、跟随时间变化的曲线、在常量之间随机、在曲线之间随机等。

在默认情况下，粒子系统的各模块是折叠的，可以单击各个模块的标题来展开。另外，如果你觉得显示太多的模块过于杂乱，可以只显示你要用到的模块。单击组件状态栏左边的加号，会弹出一个所有模块的菜单，取消勾选最下方的 Show All Modules，在

Inspector 窗口中就不会显示未被选中的模块。如果需要添加一个模块，只需要单击加号按钮，然后选择对应的模块即可。

Main Module（主模块）带一个小图标，该模块显示的名字是当前 Particle System 组件所在 GameObject 的名称。主模块包含影响整个系统的全局属性。这些属性大多数用于控制新创建的粒子的初始状态。要展开和折叠主模块，可以单击 Inspector 窗口中的 Particle System 栏。主模块的样式如图 6-36 所示，主模块上面相关的属性参数介绍见表 6-6。

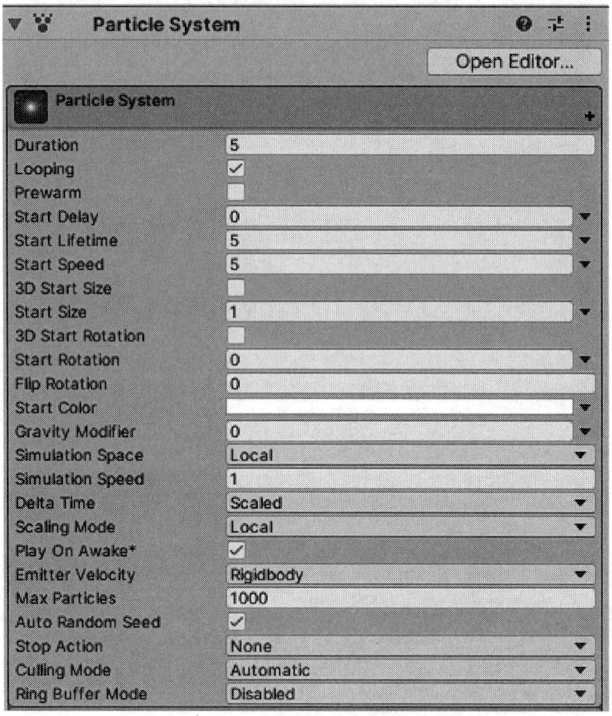

图 6-36 主模块

表 6-6 粒子系统主模块属性介绍

属性	功能
Duration	这个粒子系统的总时长，单位是秒。例如设置为 5 秒，粒子系统会在 5 秒后停止生成粒子，但是已生成的粒子并不会立即消失，而是在粒子自身寿命结束后消失。
Looping	循环。选中时，Duration 结束后会从头开始无限循环。
Prewarm	预热。勾选 Prewarm 的粒子系统在播放时，不会从 0 个粒子开始生成，而是直接显示已执行完一次的状态。
Start Delay	延迟时间。粒子系统等待一定时间才开始发射粒子。这个参数对于多个粒子系统很有用，比如烟花的粒子系统，爆炸效果可以设置为 3 秒后才执行。
Start Lifetime	粒子的初始寿命。
Start Speed	粒子的初始速度。
3D Start Size	勾选此项可以分别设置粒子初始大小的 X、Y、Z 值。
Start Size	粒子的初始大小。

续表

属性	功能
3D Start Rotation	勾选此项可以分别设置粒子初始旋转的 X、Y、Z 值。
Start Rotation	粒子的初始旋转。
Flip Rotation	让一些粒子的旋转方向与其他粒子相反，默认是顺时针旋转，Flip 的粒子是逆时针旋转。取值范围是［0，1］，值越大，往相反方向转的粒子越多。
Start Color	粒子的初始颜色。
Gravity Modifier	重力系数，0 代表不使用重力，不为 0 的值会和 PhysicsManager（依次选择菜单栏中“Edit”→“Project Settings”→“Physics”命令）中的重力相乘作为粒子使用的重力。
Simulation Space	粒子所在的坐标系。可选 Local（已发射的粒子会跟随粒子系统所在的 GameObject 的位置，物体移动时所有粒子会跟随移动）、World（已发射的粒子会保留世界坐标的位置，即物体移动时粒子不会跟随移动）、Custom（可以指定一个粒子系统跟随的物体）。
Simulation Speed	整个粒子系统的速度系数。默认是 1，如果增加，相当于整个粒子系统的时间加快，粒子速度变快，生命周期变短。
Delta Time	可以选择 Scaled 选项（使用 TimeManager 中的 TimeScale 值，通过依次选择“Edit”→“Project Settings”→“Time”打开，也会受 Time. timeScale 的影响），Unscaled 不受 TimeScale 的影响。
Scaling Mode	缩放模式。可选 Hierarchy（会受粒子系统组件所在 GameObject 以及父物体的 Transform 的 Scale 的影响）、Local（只受粒子系统组件所在 GameObject 的 Transform 的 Scale 的影响）、Shape（只会影响粒子的初始位置，粒子的大小不受影响）。
Play on Awake	是否自动播放。注意这个选项会对这个粒子效果全部的粒子系统（包含粒子子系统）生效。
Emitter Velocity	如果粒子系统整体移动，使用 Rigidbody（如果粒子应用了刚体）或者 Transform 来计算速度。
Max Particles	粒子系统同一时刻的最大粒子数量。如果达到了这个数，将会暂停生成新的粒子。
Auto Random Seed	选中时，粒子每次播放会使用不同的随机数，看起来会和之前不同。不选中时，会使用相同的随机数，每次运行结果会一样。
Random Seed	Auto Random Seed 不选中时，会显示此参数，可以设置一个随机种子。
Stop Action	当整个粒子系统播放结束（Duration 时间到，所有的粒子消失）后，可以设置一个停止动作。如果是循环的粒子系统，只有通过脚本停止时，才会触发该动作。

系统会在特定时间内发射粒子，并可使用 Looped 属性将其设置为连续发射。此设置可间歇或连续发射粒子。例如，一个对象可能以短暂间隔或以稳定流的形式发射烟雾。

Start 属性（lifetime、speed、size、rotation 和 color）可指定粒子发射时的状态。也可使用 3D Start Size 属性来独立指定粒子的宽度、高度和深度。

所有粒子系统都使用 Physics 设置中指定的相同重力矢量。Gravity Multiplier 值可用于缩放重力，或者如果设置为零则将其关闭。

6.2.3 核心模块——发射模块

这个模块用来控制粒子效果发射的速率和时机。发射的速率和时机可以是固定的值，也可以是随着时间变化的曲线。其中，发射模块的样式如图 6-37 所示，相关的属性介绍见表 6-7。

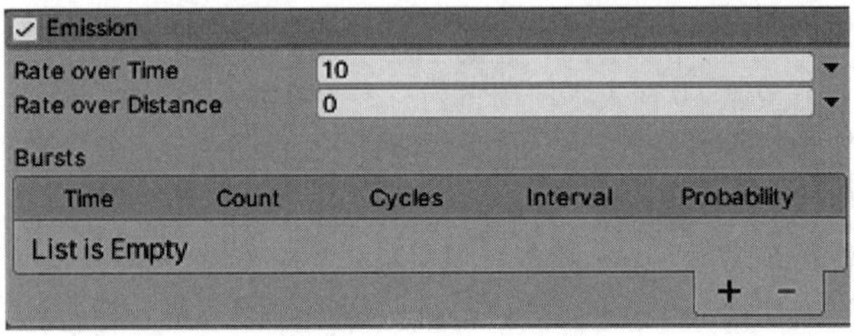

图 6-37　发射模块

表 6-7　粒子系统发射模块属性介绍

属性	功能
Rate over Time	单位时间发射的粒子数。
Rate over Distance	单位移动距离发射的粒子数。
Bursts	爆发是指生成粒子的事件。通过这些设置可允许在指定时间发射粒子。
Time	设置发射粒子的时间（粒子系统开始播放后的秒数）。
Count	设置可能发射的粒子数的值。
Cycles	设置播放爆发次数的值。
Interval	设置触发每个爆发周期的间隔时间（以秒为单位）的值。
Probability	控制每个爆发事件生成粒子的可能性。较高的值使系统产生更多的粒子，而值为 1 将保证系统产生粒子。

根据曲线，发射速率可以是恒定的，也可以在系统的生命周期内变化。如果激活 Rate over Distance 模式，则父对象移动的每个距离单位将释放一定数量的粒子。此模式对于模拟实际由对象运动产生的粒子非常有用（例如，泥路上车轮留下的尘土）。

如果激活 Rate over Time 模式，则无论父对象如何移动，每秒都会发射所需数量的粒子。此外，还可添加在特定时间出现的额外粒子爆发（例如，蒸汽火车烟囱产生一股股的烟雾）。

6.2.4 核心模块——形状模块

这个模块可以设置粒子从哪种形状表面或形状内发射，并决定发射的初始方向。Shape 属性决定了发射表面的形状，其他属性会根据 Shape 的不同而有所不同。

除了 Mesh 类型，其他形状都有尺寸属性，例如半径属性。选中这些形状时，Scene 窗口中会显示该形状为可编辑的线框。同时 Shape 也会影响粒子的初始方向，粒子会沿着发射位置的法线方向运动。比如 Sphere（球体），粒子会沿着球面向外发射，Mesh 会沿着表面的法线方向发射。

发射模块可选择的形状类型如图 6－38 所示。

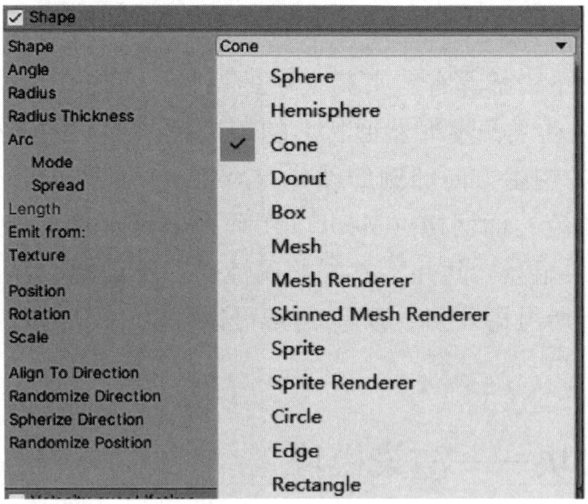

图 6－38　形状模块

不同的 Shape 有一些参数是不同的，但也有一些参数是所有的 Shape 都共用的，表 6－8 列出了一些共用的属性。

表 6－8　粒子系统形状模块共用属性介绍

属性	功能
Texture	设置一张贴图以控制粒子的颜色和裁剪粒子。这个贴图会被展开到 Shape 的表面。
Clip Channel	指定一个通道用来裁剪粒子。
Clip Threshold	贴图展开到 Shape 表面后，Shape 表面会对应贴图像素，小于这个 Threshold 的 Channel 值的位置，则不会发射粒子。
Color Affects Particles	发射位置的贴图像素颜色会叠加（相乘）到发射的粒子颜色上。
Alpha Affects Particles	发射位置的贴图像素 Alpha 会叠加（相乘）到发射的粒子 Alpha 上。
Bilinear Filtering	读取贴图时，读取像素四周的像素进行采样，平滑粒子颜色的变化。
Position	给 Shape 添加一个偏移量，改变位置。
Rotation	给 Shape 添加旋转。
Scale	改变 Shape 的大小。
Align To Direction	选中时，粒子会面向发射的方向，如果是 2D 类型的粒子，会看起来不正常。
Randomize Direction	将粒子的初始运动方向与随机方向混合，0 代表不随机，1 代表完全随机。
Spherize Direction	球面化方向。粒子系统会随机生成一个从轴心向外的方向，用于粒子与这个方向的混合。值为 0 时，保持粒子原始的运动方向，值为 1 时，完全使用球面化方向；0~1 之间的值会在原始方向与球面化方向之间混合。

续表

属性	功能
Randomize Position	使用这个值随机移动粒子，最大偏移量不超过这个值。0 代表不移动，值越大，代表移动的偏移量、随机性越大。

所有形状（Mesh 除外）都具有定义其大小的属性，例如 Radius 属性。要编辑这些属性，可在 Scene 窗口中拖动线框发射器形状上的控制柄。形状的选择会影响可发射粒子的区域，但也会影响粒子的初始方向。例如球体（Sphere）向外向各个方向发射粒子，锥体（Cone）发射发散的粒子流，而网格（Mesh）在垂直于表面的方向上发射粒子。

下拉菜单中不同选项相互之间并不共同的属性受限于篇幅，在此便不再展开讲解，因为 Unity 中粒子系统属于所见即所得，所以大家可以作为练习进行不同的属性调试，进而尝试不同的效果。

6.2.5 常用模块——渲染模块

Renderer 模块的设置决定了粒子的图像或网格如何被其他粒子变换、着色和过渡绘制。Renderer 模块是每个粒子系统必有的一个模块，可以设置和粒子渲染有关的属性。渲染模块的样式如图 6－39 所示，相关的属性介绍见表 6－9。

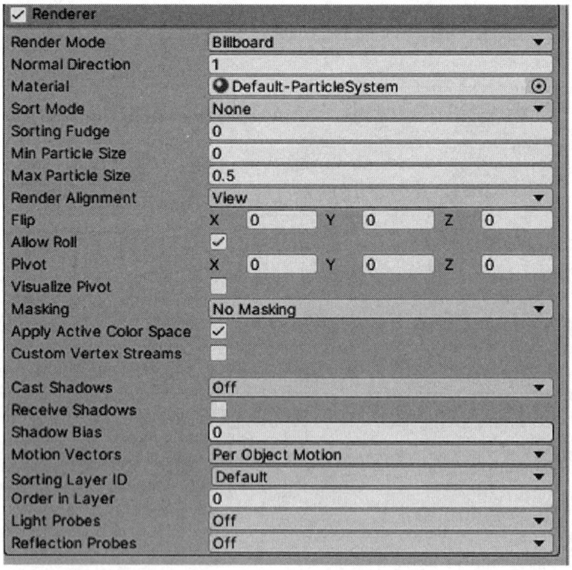

图 6－39　渲染模块

表 6－9　粒子系统渲染模块属性介绍

属性	功能
Render Mode	如何从图形图像（或网格）生成渲染图像。
-Billboard	粒子始终面向摄像机。

续表

属性	功能
-Stretched Billboard	粒子面向摄像机，但会应用各种缩放。
-Camera Scale	根据摄像机运动拉伸粒子。将此值设置为 0，可禁用摄像机运动拉伸。
-Velocity Scale	根据粒子速度按比例拉伸粒子。将此值设置为 0，可禁用基于速度的拉伸。
-Length Scale	沿着粒子的速度方向，根据粒子当前大小，按比例拉伸粒子。将此值设置为 0，会使粒子消失，相当于 0 长度。
-Horizontal Billboard	粒子平面与 X、Z 轴组成的“地板”平面平行。
-Vertical Billboard	让粒子只围绕垂直轴（Y 轴）旋转并始终面向摄像机。
-Mesh	从 3D 网格而非从纹理渲染粒子。
-None	使用 Trails 模块时，如果只想渲染轨迹并隐藏默认渲染，则可使用此属性。
Normal Direction	用于粒子图形的光照法线的偏差。值为 1.0 表示法线指向摄像机，而值为 0.0 表示法线指向屏幕中心（仅限公告牌模式）。
Material	用于渲染粒子的材质。
-Trail Material	用于渲染粒子轨迹的材质。仅当启用了 Trails 模块时，此选项才可用。
Sort Mode	绘制粒子（因此覆盖粒子）的顺序。可能的值为 By Distance（from the Camera）、Oldest in Front 和 Youngest in Front。系统中的每个粒子都将根据此设置进行排序。
Sorting Fudge	粒子系统排序的偏差。较低的值会增加粒子系统在其他透明游戏对象（包括其他粒子系统）上绘制的相对概率。此设置仅影响整个系统在场景中的显示位置，而不会对系统中的单个粒子执行排序。
Min Particle Size	最小粒子大小（无论其他设置如何），表示视口大小的一个比例。注意：仅当 Rendering Mode 设置为 Billboard 时，才应用此设置。
Max Particle Size	最大粒子大小（无论其他设置如何），表示视口大小的一个比例。注意：仅当 Rendering Mode 设置为 Billboard 时，才应用此设置。
Render Alignment	使用下拉选单选择粒子公告牌面向的方向。
-View	粒子面向摄像机平面。
-World	粒子与世界轴对齐。
-Local	粒子与游戏对象的变换组件对齐。
-Facing	粒子面向摄像机游戏对象的直接位置。
-Enable GPU Instancing	控制是否要使用 GPU 实例化来渲染粒子系统。需要使用网格渲染模式并使用兼容的着色器。
Flip	在指定轴上镜像一定比例的粒子。较高的值会翻转更多的粒子。
Allow Roll	控制面向摄像机的粒子是否可以围绕摄像机的 Z 轴旋转。禁用此属性对于 VR 应用特别有用，因为在此应用中 HMD 滚动可能会给粒子系统带来不良后果。
Pivot	修改旋转粒子的中心轴心点。此值是粒子大小的乘数。

续表

属性	功能
Visualize Pivot	在 Scene 窗口中预览粒子轴心点。
Masking	设置粒子系统渲染的粒子在与精灵遮罩交互时的行为方式。
-No Masking	粒子系统不与场景中的任何精灵遮罩交互。这是默认选项。
-Visible Inside Mask	粒子在由精灵遮罩覆盖的地方是可见的，而在遮罩外部不可见。
-Visible Outside Mask	粒子在精灵遮罩外部是可见的，而在遮罩内部不可见。精灵遮罩会隐藏其覆盖的粒子部分。
Apply Active Color Space	在线性颜色空间中渲染时，系统会在将粒子颜色上传到 GPU 之前从伽马空间转换粒子颜色。
Custom Vertex Streams	配置材质的顶点着色器中可用的粒子属性。
Cast Shadows	如果启用此属性，阴影投射光源照在粒子系统上时将产生阴影。
-On	选择 On 启用阴影。
-Off	选择 Off 禁用阴影。
-Two-Sided	选择 Two-Sided 允许从网格的任一侧投射阴影（这意味着不考虑背面剔除）。
-Shadows Only	选择 Shadows Only 使阴影可见，但网格本身不可见。
Receive Shadows	决定阴影是否可投射到粒子上。只有不透明材质才能接受阴影。
Shadow Bias	沿着光照方向移动阴影以消除因使用公告牌来模拟体积而导致的阴影瑕疵。
Motion Vectors	Motion Vectors 属性用于控制粒子是否生成运动矢量信息，来实现运动模糊效果。
Sorting Layer ID	渲染器排序图层的名称。
Order in Layer	渲染器在排序图层中的顺序。
Light Probes	基于探针的光照插值模式。
Reflection Probes	如果启用此属性，并且场景中存在反射探针，则会为此游戏对象拾取反射纹理，并将此纹理设置为内置的着色器 uniform 变量。

使用 3D 网格表示实体游戏对象（如岩石）时，它们可以为粒子提供额外的真实性，还可以改善云、火球和液体的体积感。网格必须设置为 read/write enabled，才能在粒子系统上工作。如果在 Editor 中分配网格，Unity 会自动进行处理，但如果想在运行时分配不同的网格，则需要自己处理此设置。

6.2.6 常用模块——触发器模块

内置粒子系统的 Triggers 模块可用于基于粒子与场景中一个或多个碰撞器的相互作用来访问和修改粒子。启用此模块时，粒子系统将在附加的脚本上调用 OnParticleTrigger() 回调，因此可以根据粒子相对于场景中碰撞器的位置来访问粒子列表。触发器模块的样式如图 6－40 所示，其属性及参数介绍见表 6－10。

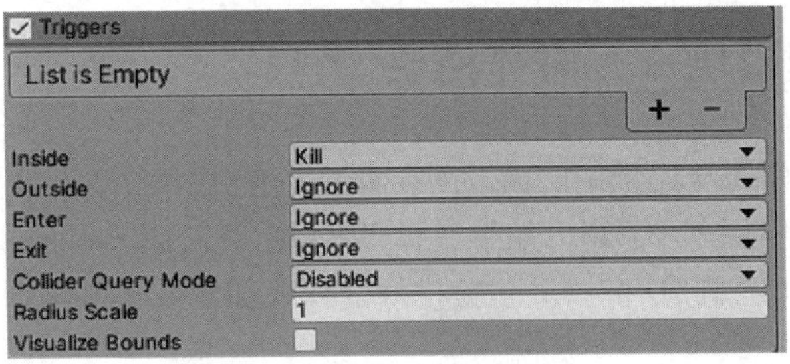

图 6-40　触发器模块

添加碰撞器后，可指定当粒子满足传递特定触发事件类型的条件时将执行的操作。事件类型有四种，它们描述了粒子如何与碰撞器相互作用。这些事件类型如下：

表 6-10　粒子系统触发器模块属性介绍

属性	描述
Inside	指定粒子系统在粒子位于碰撞器内的每一帧对粒子采取的操作。选项包括： ● Callback：将粒子添加到可在 OnParticleTrigger( ) 回调中获取的列表中。 ● Kill：销毁粒子。 ● Ignore：忽略粒子。
Outside	指定粒子系统在粒子位于碰撞器外的每一帧对粒子采取的操作。选项包括： ● Callback：将粒子添加到可在 OnParticleTrigger( ) 回调中获取的列表中。 ● Kill：销毁粒子。 ● Ignore：忽略粒子。
Enter	指定粒子系统在粒子进入碰撞器的帧对粒子采取的操作。选项包括： ● Callback：将粒子添加到可在 OnParticleTrigger( ) 回调中获取的列表中。 ● Kill：销毁粒子。 ● Ignore：忽略粒子。
Exit	指定粒子系统在粒子退出碰撞器的帧对粒子采取的操作。选项包括： ● Callback：将粒子添加到可在 OnParticleTrigger( ) 回调中获取的列表中。 ● Kill：销毁粒子。 ● Ignore：忽略粒子。
Radius Scale	粒子的碰撞器边界。可以更紧密地将粒子的碰撞器边界匹配到粒子的视觉外观。如果粒子为圆形且其纹理具有淡入淡出的效果，这将很有用，因为默认粒子碰撞器将在粒子达到视觉效果之前位于触发器内。注意：当事件实际触发时，此设置不会更改，但是可以延迟或提前达到触发器的视觉效果。 ●输入 1 可以使粒子碰撞器保持同一大小，并使事件在粒子接触碰撞器时发生。 ●输入小于 1 的值可以使粒子碰撞器更小，并使触发看起来是在粒子穿透碰撞器之前发生。 ●输入大于 1 的值可以使粒子碰撞器更大，并使触发看起来是在粒子穿透碰撞器之后发生。
Visualize Bounds	指示是否在 Scene 窗口中显示每个粒子的碰撞器边界。启用此属性可显示碰撞器边界，而禁用则可隐藏碰撞器边界。

6.2.7 常用模块——碰撞模块

此模块控制粒子如何与场景中的游戏对象碰撞。使用第一个下拉菜单可定义碰撞设置是应用于 Planes 还是应用于 World。如果选择 World，请使用 Collision Mode 下拉菜单定义碰撞设置是应用于 2D 还是 3D 世界。碰撞模块的样式如图 6－41 所示，其中相关的属性介绍见表 6－11 和表 6－12。

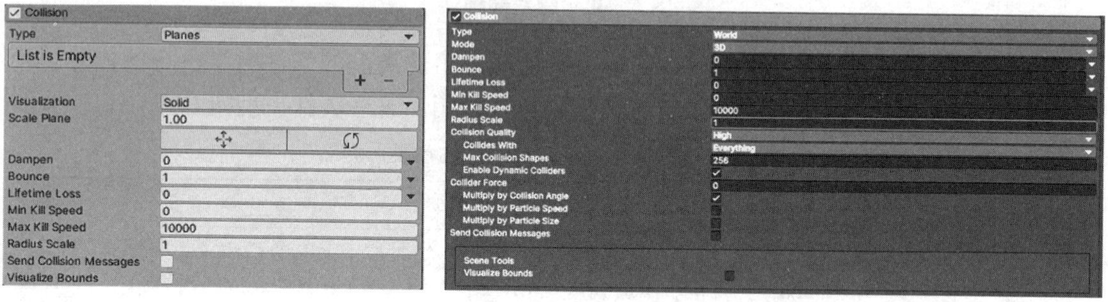

(a)　　　　(b)

图 6－41　碰撞模块

表 6－11　Planes 下拉菜单属性介绍

属性	功能
Planes 弹出菜单	选择 Planes 模式。
Planes	用于定义碰撞平面的变换的可扩展列表。
Visualization	选择要将 Scene 窗口中的碰撞平面辅助图标显示为线框网格还是实体平面。
Scale Plane	用于可视化的平面大小。
Dampen	粒子碰撞后损失的速度比例。
Bounce	粒子碰撞后从表面反弹的速度比例。
Lifetime Loss	粒子碰撞后损失的总生命周期比例。
Min Kill Speed	碰撞后运动速度低于此速度的粒子将从系统中予以移除。
Max Kill Speed	碰撞后运动速度高于此速度的粒子将从系统中予以移除。
Radius Scale	允许调整粒子碰撞球体的半径，使其更贴近粒子图形的可视边缘。
Send Collision Messages	如果启用此属性，则可从脚本中通过 OnParticleCollision 函数检测粒子碰撞。
Visualize Bounds	在 Scene 窗口中将每个粒子的碰撞边界渲染为线框形状。

表 6－12　World 下拉菜单属性介绍

属性	功能
World 弹出菜单	选择 World 模式。
Collision Mode	3D 或 2D。

续表

属性	功能
Dampen	粒子碰撞后损失的速度比例。
Bounce	粒子碰撞后从表面反弹的速度比例。
Lifetime Loss	粒子碰撞后损失的总生命周期比例。
Min Kill Speed	碰撞后运动速度低于此速度的粒子将从系统中予以移除。
Max Kill Speed	碰撞后运动速度高于此速度的粒子将从系统中予以移除。
Radius Scale	2D 或 3D 的设置。
Collision Quality	使用下拉选单来设置粒子碰撞的质量。此设置会影响有多少粒子可以穿过碰撞器。在较低的质量水平下，粒子有时会穿过碰撞器，但需要的计算资源较少。
High	当 Collision Quality 设置为 High 时，碰撞始终使用物理系统来检测碰撞结果。此设置是最耗费资源，但也是最准确的选项。
Medium(Static Colliders)	当 Collision Quality 设置为 Medium(Static Colliders)时，碰撞使用一组体素来缓存先前的碰撞，从而在以后的帧中更快地重用。 Medium 和 Low 之间的唯一区别是粒子系统在每帧查询物理系统的次数。Medium 每帧的查询次数多于 Low。 注意：此设置仅适用于从不移动的静态碰撞器。
Low(Static Colliders)	当 Collision Quality 设置为 Low(Static Colliders)时，碰撞使用一组体素来缓存先前的碰撞，从而在以后的帧中更快地重用。 Medium 和 Low 之间的唯一区别是粒子系统在每帧查询物理系统的次数。Medium 每帧的查询次数多于 Low。 注意：此设置仅适用于从不移动的静态碰撞器。
Collides With	粒子只会与所选层上的对象发生碰撞。
Max Collision Shapes	粒子碰撞包括的碰撞形状个数。多余的形状将被忽略，且地形优先。
Enable Dynamic Colliders	允许粒子也与动态对象碰撞（否则仅使用静态对象）。
Enable Dynamic Colliders	动态碰撞器是未配置为 Kinematic 的任何碰撞器。 选中此选项可将这些碰撞器类型包含在粒子发生碰撞时响应的对象组内。如果取消选中此选项，粒子仅响应与静态碰撞器的碰撞。
Voxel Size	体素（voxel）表示三维空间中的常规网格上的值。使用 Medium 或 Low 质量碰撞时，Unity 会在网格结构中缓存碰撞。此设置控制着网格大小。较小的值可提供更高的准确性，但会占用更多内存，效率也会降低。 注意：仅当 Collision Quality 设置为 Medium 或 Low 时，才能访问此属性。
Collider Force	在粒子碰撞后对物理碰撞器施力。这对于用粒子推动碰撞器很有用。
Multiply by Collision Angle	向碰撞器施力时，根据粒子与碰撞器之间的碰撞角度来缩放力的强度。掠射角将比正面碰撞产生更小的力。
Multiply by Particle Speed	向碰撞器施力时，根据粒子的速度来缩放力的强度。快速移动的粒子会对比较慢的粒子产生更大的力。

续表

属性	功能
Multiply by Particle Size	向碰撞器施力时，根据粒子的大小来缩放力的强度。较大的粒子会比较小的粒子产生更大的力。
Send Collision Messages	如果选中此复选框，则允许从脚本中通过 OnParticleCollision 函数检测粒子碰撞。
Visualize Bounds	在 Scene 窗口中预览每个粒子的碰撞球体。

当其他对象围绕粒子系统时，在通常情况下，粒子与这些对象相互作用才会使效果更有说服力。例如，水或碎片应该被坚固的墙壁阻挡而非直接穿过墙壁。启用 Collision 模块后，粒子可与场景中的对象发生碰撞。

通过从弹出菜单中选择 World 模式，可设置粒子系统来使其粒子与场景中的任何碰撞器碰撞。此外，也可使用 Collides With 属性根据碰撞器所在的层来禁用碰撞器。如果从弹出菜单中选择 Planes 模式，可向场景中添加一个不需要碰撞器的平面。此选项对于简单的地板、墙壁和类似对象非常有用，并且处理器开销低于 World 模式。

启用碰撞后，粒子的大小有时会成为问题，因为它的图形在与表面接触时可能被裁剪。这种情况可能导致粒子在停止或反弹之前在一定程度上“下沉”到表面中。Radius Scale 属性通过定义粒子的近似圆形半径（以其实际大小的百分比形式）来解决此问题。此大小信息用于防止裁剪并避免下沉效应。

当粒子表示实体对象时，Dampen 和 Bounce 属性非常有用。例如，砾石在抛出时往往会在坚硬的表面上反弹，但是雪球粒子在碰撞时可能会失去速度。Lifetime Loss 和 Min Kill Speed 有助于减少碰撞后残留颗粒的影响。例如，火球在空中飞行时可能会持续几秒钟，但在碰撞后，单独的火焰粒子应该快速消散。

如果启用了 Send Collision Messages，还可从脚本中检测粒子碰撞。脚本可附加到带有粒子系统的对象，也可附加到带有碰撞器的对象。通过检测碰撞，可将粒子用作游戏中的活动对象，例如飞弹、魔法和能量块。

项目小结

在本项目的学习中，我们深入探索了 Unity 游戏引擎中音频、视频以及粒子系统的综合应用与技巧。我们首先掌握了音频系统的基础，包括音频源、音频监听器和混音器，了解了如何利用 AudioSource 和 AudioListener 组件在游戏中播放和控制音频。在视频方面，我们学会了使用 Video Player 组件播放视频，同时讨论了优化音频性能以提升游戏效率的策略。其次，我们深入了解了粒子系统的构成，包括粒子发射器和粒子系统模拟器。通过学习粒子系统中的各种模块，我们能够控制特效的表现和行为，甚至在脚本中实现粒子特效的交互。这些技能不仅增强了我们在 Unity 游戏开发中的专业能力，也让我们理解了音、视频以及粒子系统在增强游戏交互设计中的重要性。

课后习题

一、选择题

1. 在 Unity 的音频系统中，用于控制音频播放的组件是（　　）。

A. Audio Source　　B. Audio Listener

C. Audio Filter　　D. Audio Clip

2. 在 Unity 中，哪个组件用于接收并输出声音到扬声器或耳机？（　　）

A. Audio Source　　B. Audio Listener

C. Audio Mixer　　D. Audio Clip

3. 在 Unity 的视频系统中，用于播放视频文件的组件是（　　）。

A. Video Player　　B. Video Clip

C. Video Renderer　　D. Video Texture

4. 如果你想要在游戏中同步视频和音频播放，你需要确保视频文件（　　）。

A. 包含音频轨道　　B. 与 Audio Source 组件连接

C. 设置为循环播放　　D. 设置了正确的速度

5. 在 Unity 的粒子系统中，用于创建和控制粒子效果的组件是（　　）。

A. ParticleSystem　　B. ParticleRenderer

C. ParticleEmitter　　D. ParticleCollider

6. 在 Unity 中，用于调整和控制多个音频源输出的组件是（　　）。

A. Audio Source　　B. Audio Listener

C. Audio Mixer　　D. Audio Filter

7. 在 Unity 的视频系统中，用于控制视频播放速度的属性是（　　）。

A. playSpeed　　B. playbackRate

C. speedMultiplier　　D. frameRate

8. 在 Unity 的粒子系统中，可以用来限制粒子在一个特定区域生成的模块是（　　）。

A. Shape　　B. Emission

C. Velocity over Lifetime　　D. Limit Velocity over Lifetime

9. 在 Unity 的粒子系统中，哪个属性用于控制每个粒子在适当方向的初始速度？（　　）

A. Start Lifetime　　B. Start Speed

C. Simulation Space　　D. Emission

10. 在 Unity 的粒子系统中，控制粒子随时间变化颜色的模块是（　　）。

A. Color over Lifetime　　B. Color by Speed

C. Size over Lifetime　　D. Size by Speed

二、简答题

1. 描述 Unity 中 Audio Mixer 的基本功能及其如何管理游戏内的音频。

2. 解释 Unity 中 ParticleSystem 组件的主要功能及其如何被用来创建复杂的粒子效果。

参考文献

[1] 千锋教育高教产品研发部. Unity 虚拟现实开发实战 [M]. 北京：人民邮电出版社，2021.

[2] 郭浩瑜，张鹤. Unity 3D ShaderLab 开发实战详解 [M]. 3 版. 北京：人民邮电出版社，2019.

[3] 路朝龙. Unity 权威指南：Unity 3D 与 Unity 2D 全实例讲解 [M]. 北京：中国青年出版社，2014.

[4] 赖佑吉，姚智原. Unity 3D 游戏开发实战：人气游戏这样做 [M]. 北京：清华大学出版社，2015.

[5] 金玺曾. Unity 3D/2D 手机游戏开发：从学习到产品 [M]. 4 版. 北京：清华大学出版社，2019.

[6] Unity Technologies. Unity 官方案例精讲 [M]. 北京：中国铁道出版社，2015.

[7] Unity 公司. Unity 2017 虚拟现实开发标准教程 [M]. 北京：人民邮电出版社，2019.